粒计算研究丛书

覆盖粒计算模型与方法
——基于粗糙集的视角

胡 军 王丽娟 刘财辉 王国胤 著

科学出版社

北 京

内 容 简 介

　　粒计算是一种模拟人类解决复杂问题的理论方法，是人工智能研究领域的一个重要分支。本书从覆盖的角度基于粗糙集理论对粒计算理论方法进行系统的总结和归纳，具体内容包括：研究覆盖近似空间中概念近似的各种方法，并给出这些近似方法的主要特点；研究基于覆盖的知识表示的知识粒度层次关系，从定性比较和量化度量两个方面进行分析；研究多粒度覆盖近似空间中概念的描述方法，并给出不同方法所构成的格结构；基于覆盖粒计算理论研究知识获取的方法。

　　本书可供计算机、自动化等相关专业的研究人员、教师、研究生、高年级本科生和工程技术人员参考。

图书在版编目 (CIP) 数据

覆盖粒计算模型与方法：基于粗糙集的视角/胡军等著. —北京：科学出版社，2018.7
（粒计算研究丛书）
ISBN 978-7-03-058024-5

Ⅰ. ①覆… Ⅱ. ①胡… Ⅲ. ①人工智能-计算方法 Ⅳ. ①TP18

中国版本图书馆 CIP 数据核字 (2018) 第 131820 号

责任编辑：任　静 / 责任校对：郭瑞芝
责任印制：徐晓晨 / 封面设计：华路天然

科 学 出 版 社 出版
北京东黄城根北街 16 号
邮政编码：100717
http://www.sciencep.com

北京建宏印刷有限公司 印刷
科学出版社发行　各地新华书店经销
*

2018 年 7 月第 一 版　　开本：720×1 000 1/16
2019 年 1 月第二次印刷　　印张：11 1/2
字数：214 000
定价：**68.00 元**
（如有印装质量问题，我社负责调换）

丛　书　序

粒计算是一个新兴的、多学科交叉的研究领域。它既融入了经典的智慧，也包括了信息时代的创新。通过十多年的研究，粒计算逐渐形成了自己的哲学、理论、方法和工具，并产生了粒思维、粒逻辑、粒推理、粒分析、粒处理、粒问题求解等诸多研究课题。值得骄傲的是，中国科学工作者为粒计算研究发挥了奠基性的作用，并引导了粒计算研究的发展趋势。

在过去几年里，科学出版社出版了一系列具有广泛影响的粒计算著作，包括《粒计算：过去、现在与展望》《商空间与粒计算——结构化问题求解理论与方法》《不确定性与粒计算》等。为了更系统、全面地介绍粒计算的最新研究成果，推动粒计算研究的发展，科学出版社推出了《粒计算研究丛书》。丛书的基本编辑方式为：以粒计算为中心，每年选择该领域的一个突出热点为主题，邀请国内外粒计算和该主题方面的知名专家、学者就此主题撰文，来介绍近期相关研究成果及对未来的展望。此外，其他相关研究者对该主题撰写的稿件，经丛书编委会评审通过后，也可以列入该系列丛书。丛书与每年的粒计算研讨会建立长期合作关系，丛书的作者将捐献稿费购书，赠给研讨会的参会者。

中国有句老话，"星星之火，可以燎原"，还有句谚语，"众人拾柴火焰高"。《粒计算研究丛书》就是基于这样的理念和信念出版发行的。粒计算还处于婴儿时期，是星星之火，在我们每个人的爱心呵护下，一定能够燃烧成燎原大火。粒计算的成长，要靠大家不断地提供营养，靠大家的集体智慧，靠每一个人的独特贡献。这套丛书为大家提供了一个平台，让我们可以相互探讨和交流，共同创新和建树，推广粒计算的研究与发展。本丛书受益于粒计算研究每一位同仁的热心参与，也必将服务于从事粒计算研究的每一位科学工作者、老师和同学。

《粒计算研究丛书》的出版得到了众多学者的支持和鼓励，同时也得到了科学出版社的大力帮助。没有这些支持，也就没有本丛书。我们衷心地感谢所有给予我们支持和帮助的朋友们！

《粒计算研究丛书》编委会

2015 年 7 月

前　　言

粒计算是专门研究基于粒结构的思维方式、问题求解方法、信息处理模式的理论、方法和技术的学科，是当前智能信息处理领域中一种新的计算范式。从人工智能角度来看，粒计算是模拟人类思考和解决大规模复杂问题的自然模式，从实际问题的需要出发，用可行的满意近似解替代精确解，达到对问题简化、提高问题求解效率等目的。从数据分析与处理层面看，粒计算通过将复杂数据进行信息粒化，用信息粒代替原始数据作为计算的基本单元，可大大提高计算效率。

自粒计算提出以来，人们分别从不同的角度对粒计算理论进行了研究，如粗糙集、模糊集、商空间、云模型等，并形成了多部本领域重要的著作，包括王国胤等撰写的《云模型与粒计算》、张燕平等撰写的《粒计算、商空间及三支决策的回顾与发展》、徐久成等撰写的《粒计算及其不确定信息度量的理论与方法》、徐伟华等撰写的《基于包含度的粒计算方法与应用》、李天瑞等撰写的《大数据挖掘的原理与方法——基于粒计算与粗糙集的视角》、刘盾等撰写的《三支决策与粒计算》等。本书主要集合了作者近年来的研究成果，从覆盖的角度对粒计算理论模型和方法进行了归纳和整理，本书的出版将进一步丰富粒计算的理论和方法研究。

全书由胡军、王丽娟、刘财辉统稿，王国胤审稿。在编写的过程中，本书得到了研究生刘赛男、邵瑞、黄思好、潘皓安、张淳茜、马康等的参与。全书的组织结构如下：第1章绪论，由胡军、刘赛男编写；第2章覆盖粗糙集，由王丽娟编写；第3章覆盖近似空间的约简，由胡军、黄思好编写；第4章覆盖粗糙模糊集，由胡军、邵瑞、黄思好编写；第5章覆盖决策粗糙集，由胡军、潘皓安编写；第6章多粒度覆盖粗糙集和第7章多粒度覆盖粗糙模糊集，由刘财辉编写；第8章覆盖粒计算模型与知识获取，由王丽娟编写。

在本书的编写和出版过程中，得到了国家重点研发计划课题（No. 2017YFB0802303）、国家自然科学基金（61472056、61502211、61471182、61663002、61533020、61379114）、江西省自然科学基金（No. 20171BAB202034）等项目，以及重庆邮电大学出版基金的资助，在此一并致谢。

由于作者水平有限，加之时间仓促，书中难免存在疏漏之处，恳请读者批评指正。

目　　录

第1章 绪 论

1.1 引 言

粒的思想广泛地存在于现实问题中,如自动机与系统论中的"分解与划分"、最优控制中的"不确定性"、区间分析中的"区间数运算",以及 D-S 证据理论中的"证据"都与信息粒密切相关。人们很早就对信息粒的相关问题进行了深入的研究。1979 年,Zadeh 提出信息粒的概念,并将信息粒描述为一个模糊集合[1]。1985 年,Hobbs 讨论了粒的分解和合并,以及如何得到不同大小的粒,并提出了产生不同大小粒的模型[2]。Yager 教授在 1998 年指出:发展信息粒的操作方法是当前粒计算研究的一个重要任务[3]。

粒计算(granular computing)一词最早出现在 1997 年 Zadeh 发表的一篇题为"Toward a theory of fuzzy information granulation and its centrality in human reasoning and fuzzy logic"的文章中,并被定义为粒数学的子集和词计算的超集[4]。Zadeh 指出人的认知基础包括三个基本概念:粒化、组织及因果关系。其中,粒化是将整体分解为部分;组织是将部分合并为整体;而因果关系是指原因与结果间的联系。这些思想为以后的粒计算研究奠定了基础。

1.2 粒计算研究概述

现在,粒计算已经成为一个受到学术界广泛研究的领域,IEEE 计算智能学会于 2004 年成立了粒计算特别小组(Task Force on GrC),并从 2005 年开始召开国际粒计算学术年会(IEEE International Conference on Granular Computing),我国也从 2007 年开始召开国内粒计算学术年会,还有 RSFDGrC、RSCTC、RSKT、JRS 等国际国内会议都设置了专门的粒计算专题。到目前为止,研究者已经对粒计算的理论及其应用作了大量的有意义的探索,主要工作如下。

Lin 在 1988 年提出邻域系统并研究了邻域系统与关系数据库之间的关系[5]。此后,Lin 发表了一系列关于粒计算与邻域系统的文章,主要研究了二元关系(邻域系统、粗糙集和信任函数)下的粒计算模型,论述基于邻域系统的粒计算在粒结构、粒表示和粒应用等方面的问题，讨论了粒计算中的模糊集和粗糙集方法，并将粒计算方法引入数据挖掘和知识发现[6,7]。

在 Lin 的研究基础上，Yao 结合邻域系统对粒计算进行了研究[8-10]，发表了一系列研究成果[11-14]，并将它应用于数据挖掘等领域，建立了概念之间的 IF-THEN 规则与粒集合之间的包含关系，提出利用由所有划分构成的格求解一致分类问题，为数据挖掘提供了新的方法和视角。结合粗糙集理论，Yao 还探讨了粒计算方法在机器学习、数据分析、数据挖掘、规则提取、智能数据处理和粒逻辑等方面的应用，并给出了粒计算的三个层面[15]：

(1) 从哲学角度看，粒计算是一种结构化的思想方法；

(2) 从应用角度看，粒计算是一个通用的结构化问题求解方法；

(3) 从计算角度看，粒计算是一个信息处理的典型方法。

针对复杂问题求解，张铃和张钹依据人们在解决问题时能从不同的粒度世界分析和观察同一问题，并且可以容易地从一个粒度世界跳转到另一个粒度世界，建立了一种复杂问题求解的商结构形式化体系，称为商空间理论[16,17]。近年来，在粒计算研究的热潮中，商空间理论被人们广泛认识和推广。2003 年，张铃和张钹将 Zadeh 的模糊概念与商空间理论结合，提出模糊商空间理论，为粒计算提供了新的数学模型和工具，并成功应用于数据挖掘等领域[18-22]。

基于粗糙集理论，王国胤等提出了基于容差关系的粒计算模型，利用属性值上的容差关系给出了不完备信息系统的粒表示、粒运算规则和粒分解算法，同时结合粗糙集中的属性约简问题，提出了不完备信息系统在粒表示下属性必要性的判定条件，并探讨了粒计算在规则提取方面的应用[23-26]。张清华、王国胤等基于商空间理论，研究了分层递阶粒计算模型，并在分层递阶商空间的不确定性度量、基于分层递阶结构的知识获取等方面取得了研究成果[27-29]。

为了探讨粗糙集理论在各种环境下的应用，Skowron 等以包含度概念来研究粒近似空间上的 Rough 下近似和 Rough 上近似[30-32]。刘清等在粗糙逻辑的基础上，提出了粒逻辑的概念(G-逻辑)，构造了粒逻辑的近似推理系统，并将其应用于医疗诊断[33-35]。苗夺谦等对知识的粒计算进行探讨，引入属性的重要度，并在求最小属性约简方面得到应用[36]。王飞跃对词计算和语言动力学进行了探讨，以词计算为基础，对问题进行动态描述、分析、综合，提出了设计、控制和评估的语言动力学系统[37]。依据人类根据具体的任务特性把相关数据和知识泛化或者特化成不同程度、不同大小的粒的能力，以及进一步根据这些粒和粒之间的关系进行问题求解的能力，郑征等提出了相容粒度空间模型，并在图像纹理识别和数据挖掘中取得了成功[38-41]。卜东波等从信息粒度的角度剖析聚类和分类技术，试图使用信息粒度原理的框架来统一聚类和分类，指出从信息粒度的观点来看，聚类是在一个统一的粒度下进行计算，而分类却是在不同的粒度下进行计算，并根据粒度原理设计了一种新的分类算法，在大规模中文文本分类的应用实践中表明这种分类算法有较强的泛化能力[42]。Zhang 等对粒神经网络进行了探讨，并在高效知识发现中得到很好的应用[43,44]。李道国等研究了基于粒向量空间的人工神经网络模型，在一定程度上提高了人工神经网络的时效性、知识表达的可理解性[45]。杜伟林等根据概念格与粒度划分在概念聚类的过程中都是基于不同层次的概念结构来进行分类表示，而且粒度划分本身构成一个格结构的特点，研究了概念格与粒度划分格在概念描述与概念层次转换之间的联系，通过对概念的分层递阶来进行概念的泛化与例化，使概念在递阶方面忽略不必要的冗余信息[46]。Yager 探讨了基于粒计算的学习方法和应用，并指出发展信息粒的操作方法是当前粒计算研究的一个重要任务[47]。Bargiela 和 Pedrycz 也从各个侧面对粒计算的根源和实质进行了详细的探讨与总结[48]。

　　总而言之，粒计算的研究范围非常广泛，所有与粒度相关的理论、方法、技术和工具都可归为粒计算的研究范畴[49]，其主要目标是发展基于认知信息的自动推理能力，是认知计算理论的基础，通过对细节的抑制而简化系统，并将系统中最重要的关系完整保留[50]。

1.3　粒计算的主要理论模型

　　粒计算作为一种理论思想，其研究必须借助具体的研究理论方法，同时为这些研究理论方法提供指导。从现有的粒计算研究工作来看，当前粒计算理论和应用研究主要依托四种理论，即词计算理论、商空间理论、粗糙集理论和云模型。

1.3.1　词计算理论

　　高标准的精确表达，普遍存在于数学、化学、工程学和另外一些"硬"科学之中，而不精确表达却普遍存在于社会、心理、政治、历史、哲学、语言、人类学、文学、文艺及相关的领域中[51]。针对复杂且非明晰定义的现象，无法用精确的数学方法来描述，如高、胖、秃头、美丽等，但可以用一些程度词语，如很不可能、十分不可能、极不可能等，来对某些模糊概念进行修饰。尽管普通的精确方法(如数学)在某些科学领域应用相当广泛，也一直尝试着应用到人文学科中，但人们在长期的实践中已经清楚地认识到精确的方法应用到人文学科有很大的局限性。传统方法过于精确的特点，导致它们在某些人文系统中的应用出现异常和失败。面对巨大而又复杂的人文学科系统，区别于传统方法的新方法——模糊计算方法被 Zadeh 提出。在人类的认识中，粒的模糊性直接源于无区别、相似性、接近性以及功能性等这些概念的模糊性。此外，它也是人类的心智及感观有限的处理细节和存储信息的能力所必需的。从这一点来看，模糊信息粒化可以看作压缩缺损数据的一种方式。人类具有在不精确性、部分知识、部分确定以及部分真实的环境下作出合理决策这一不同寻常的能力，而模糊信息粒化正是这种能力的基础。在模糊逻辑中，模糊信息粒化是语言变量、模糊"IF-THEN"规则以及模糊图的基础。事实上，模糊逻辑能有效、成功地处理实际问题，在很大程度上得益于模糊信息粒化方法的使用。

词计算(computing with words)是用词语代替数进行计算及推理的方法[52]。如何利用语言进行推理判断，这就要进行词计算。信息粒化为词计算提供了前提条件，词计算在信息粒度、语言变量和约束概念上产生了自己的理论与方法，意在解决模糊集合论的数值化隶属度函数表示法的局限性、表达的概念缺乏前后联系、逻辑表达和算子实现的复杂性等问题，使它们能够更符合人类的思维特点。词计算有狭义和广义两个方面的概念。狭义的词计算理论是指利用通常意义下的数学概念和运算(如加、减、乘、除等)构造的带有语义的模糊数值型的词计算的理论体系；广义的词计算理论统指用词进行推理、用词构建原型系统和用词编程，前者是后者的基础。模糊逻辑在词计算中起核心作用，它可以近似地被认为与词计算相同。之所以要进行词计算，主要是因为两点：一是当可得到的信息不够精确，而使用传统方法得到的数值误差较大时必须进行词计算；二是当实际问题不需要精确解，允许利用不精确性、不确定性及部分真值的方法使问题简化，便于处理，从而获得鲁棒性，降低求解费用且能较好地与现实一致时，最好采用词计算。在词计算中存在两个核心问题：模糊约束的表现问题和模糊约束的繁殖问题。它们是模糊信息粒化的基本准则。

粒化是粒计算的基本问题之一，信息粒化(information granulation)是粒化的一种形式。在众多的信息粒化中，非模糊粒化的方法很多，如将问题求解空间形成划分空间，每个粒子都是精确的。但这种粒化方法不能解决很多现实问题，如将人的头部粒化为脸、鼻子、额头、耳朵、头盖、脖子等粒子，这些粒子之间没有明确的分界线，它们都是模糊的粒子。模糊信息粒化是传统信息粒化的一种推广。模糊信息粒化理论[53](theory of fuzzy information granulation，TFIG)建立在模糊逻辑和信息粒化方法基础之上，是从人类利用模糊信息粒化方式中获得的启发，其方法的实质是数学。模糊信息粒化可以看作适用于任何概念、方法和理论的一种广义化方式，它所涉及的广义化方式如下。

(1)模糊化(F-广义化)：这种广义化方式是用模糊集取代普通集，是普通粒化方法的推广。

(2)粒化(G-广义化)：这种广义化方式实质是将集合分割成粒。

　　(3)随机化(R-广义化)：这种方式是以随机变量去取代变量。

　　(4)通常化(U-广义化)：这种方式用"通常(X 是 A)"取代"X 是 A"的命题。

　　模糊化与粒化的结合具有特殊重要性，称为模糊粒化(F-G 广义化)。作为一种推广方式，它可适用于任何概念、方法和理论。如果将模糊粒化应用于变量、函数及其关系等概念，即可得到模糊逻辑中的语言变量、模糊规则集以及模糊图等基本概念。正是因为有这些概念才产生了广义的模糊逻辑。模糊粒化理论的出发点是广义约束的问题，主要的约束类型有等式约束(equality constraint)、可能约束(possibilistic constraint)、真实约束(veristic constraint)、概率约束(probabilistic constraint)、概率值约束(probability value constraint)、随机集约束(random set constraint)、模糊图约束(fuzzy graph constraint)等。由于自然语言表示的命题包含的信息过于复杂，如果只用简单的、非模糊的约束方式来表达命题，无法完整地表达其所有语义，所以需要这些更为详细的广义约束。广义约束为概念的模糊粒的分类提供了基础。在模糊信息粒化理论中，粒的类型由定义它的约束类型来确定，主要有可能粒、真实粒、概率粒和广义粒。

　　模糊信息粒化方法，特别是它的表现形式，如语言变量、模糊"IF-THEN"规则以及模糊图在模糊逻辑的应用方面都起着主导作用。Zadeh 指出，除模糊逻辑外，没有一种方法能提供概念框架及相关技术，它能在模糊信息粒化中起主导作用。继 Zadeh 之后，许多学者开始了有关词计算的研究工作，Wang 编写了 *Computing with words* 一书[54]。李征等[55,56]通过研究模糊控制器的结构，认为模糊控制实际上是应用了信息粒化和词计算技术，但却只是应用了该技术的初级形式，而基于信息粒化和词计算(IGCW)的模糊控制系统，将具有更强的信息处理和推理判断能力，是对人类智能更高程度的模拟。他们指出，基于信息粒化和词计算的模糊控制系统是通过信息粒化和重组、多层次的思维决策，动态地改变下层控制器的参数和推理方法或控制规则，因而使控制器具有变结构和多模态的特性。信息太多会延误推理计算的时间，给系统带来不必要的处理任务；而信息太少，则会降低推理结果的完善性。因此，提出了合理重新组织信息的研究课题。随着近年来智能信息处理的不断深入与普及，特别是处理复杂系统分析与评估时的迫切需要，人们越来越发现排除自然语言的代价太大了。首先，从应用角度来看，人类已习惯于用自然语言描述和分析事物，特别是涉及社会、政治、经济和管理中的复杂过程。人类可以方便地利用以自然语言表示的前提进行推理和计算，并得到用自然语言表达的结果。其次，从理论角度来看，不利用自然语言，现有的理论很难甚至不能够处理感性信息，而只能处理测度信息。感性信息或知识通常只能用自然语言来描述，由于人类分辨细节和存储信息的认知能力的内在限制，感性信息在本质上是不精确的[37,57-59]。王飞跃利用自然语言知识和信息，建立了以词计算为基础的语言动力学系统(linguistic dynamic systems，LDS)。王飞跃通过融合几个不同领域的概念和方法，提出基于词计算的语言动力学系统的计算理论框架[37]。根据这个计算理论框架，利用常规或传统数值动力学系统中已有的成熟概念和方法，对语言动力学系统进行动力学分析、设计、控制和性能评估。这些研究的目的是建立连接人类的语言知识表示与计算机的数字知识表示的桥梁，成为下一代智能化人机交互的理论基础之一。

1.3.2 商空间理论

张铃和张钹在研究问题求解时，提出了商空间理论[16]，他们指出"人类智能的公认特点，就是人们能从极不相同的粒度上观察和分析同一问题。人们不仅能在不同粒度的世界上进行问题求解，而且能够很快地从一个粒度世界跳到另一个粒度的世界，往返自如，毫无困难。这种处理不同世界的能力，正是人类问题求解的强有力的表现"。如果能够将人类的这种能力形式化，并使计算机也具备类似的能力，对于开发机器智能来讲，意义十分重大。商空间粒计算理论的主要内容包括复杂问题的商空间描述、分层递阶结构、商空间的分解与合成、商空间的粒计算、粒度空间关系的推理以及问题的启发式搜索等。商空间理论建立了一种商结构的形式化体系，给出一套解决信息融合、启发式搜索、路径规划和推理等领域问题的理论和算法，并已有一些相关研究和应用。

商空间理论模型可用一个三元组来表示，即(X, F, T)。其中，X是论域，F是属性集，T是X上的拓扑结构。当取粗粒度时，即给定一个等价关系R(或说一个划分)，得到一个对应于R的商集(记为$[X]$)，它对应于三元组$([X], [F], [T])$，称为对应于R的商空间。商空间理论就是研究各商空间之间的关系、各商空间的合成与分解和在商空间中的推理。在这个模型下，可建立对应的推理模型，并满足两个重要的性质："保假原理"和"保真原理"。所谓"保假原理"是指若一个命题在粗粒度空间中是假的，则该命题在比它细的商空间中也一定为假；所谓"保真原理"是指若一个命题在两个较粗粒度的商空间中是真的，则在(一定条件下)其合成的商空间中对应的问题也是真的。这两个原理在商空间模型的推理中起到了很重要的作用。设在两个较粗空间X_1、X_2上进行求解，得出对应的问题有解，利用"保真原理"可得，在其合成的空间X_3上问题也有解。设X_1、X_2的规模分别为s_1、s_2，因为一般情况下，X_3的规模最大可达到s_1s_2。于是将原来要求解规模为s_1s_2空间中的问题，化成求解规模分别为s_1、s_2的两个空间中的问题。即将复杂性从"相乘"降为"相加"。张铃又将统计学上的一些方法移植到商空间粒度分析上来，得到了"弱保假原理"，即若在某商空间上问题无解，则在X上问题无解的概率大于$1-a$。并指出，若在X上有解的可信度等于d，则在$[X]$上对应的问题有解的可信度大于或等于 d。为了将精确粒度下的商空间的理论和方法推广到模糊粒度计算中，张铃和张钹又将模糊集合论引入商空间，证明了利用模糊等价关系可以将原来的商空间理论推广成模糊商空间理论，并指出下面的叙述是等价的[22]：

(1) 在 X 上给定一个模糊等价关系；

(2) X 的商空间$[X]$上给定一个归一化的等腰距离 d；

(3) 给定 X 的一个分层递阶结构；

(4) 给定一个 X 的模糊知识基。

他们还指出，所有模糊等价关系构成一个完备半序格。这些结论为粒计算提供了有力的数学模型和工具。模糊商空间理论能够更好地反映人类处理不确定问题的若干特点，即信息的确定与不确定、概念的清晰与模糊都是相对的，都与问题的粒度粗细有关。因此，构造合理的分层递阶的粒结构，可以高效地求解问题和处理信息。他们提出扩展模糊商空间理论的途径，即可从三个方向推广商空间理论成为模糊商空间理论：

(1) 研究的论域 X 是模糊空间；

(2) 研究的结构 T 是模糊拓扑；

(3) 研究的等价关系是模糊等价关系。

并得出结论：任何一个模糊的概念必存在一个相应的粒度空间，在其上该概念是清晰的；任何一个清晰的概念必存在一个相应的粒度空间，在其上该概念是模糊的。这深刻地揭示了模糊和清晰的辩证关系。

近几年来，基于商空间的粒度计算模型的应用也得到推广。徐峰等采用距离度量空间的手段研究了商空间的模糊粒度聚类，结合信息融合技术用不同粒度合成聚类结果，认为聚类可以以非均匀粒度来描述样本集[60,61]。张旻等将商空间粒度理论应用于对数据仓库中的数据进行粒度分析，取得了很好的结果[62]。张持健等利用商空间理论，不仅解决了模糊控制规则指数爆炸问题，而且通过控制粒度的不断变化，模糊控制系统可以同时兼顾控制的精度和速度指标，为高精度模糊控制器获得理想的稳态和瞬态性能指标提供了很好的理论方法[63]。刘岩等针对航空相机快速返回定位问题，应用商空间理论提出了一种快速无超调定位模糊控制算法[64]。毛军军等利用商空间理论，对生物信息学中序列比较的若干问题加以改进，从粒度角度说明生物序列比较的本质是分层递阶结构，即商空间的有序链[65]。刘仁金等从商空间粒度理论角度分析图像分割，提出图像分割的商空间粒度原理和基于粒度合成原理的复杂纹理图像的分割算法[20]。张燕平等[21]在研究粒度世界的描写、划分、粒度确定以及不同粒度世界之间的关系的基础上，给出了粒度世界的描述实例——互联网中的路由算法和称球游戏算法，有效地验证了商空间方法处理实际问题的高效性。Zhang 等将商空间理论应用到多值信号处理中，得到一种区别于小波分析的多值信号处理模型[19]。

这些利用商空间理论来解决实际问题的例子说明，当人们在面对实际复杂的、难以准确求解的问题，或者求精确解的代价很大，以及实际不需要精确解的问题时，通常不是采用系统的、数学的、精确的方法去追求问题的精确解或最优解，而是通过粒化的思想，将实际问题的解空间转化为商空间，再在商空间上继续求解问题，最终利用商空间理论的"保真原理"和"保假原理"，得到符合实际问题的较优解。人类就是采用这种自顶向下，形成一个分层递阶的解空间结构，使得解空间的复杂度由相乘变为相加，避免了计算复杂度高的困难，使得看似难以求解的问题迎刃而解。但是，商空间理论同样缺乏实现粒度与粒度之间、粒度与粒度世界之间、粒度世界与粒度世界之间转换的高效方法。

1.3.3 粗糙集理论

Pawlak 在 20 世纪 80 年代提出了粗糙集理论，他假设人的智能(知识)就是一种分类的能力[66]。给定一个论域上的等价关系等价于给定了一个论域上的划分，划分中的分块由在给定等价关系下不可分辨的元素组成，它们构成论域上的一个知识。Pawlak 称之为在论域上给定了一个知识基，然后讨论一个一般的概念(论域中的一个子集)如何用知识基中的知识来表示。对那些无法用知识基中的元素的并来表示的概念，借用拓扑学中的内核和闭包的概念，引入了一对近似算子，称为下近似和上近似算子。这一对算子实际界定了概念在给定知识基中确定和不确定的部分，构成对概念的一个近似描述，Pawlak 将其称为粗糙集。

粗糙集理论的研究，经过近三十年的时间，无论是在理论模型的建立还是应用系统的研制开发上，都已经取得了大量的成果，形成了一套较为完善的粗糙集理论体系[67,68]。目前，粗糙集理论已成为处理不确定、不精确和不完备问题的重要数学理论工具，并在机器学习、知识获取、决策分析、数据挖掘、专家系统、决策支持、归纳推理、矛盾归结、模式识别、模糊控制和医疗诊断等应用领域取得了大量的成果，也已成为粒计算研究的主要工具之一。

Pawlak 在不分明关系和粗糙隶属函数的基础上，基于同一等价类中的元素具有相同的隶属函数的思想，探讨了知识粒的结构和粒度问题，对利用不精确概念进行推理也作了讨论，指出近似和独立是同一问题的两个方面，将模糊集理论和粗糙集理论有机地结合在一起形成了新的处理不确定问题的方法[69]。Polkowski 和 Skowron 使用 Rough Mereology 方法和神经网络技术，基于知识粒化思想，提出了一个粗糙神经计算(RNC)模型，将粗糙集的知识基(划分块)和神经网络相结合，形成一种高效的神经计算方法[70]。Skowron 进一步完善了基于粗糙集的神经计算方法，并在一个参数化的近似空间上，讨论了信息粒的语法、语义、分解和合成问题，给出了粒语言的概念，提出了在分布式系统中关于信息粒结构的模式[30]。但是，他没有提出一套行之有效的粒计算系统，也未涉及分布式环境下基于粒计算的多 Agent 推理中的冲突问题，对信息粒结构模式中的参数也没有提出有效的优化技术。Peters 等使用不分明关系将实数划分成多个子区间，将一个全域划分成若干个网格单元，每个网格单元被视为一个粒，提出了两个信息粒之间的邻近关系和包含关系的度量，但其提出的方法只能局限于单个传感器的样本数据[71]。另外，Peters 等还综述了关于 RNC 模型的主要研究线索[72]。

　　Lin 基于二元关系提出了邻域 Rough 系统，建立了粒计算模型，并使用粗糙集中的近似空间作为信息粒结构，定义了粒隶属函数，从而提出了粒模糊集，并得出了一些重要的性质[73]。Yao 等利用粗糙集粒计算模型来学习分类规则，用粒网格来表示学习所得的分类知识，提出了粒之间关联性的度量公式，通过搜索粒来归纳分类规则，给出了构造粒网格的算法[74]。在研究 Rough 推理的基础上，刘清等对粒逻辑进行了探讨，他们首先定义了原子公式 (a,v)，称 m 为信息系统 S 中的语义函数，$m(a,v)$ 表示 U 上满足 $f(u,a)=v$ 的所有个体的集合，然后定义基本粒 $((a,v),m(a,v))$，以及粒语言和粒语言的语义[33-35]。张文修等详细讨论了一般关系下的粗糙集模型、粗糙集代数的公理化方法以及粗糙集系统的代数结构等问题[75]。

　　粗糙集理论在信息处理中的应用是粗糙集理论的主要应用领域之一。经典的粗糙集理论研究离散的、单值的、完备的信息系统，然而在实际问题中却广泛存在连续的、多值的、不完备的信息系统。因而，经典的粗糙集理论在实际应用中存在要求过严的问题，从而限制了粗糙集理论的应用。于是，粗糙集理论的推广研究一直是粗糙集理论中的一个热点问题。针对不完备信息系统的处理，Kryszkiewicz 放松等价关系对传递性的约束，提出了基于容差关系的粗糙集模型[76]。此后，Stefanowski 等提出的基于非对称相似关系的扩充粗糙集模型[77]，以及王国胤提出的基于限制容差关系的扩展粗糙集模型[78]也都对不完备信息系统的处理进行了进一步的探讨。Zhang 等利用模糊聚类的思想，将非等价关系转化为等价关系，从而用经典的粗糙集模型来处理不完备的信息系统，这种方法的优势在于可以得到变精度的正域以及上下近似[29]。针对集值信息系统，宋笑雪等定义了集值决策系统中的一种关系，并分别研究了协调和不协调集值信息系统的属性约简[79]。Guan 等利用最大相容类定义了两类上下近似算子，并基于此研究了集值信息系统的确定性决策规则和优化规则的获取方法[80]。周玉兰等在集值信息系统中引入相容度和包含度的概念，提出了基于相容度和包含度的粗糙集扩展模型[81]。而对于连续值信息系统，一般的方法首先是对信息系统进行离散化，然而这种方法结果的好坏对离散化方法的依赖性非常大，因而研究连续值属性的直接处理方法也受到了人们的关注。胡清华等通过基本邻域信息粒子进行逼近，提出了数值属性约简算法[82]。陈娟等将优势关系引入连续值信息系统，提出了基于属性主要性的正域约简算法[83]。

1.3.4　云模型

云模型是李德毅院士在 1995 年提出的。云模型是以自然语言值为切入点，实现定性概念与定量数值之间的不确定性转换的模型，它同时反映了客观世界中概念的两种不确定性，即随机性和模糊性。然而，云模型不是简单地把随机性和模糊性相加，更不是二次随机或二次模糊。云模型中的模糊性和随机性很难人为地分开，它们是通过 3 个数字特征的双重性有机地关联在一起，实现定性概念与定量数值之间的自然转换。目前，云模型除了已经成功用于数据挖掘中的预测、系统综合评估和知识表达等领域外，也已经在数据挖掘中的关联规则挖掘、智能控制、图像处理和影像解释识别等领域广泛应用。

云的数字特征能够反映概念的整体性和定性知识的定量特性，它对定性概念的理解有很重要的意义。云用期望 Ex、熵 En、超熵 He 这 3 个数字特征来整体表征一个概念，如图 1.1 所示。

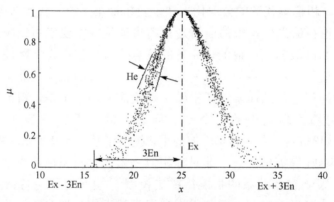

图 1.1　云及云的数字特征

其中，期望 Ex 是论域的中心值，是最能够代表一个定性概念的点，即它永远都隶属于这个定性概念。反映在云形上就是云的"最高点"，即隶属度为 1 的点。熵 En 表示一个定性概念可被度量的范围，熵越大概念越宏观，即可被度量的范围越广。熵反映了模糊概念的亦此亦彼性的裕度，即这个定性概念的不确定性，又称模糊性。反映在云形上就表示云的"跨度"，即熵越大，云的"跨度"越大。超熵 He 是熵的熵，用来表示熵的不确定性，它表示样本出现的随机性，即云图上云滴的离散程度，超熵将模糊性和随机性相关联，它反映在云形上表示云的"厚度"，超熵越大, 云越"厚"。这 3 个数字特征把模糊性和随机性结合在一起, 非常形象地把云的形状展示出来, 完成了定性和定量间的相互映射。

　　云模型经历了二十多年的发展, 该理论从一开始的雏形已经变得日趋完善。1995 年李德毅等[84]首先针对模糊集合论中的隶属函数提出了隶属云的新思想, 为云理论的传播与发展奠定了基石。杨朝晖等[85]在一维正态云的基础上提出了二维云的定义、数字特征及二维云发生器的实现方法和应用场合。1999 年张屹等[86]将隶属云的对象进行了分类, 并提出了条件隶属云的概念。在此基础上, 蒋嵘等[87]提出了基于云模型的数值型数据的泛概念树的生成方法, 并研究了泛概念树中概念爬升和跳跃的方法, 为数据挖掘发现各层次知识提供了基础。杜鹃等[88]通过云变换将数量型属性的定义域区间划分为基于多个云的定性概念, 克服了传统划分方法不能反映数据实际分布规律和划分区间过硬的缺陷。刘常昱等[89]则定义了正态云模型的期望曲线, 并在此基础上分析了随着参数 (En, He) 的变化其曲线形态变化的趋势和规律, 由此进一步地说明了正态云模型的普适性。张勇等[90]在云模型的基础上提出了相似云的概念, 并提出了一种根据不同云滴之间的距离来度量相似性的云相似性度量方法。

1.4　基于覆盖的粒计算模型研究

　　Zakowski 最早将粗糙集理论从划分推广到覆盖, 将 Pawlak 粗糙集的近似算子直接推广到覆盖近似空间, 并对覆盖粗糙集的相关性质、粗相等和粗包含等问题进行了研究[91]。Bonikowski 定义了覆盖近似空间中对象的最小描述, 并从内涵和外延的角度研究了覆盖近似空间中概念的近似。祝峰研究发现两个覆盖近似空间可以生成相同 Bonikowski 覆盖粗糙上、下近似的充分必要条件, 并提出了覆盖的约简, 即一个覆盖能生成与原覆盖相同粗糙集的最小部分, 还研究了覆盖粗糙集中上、下近似的依赖性, 以及覆盖下近似运算的公理化[92,93]。Tsang 等对覆盖粗糙上进行了研究, 提出了一种介于 Zakowski 覆盖上近似和 Bonikowski 上近似之间的覆盖上近似算子[94]。周军等基于覆盖约简上的等域关系, 得到和原覆盖相应的一个划分, 并研究了粗糙算子在原覆盖近似空间和所得到划分近似空间之间的关系[95]。Hu 等在此基础上研究了覆盖近似空间和其所对应的划分近似空间不确定性度量之间的性质保持关系[96]。Huang 等通过引入信息熵, 提出了一种知识粗糙性和粗集粗糙性的度量方法, 并对其相关性质进行了分析[97]。徐伟华等利用 Hamming 和 Euclidean 距离函数, 结合模糊集的最近寻常集, 定义了一种 Bonikowski 覆盖粗糙集的模糊度[98,99]。此后, Xu 等又用同样的方法研究了一种新的覆盖粗糙集的模糊度[100]。魏荣等定义了正负域覆盖粗糙集的模糊度, 并对其相关性质进行了研究[101]。Zhu 等研究了 Zakowski、Bonikowski 和 Tsang 所提出的三种覆盖粗糙集模型，并证明了三个模型相互等价的充分必要条件[102,103]。Ma等研究了基于集合论的覆盖粒计算模型，并利用 Zooming-in 和 Zooming-out 两个算子实现了不同粒度空间之间的相互转化[104]。Zhu 等从拓扑学的角度研究了覆盖近似空间中上下近似的相互依赖性，并对已有的各种覆盖粗糙集的性质进行了分析[105-109]。李进金从拓扑学的角度对覆盖粗糙集理论进行了研究，通过引入拓扑空间的相对内部和相对闭包的概念，为覆盖粗糙集的研究提供了一种新方法[101,111]。薛佩军等针对覆盖粗糙集边界过于粗糙的不足，提出了正负域覆盖粗糙集模型，并给出了该模型的公理化定义[112]。邱卫根等利用邻域系重新定义了近似集的概念，并分析了这些近似集概念之间的差异，另外还提出了加细覆盖的概念，讨论了加细覆盖近似空间的约简问题[113,114]。将覆盖粗糙集理论和模糊集理论结合，魏莱等提出了四种不同的覆盖粗糙模糊集模型[115-118]。徐菲菲等进一步对魏莱等所提出的覆盖粗糙模糊集的不确定性度量进行了研究，提出了一种称为粗糙熵的度量方法[119]。刘邱云等定义了覆盖粗糙集的隶属函数，并利用隶属函数定义了集合的粗包含与粗相等，得到了一些与 Pawlak 粗糙集不同的性质[120]。Chen 等对覆盖决策系统的属性约简进行了研究，证明了属性可约的充分必要条件，提出了一种基于分辨矩阵的覆盖决策系统的属性约简方法[121]。Li 等通过引入信息熵和条件信息熵的概念，提出了一种基于信息理论的覆盖决策系统的属性约简方法，该方法从信息观的角度对 Chen 等的方法作出了解释[122]。上述研究工作对覆盖粒计算的理论和应用进行了一些探索，并取得了一些有意义的研究成果。

1.5　本书的组织结构

全书共分 8 章，各章节的内容安排如下。

第 1 章：绪论。首先，简要介绍粒计算的概念、现状及主要的粒计算模型，说明粒计算提出的背景和意义。然后，从粗糙集的角度，概述基于覆盖的粒计算模型的研究，从而引出本书的主要内容。最后，简述本书的主要内容及组织结构。

第 2 章：覆盖粗糙集。首先，概述覆盖粗糙集的主要研究。然后，介绍覆盖粗糙集模型的相关概念、主要的覆盖粗糙集模型，以及这些模型之间的关系。

第 3 章：覆盖近似空间的约简。首先，探讨覆盖近似空间中元素的绝对可约性和相对可约性。然后，基于相对约简和绝对约简，构建一种覆盖决策系统的约简模型。最后，介绍覆盖补的概念，基于这一概念引出覆盖近似空间的扩展，并分析覆盖近似空间的扩展的重要性质，以及在约简中的应用。

第 4 章：覆盖粗糙模糊集。首先，给出三种覆盖粗糙模糊集的定义，以及它们的重要性质，并探讨三种模型的关系。然后，研究不同知识粒度下的覆盖粗糙模糊集，给出两个覆盖生成相同覆盖粗糙模糊集的充要条件。最后，研究覆盖粗糙模糊集的不确定性度量，及其在不完备信息系统模糊决策中的应用。

第 5 章：覆盖决策粗糙集。首先，介绍决策粗糙集的基本概念。然后，通过将概率方法引入覆盖粗糙集模型，定义一种覆盖概率粗糙集模型。最后，研究覆盖概率决策信息系统的约简，并通过实例进行说明。

第 6 章：多粒度覆盖粗糙集。首先，介绍多粒度粗糙集的基本概念。然后，给出四种多粒度覆盖粗糙集模型的定义，并分析它们的重要性质。最后，探讨四种多粒度覆盖粗糙集模型的关系，及其在银行信用卡审批中的应用。

第 7 章：多粒度覆盖粗糙模糊集。首先，给出三种覆盖粗糙模糊集的定义。然后，将三种覆盖粗糙模糊集模型推广到多粒度近似空间，并分析它们的重要性质。最后，研究三种多粒度覆盖粗糙模糊集模型间的关系。

第 8 章：覆盖粒计算模型与知识获取。首先，探讨覆盖粗糙集模型中的知识发现方法。然后，研究多粒度覆盖粗糙集模型中的知识发现方法，以及多覆盖多粒度模型中的知识发现方法。最后，研究扩展的邻域系统粒计算模型中的知识发现方法。

参 考 文 献

[1] Zadeh L A. Fuzzy sets and information granularity[M]//Gupta M M, Ragade R K, Yager R R. Advances in Fuzzy Set Theory and Applications. Amsterdam: North-Holland, 1979: 3-18.

[2] Hobbs J R. Granularity[C]. The Ninth International Joint Conference on Artificial Intelligence, 1985: 432-435.

[3] Yager R R, Filev D. Operations for granular computing: Mixing words and numbers[C]. IEEE International Conference on Fuzzy Systems, 1998: 123-128.

[4] Zadeh L A. Toward a theory of fuzzy information granulation and its centrality in human reasoning and fuzzy logic[J]. Fuzzy Sets and Systems, 1997: 19(1): 111-127.

[5] Lin T Y. Neighborhood systems and relational database[C]. CSC'88, 1988: 725-726.

[6] Lin T Y. Granular computing on binary relations I: Data mining and neighborhood systems[M]//Skowron A, Polkowski L. Rough Sets in Knowledge Discovery. Heidelberg: Physica-Verlag, 1998: 107-121.

[7] Lin T Y. Granular computing on binary relations II: Rough set representations and belief functions[M]//Skowron A, Polkowski L. Rough Sets in Knowledge Discovery. Heidelberg: Physica-Verlag, 1998: 121-140.

[8] Yao Y Y. Rough sets, neighborhood systems, and granular computing[C]. The 1999 IEEE Canadian Conference on Electrical and Computer Engineering, 1999: 1553-1558.

[9] Yao Y Y. Granular computing using neighborhood systems[C]. The 3rd On-line World Conference on Soft Computing（WSC3）, London, 1999: 539-553.

[10] Yao Y Y. Relational interpretations of neighborhood operators and rough set approximation operators[J]. Information Sciences, 1998, 111: 239-259.

[11] Yao Y Y. Granular computing for data mining[C]. Proceedings of SPIE Conference on Data Mining, Intrusion Detection, Information Assurance, and Data Networks Security, 2006: 1-12.

[12] Yao Y Y. A partition model of granular computing[J]. Transactions on Rough Sets, 2004, 1: 232-253.

[13] Yao Y Y. Information granulation and rough set approximation[J]. International Journal of Intelligent Systems, 2001, 16(1): 87-104.

[14] Yao Y Y. Stratified rough sets and granular computing[C]. Proceedings of the 18th International Conference of the North American Fuzzy Information Processing Society, New York, 1999: 800-804.

[15] Yao Y Y. Three perspectives of granular computing[J]. Journal of Nanchang Institute of Technology, 2006, 25(2): 16-21.

[16] 张铃，张钹. 问题求解理论及应用-商空间粒度计算理论及应用[M]. 北京: 清华大学出版社, 2007.

[17] Zhang B, Zhang L. Theory and Applications of Problem Solving[M]. Amsterdam: North-Holland, 1992.

[18] 张向荣，谭山，焦李成. 基于商空间粒度计算的 SAR 图像分类[J]. 计算机学报, 2007, 30(3): 483-490.

[19] Zhang L, Zhang B. A quotient space approximation model of multi-resolution signal analysis[J]. Journal of Computer Science & Technology, 2005, 20(1): 90-94.

[20] 刘仁金，黄贤武. 图像分割的商空间粒度原理[J]. 计算机学报, 2005, 28(10): 1680-1685.

[21] 张燕平，张铃，吴涛. 不同粒度世界的描述法——商空间法[J]. 计算机学报, 2004, 27(3): 328-333.

[22] 张铃，张钹. 模糊商空间理论(模糊粒度计算方法)[J]. 软件学报, 2003, 14(4): 770-776.

[23] Hu J, Wang G Y, Zhang Q H, et al. Attribute reduction based on granular computing[C]. The Fifth International Conference on Rough Sets and Current Trends in Computing（RSCTC2006）, 2006: 458-466.

[24] An J J, Wang G Y, Wu Y, et al. A rule generation algorithm based on granular computing[C].

2005 IEEE International Conference on Granular Computing（IEEE GrC2005）, Beijing, 2005: 102-107.

[25] Wang G Y, Hu F, Huang H, et al. A granular computing model based on tolerance relation[J]. The Journal of China Universities of Posts and Telecommunications, 2005, 12（3）: 86-90.

[26] 胡峰, 黄海, 王国胤, 等. 不完备信息系统的粒计算方法[J]. 小型微型计算机系统, 2005, 26（8）: 1335-1339.

[27] 王国胤, 张清华. 不同知识粒度下粗糙集的不确定性研究[J]. 计算机学报, 2008, 31（9）: 1588-1598.

[28] 张清华, 王国胤, 刘显全. 分层递阶的模糊商空间结构分析[J]. 模式识别与人工智能, 2008, 21（5）: 627-634.

[29] Zhang Q H, Wang G Y, Hu J, et al. Incomplete information systems processing based on fuzzy-clustering[C]. 2006 IEEE/WIC/ACM International Conference on Web Intelligence and Intelligent Agent Technology（WI-IAT 2006 Workshops）（WI-IATW'06）, Hong Kong, 2006: 486-489.

[30] Skowron A. Toward intelligent systems: Calculi of information granules[J]. Bulletin of International Rough Set Society, 2001, 5(1-2): 9-30.

[31] Skowron A, Stepaniuk J. Towards discovery of information granules[C]. PKDD'99, 1999: 542-547.

[32] Skowron A, Stepaniuk J. Information granules: Towards foundations of granular computing[J]. International Journal of Intelligent Systems, 2001, 16(1): 57-85.

[33] 刘清, 黄兆华. G-逻辑及其归结推理[J]. 计算机学报, 2004, 27(7): 865-872.

[34] 刘清, 刘群. 粒及粒计算在逻辑推理中的应用[J]. 计算机研究与发展, 2004, 41(4): 546-551.

[35] 刘清. Rough集及Rough推理[M]. 北京: 科学出版社, 2001.

[36] 苗夺谦, 范世栋. 知识的粒度计算及其应用[J]. 系统工程理论与实践, 2002, 22(1): 48-56.

[37] 王飞跃. 词计算和语言动力学系统的计算理论框架[J]. 模式识别与人工智能, 2001, 14(4): 377-384.

[38] Zheng Z, Hu H, Shi Z Z. Granulation based image texture recognition[C]. Rough Sets and Current Trends in Computing, 2004: 659-664.

[39] Zheng Z, Hu H, Shi Z Z. Tolerance relation based granular space[C]. Rough Sets, Fuzzy Sets, Data Mining, and Granular Computing, 2005.

[40] Zheng Z, Hu H, Shi Z Z. Tolerance relation based information granular space[C]. IEEE International Conference on Granular Computing, 2005: 367-372.

[41] 郑征. 相容粒度空间模型及其应用研究[D]. 北京: 中国科学院计算技术研究所, 2006.

[42] 卜东波, 白硕, 李国杰. 聚类/分类中的粒度原理[J]. 计算机学报, 2002, 25(8): 810-816.

[43] Zhang Y Q, Fraser M D, Gagliano R A, et al. Granular neural networks for numerical-linguistic data fusion and knowledge discovery[J]. IEEE Transactions on Neural Networks, 2000, 11: 658-667.

[44] Zhang Y Q. Constructive granular systems with universal approximation and fast knowledge discovery[J]. IEEE Transactions on Fuzzy Systems, 2005, 13(1): 48-57.

[45] 李道国, 苗夺谦, 杜伟林. 粒度计算在人工神经网络中的应用[J]. 同济大学学报(自然科学版), 2006, 34(7): 960-964.

[46] 杜伟林, 苗夺谦, 李道国, 等. 概念格与粒度划分的相关性分析[J]. 计算机科学, 2005, 32(1): 182-187.

[47] Yager R R. Some learning paradigms for granular computing[C]. 2006 IEEE International Conference on Granular Computing, 2006: 25-29.

[48] Bargiela A, Pedrycz W. The roots of granular computing[C]. Proceedings of 2006 IEEE International Conference on Granular Computing, 2006: 806-809.

[49] Yao Y Y. Granular computing: Basic issues and possible solutions[C]. The 5th Joint Conferences on Information Sciences, 2000: 186-189.

[50] Zadeh L A. Granular computing as a basis for a computational theory of perceptions[C]. IEEE International Conference on Fuzzy Systems, 2002: 564-565.

[51] 阮达, 黄崇福. 模糊集与模糊信息粒理论[M]. 北京: 北京师范大学出版社, 2000.

[52] Zadeh L A. Fuzzy logic=computing with words[J]. IEEE Transactions on Fuzzy Systems, 1996, 4: 103-111.

[53] Zadeh L A. Some reflections on soft computing, granular computing and their roles in the conception, design and utilization of information/intelligent systems[J]. Soft Computing, 1998, 2(1): 23-25.

[54] Wang P. Computing with Words[M]. New York: John Wiley & Sons, 2001.

[55] 李征, 王雏. 基于信息粒化和语词计算的模糊控制器[J]. 辽宁工程技术大学学报(自然科学版), 2001, 20(5): 636-639.

[56] 李征, 邵世煌. 基于信息粒化、语词计算模糊控制系统中的信息重组[J]. 中国纺织大学学报, 2000, 2(3): 9-13.

[57] Wang F Y, Lin Y T. Linguistic dynamic systems and computing with words for modeling and simulation of complex systems[C]. Discrete Event Modeling and Simulation Technologies: A Tapestry of Systems and AI-Based Theories and Methodologies, 1998: 75-92.

[58] 王飞跃. 词计算和语言动学系统的基本问题和研究[J]. 自动化学报, 2005, 31(6).

[59] Wang F Y, Tong L Y. Linguistic dynamic systems and computing with words for

complex systems[C]. IEEE International Conference on Systems, Man, and Cybernetics, 2000.

[60] 徐峰, 张铃, 王伦文. 基于商空间理论的模糊粒度计算方法[J]. 模式识别与人工智能, 2004, 17(4): 424-429.

[61] 徐峰, 张铃. 基于商空间的非均匀粒度聚类分析[J]. 计算机工程, 2005, 31(3): 26-28, 53.

[62] 张旻, 吴涛, 王伦文, 等. 商空间粒度计算理论在数据库和数据仓库中应用[J]. 计算机工程与应用, 2003, 39(17): 47-49.

[63] 张持健, 李畅, 张铃. 商空间理论(粒度计算方法)实现高精度模糊控制[J]. 计算机工程与应用, 2004, 40(11): 37-39.

[64] 刘岩, 李友一, 陈占军, 等. 基于商空间理论的模糊控制在航空相机中的应用[J]. 南京航空航天大学学报, 2006, 38(B07): 88-90.

[65] 毛军军, 郑婷婷, 张铃. 基于商空间理论的生物序列比较模型[J]. 计算机工程与应用, 2004, 40(34): 15-17.

[66] Pawlak Z. Rough sets[J]. International Journal of Computer and Information Sciences, 1982, 11(5): 341-356.

[67] Pawlak Z. Rough Sets: Theoretical Aspects of Reasoning about Data[M]. Boston: Kluwer Academic Publishers, 1991.

[68] 王国胤. Rough 集理论与知识获取[M]. 西安: 西安交通大学出版社, 2001.

[69] Pawlak Z. Granularity of knowledge, indiscernibility and rough sets[C]. Proceedings of 1998 IEEE International Conference on Fuzzy Systems, Warsaw, Poland, 1998: 106-110.

[70] Polkowski L, Skowron A. Rough-neuro computing[C]. The Second International Conference on Rough Sets and Current Trends in Computing, 2005: 25-32.

[71] Peters J F, Skowron A, Suraj Z, et al. Measures of inclusion and closeness of information granules: A rough set approach[C]. The Third International Conference on Rough Sets and Current Trends in Computing, 2005: 25-32.

[72] Peters J F, Szczuka M S. Rough neurocomputing: A survey of basic models of neurocomputation[C]. The Third International Conference on Rough Sets and Current Trends in Computing, 2002: 308-315.

[73] Lin T Y. Granular fuzzy sets: A view form rough set and probability theories[J]. International Journal of Fuzzy Systems, 2001: 373-381.

[74] Yao J T, Yao Y Y. Induction of classification rules by granular computing[C]. Proceedings of the 3rd International Conference on Rough Sets and Current Trends in Computing, 2002: 331-338.

[75] 张文修, 吴伟志, 梁吉业, 等. 粗糙集理论与方法[M]. 北京: 科学出版社, 2001.

[76] Kryszkiewicz M. Rough set approach to incomplete information systems[J]. Information Science, 1998, 112: 39-49.

[77] Stefanowski J, Tsoukias A. On the extension of rough sets under incomplete information[C]. The 7th International Workshop on New Directions in Rough Sets, Data Mining, and Granular Soft Computing, 1999: 73-81.

[78] 王国胤. Rough 集理论在不完备信息系统中的扩充[J]. 计算机研究与发展, 2002, 39(10): 1238-1243.

[79] 宋笑雪, 李鸿儒, 张文修. 集值决策信息系统的知识约简与属性特征[J]. 计算机科学, 2006, 33(7): 179-181, 235.

[80] Guan Y Y, Wang H K. Set-valued information systems[J]. Information Sciences, 2006, 176: 2507-2525.

[81] 周玉兰, 王国胤, 胡军, 等. 集值信息系统中的粗糙集扩展模型[J]. 广西师范大学学报(自然科学版), 2008, 26(3): 80-83.

[82] 胡清华, 于达仁, 谢宗霞. 基于邻域粒化和粗糙逼近的数值属性约简[J]. 软件学报, 2008, 19(3): 640-649.

[83] 陈娟, 王国胤, 胡军. 优势关系下不协调信息系统的正域约简[J]. 计算机科学, 2008, 35(3): 216-218.

[84] 李德毅, 孟海军. 隶属云和隶属云发生器[J]. 计算机研究与发展, 1995(6): 15-20.

[85] 杨朝晖, 李德毅. 二维云模型及其在预测中的应用[J]. 计算机学报, 1998, 21(11): 961-969.

[86] 张屹, 李德毅, 张燕. 隶属云及其在数据发掘中的应用[C]. 青岛-香港国际计算机会议, 1999.

[87] 蒋嵘, 李德毅, 范建华. 数值型数据的泛概念树的自动生成方法[J]. 计算机学报, 2000, 23(5): 470-476.

[88] 杜鹢, 李德毅. 基于云的概念划分及其在关联采掘上的应用[J]. 软件学报, 2001, 12(2): 196-203.

[89] 刘常昱, 李德毅, 杜鹢, 等. 正态云模型的统计分析[J]. 信息与控制, 2005, 34(2): 236-239.

[90] 张勇, 赵东宁, 李德毅. 相似云及其度量分析方法[J]. 信息与控制, 2004, 33(2): 129-132.

[91] Zakowski W. Approximation in the space (U, Ⅱ)[J]. Demonstratio Mathematica, 1983, 16(3): 761-769.

[92] Zhu W, Wang F Y. Reduction and axiomization of covering generalized rough sets[J]. Information Sciences, 2003, 152: 217-230.

[93] 祝峰, 王飞跃. 关于覆盖广义粗集的一些基本结果[J]. 模式识别与人工智能, 2002, 15(1): 6-13.

[94] Tsang E C C, Chen D G, Lee J W T, et al. On the upper approximations of covering

generalized rough sets[C]. 3rd International Conference Machine Learning and Cybermetics, Shanghai, 2004: 4200-4203.

[95] 周军，张庆灵，陈文实. 覆盖粗糙集的一般化[J]. 东北大学学报（自然科学版），2004, 25（10）: 954-956.

[96] Hu J, Wang G, Zhang Q. Uncertainty measure of covering generated rough set[C]. IEEE/WIC/ACM International Conference on Web Intelligence and Intelligent Agent Technology Workshops, 2006. Wi-Iat 2006 Workshops, 2006: 498-504.

[97] Huang B, He X, Zhou X Z. Rough entropy based on generalized rough sets covering reduction[J]. Journal of Software, 2004, 15（2）: 215-220.

[98] 徐伟华，张文修. 覆盖广义粗糙集的模糊性[J]. 模糊系统与数学, 2006, 20（6）: 115-121.

[99] Xu W H, Zhang X Y. Fuzziness in covering generalized rough sets[C]. The 26th Chinese Control Conference, Zhangjiajie, 2007: 386-390.

[100] Xu W H, Zhang W X. Measuring roughness of generalized rough sets induced by a covering[J]. Fuzzy Sets and Systems, 2007, 158: 2443-2455.

[101] 魏荣，刘保仓，史开泉. 基于覆盖广义粗集的模糊性[J]. 计算机科学, 2007, 34（1）: 153-155.

[102] Zhu W, Wang F Y. Relationships among three types of covering rough sets[C]. 2006 IEEE International Conference on Granular Computing （IEEE GrC 2006）, Atlanta, 2006: 43-48.

[103] Zhu W, Wang F Y. On three types of covering-based rough sets[J]. IEEE Transactions on Knowledge and Data Engineering, 2007, 19（8）: 1131-1144.

[104] Ma J M, Zhang W X, Li T J. A covering model of granular computing[C]. Proceedings of the Fourth International Conference on Machine Learning and Cybernetics, 2005.

[105] Zhu W, Wang F Y. Properties of the third type of covering-based rough sets[C]. The Sixth International Conference on Machine Learning and Cybernetics, HongKong, 2007: 3746-3751.

[106] Zhu W, Wang F Y. Properties of the first type of covering-based rough sets[C]. DM Workshop 06, ICDM 06, Hong Kong, 2006.

[107] Zhu W. Properties of the second type of covering-based rough sets[C]. Workshop Proceedings of GrC&BI 06, IEEE WI 06, HongKong, 2006.

[108] Zhu W. Properties of the fourth type of covering-based rough sets[C]. HIS'06. AUT Technology Park, Auckland, 2006.

[109] Zhu W. Topological approaches to covering rough sets[J]. Information Sciences, 2007, 177（6）: 1499-1508.

[110] 李进金. 覆盖广义粗集理论中的拓扑学方法[J]. 模式识别与人工智能, 2004, 17（1）: 7-10.

[111] 李进金. 覆盖上近似集与相对闭包[J]. 模式识别与人工智能, 2005, 18（6）: 675-678.

[112] 薛佩军, 管延勇. 正负域覆盖广义粗集及其运算公理化[J]. 计算机工程与应用, 2005 (27): 35-37, 55.

[113] 邱卫根, 罗中良. 基于加细覆盖的广义粗糙集研究[J]. 广东工业大学学报, 2006, 23 (4): 93-97.

[114] 邱卫根, 罗中良. 加细覆盖下模糊广义粗集的一些基本结果[J]. 计算机工程与应用, 2006: 86-88.

[115] 魏莱, 苗夺谦, 徐菲菲, 等. 基于覆盖的粗糙模糊集模型研究[J]. 计算机研究与发展, 2006, 43 (10): 1719-1723.

[116] 徐忠印, 廖家奇. 基于覆盖的模糊粗糙集模型[J]. 模糊系统与数学, 2006, 20 (3): 141-144.

[117] Feng T, Mi J S, Wu W Z. Covering-based generalized rough fuzzy sets[C]. The First International Conference Rough Sets and Knowledge Technology, Chongqing, 2006: 208-215.

[118] Zhu W. A class of covering-based fuzzy rough sets[C]. The Fourth International Conference on Fuzzy Systems and Knowledge Discovery, Haikou, 2007: 7-11.

[119] 徐菲菲, 苗夺谦, 李道国, 等. 基于覆盖的粗糙模糊集的粗糙熵[J]. 计算机科学, 2006, 33 (10): 179-181.

[120] 刘邱云, 付雪峰, 吴根秀. 覆盖广义 Rough 集中的隶属关系[J]. 南昌大学学报 (理科版), 2006, 30 (3): 227-229.

[121] Chen D G, Wang C Z, Hu Q H. A new approach to attribute reduction of consistent and inconsistent covering decision systems with covering rough sets[J]. Information Sciences, 2007, 177 (17): 3500-3518.

[122] Li F, Yin Y Q. Approaches to knowledge reduction of covering decision systems based on information theory[J]. Information Sciences, 2009, 179: 1694-1704.

第 2 章　覆盖粗糙集

　　粗糙集理论为解决数据中的不确定性问题提供了一种有效方法，它通过一对精确的集合，即下近似和上近似，来对不确定的目标集合进行确定的近似描述。经典粗糙集理论借助于等价关系或划分来进行分类，以此建立的计算模型不仅易于理解和计算，形式化也非常简洁。但是，在许多应用中划分无法准确地表达出实际的知识。为了解决这个问题，人们将经典粗糙集中的等价关系作了一些很有意义的扩展，将其扩展成容差关系[1, 2]、相似关系[3]等多种二元关系，随之划分推广为更为一般的覆盖。基于覆盖的粗糙集模型将知识抽象成论域上的覆盖，具有不依赖于问题的具体描述的特性，许多学者在理论和应用两个层面上进行了深入研究，建立了覆盖粗糙集理论。本章对覆盖粗糙集理论的基本知识进行介绍。

2.1　覆盖粒计算模型的研究概述

　　1983 年，Zakowski[4]首先提出了基于覆盖的粗糙集近似的概念。通过对 Pawlak 的近似算子定义的简单泛化，给出了一对上下近似算子。然而，泛化的近似算子对于补集不再是对偶的[5]，这和 Pawlak 定义的近似算子是不一样的。通过修改 Zakowski 的定义，Pomykala[6]研究了两对对偶的近似算子，其中一对近似算子中的下近似算子和 Zakowski 定义的下近似算子相同，另外一对近似算子中的上近似算子和 Zakowski 定义的上近似算子相同。通过使用由覆盖导出的数学结构，Pomykala[7]提出并验证了其他的对偶近似算子对。此外，他研究了不完备信息表中由容差关系(即满足自反和对称的关系)导出的覆盖。特别地，在该覆盖中的每个子集称为由容差关系导出的一个基本集，这也称为最大相容块或最大一致块[8,9]。

　　Yao 在文献[5]和[10]中研究了通过连续或者反连续二元关系的前继和后继邻域系统产生的覆盖所引出的双近似算子。这两对双算子是由 Pomykala 在文献[6]和[7]中提出的，并且他进行了相应的证明，给出了它们等同于从一个二元关系得到的算子的条件。Couso 和 Dubois 在文献[11]中参考了这两对算子，分别作为松散算子和紧密算子。他们进行了一个关于在不完备信息系统中的两对近似算子的有意思的研究。这个研究表明在不完备信息表中，这两对算子和由所有划分产生的近似操作子族都是相关的，这些划分和由所有含空值的属性函数所诱导的覆盖是一致的。这个结果从理论上提供了对于这两对算子采纳的验证。

取代了二元关系，Wybraniec-Skardowska 在文献[12]中研究了通过另一种关系联系起来的近似算子对。他在论文中给出了上近似算子，而与之相对应的下近似算子通过一个单子集的上近似集来定义。这几对近似算子都是基于覆盖和通过覆盖定义的容差关系来研究的，包括被 Zakowski 在文献[4]和 Pomykala 在文献[6]中使用的那几种。

Bryniarski 在文献[13]中提出了一种不同的近似算子对。它的下近似算子和 Zakowski 提出的下近似算子是一样的，但是上近似算子是不一样的。这两个算子通过满足覆盖的一个近似条件而紧密相关联，也就是说，对于覆盖中的每一对子集而言，如果一个子集又是另一个子集的子集，那么肯定存在一个集合使得这两个集合是这个集合的上下近似。换句话说，Bryniarski 考虑了一种特殊类型的覆盖[13]。与文献[13]的研究相似的是，Bonikowski 等在文献[14]中引入了一个由覆盖导出的对象的最小描述的概念(也就是在一个覆盖中包含这个对象的所有最小子集构成的集合)，并且验证了一对新的近似算子。它的下近似算子同样和 Zakowski 提出的下近似算子是一样的，但是上近似算子不一样。

基于这些早期的研究，基于覆盖的粒计算模型变得越来越受关注。具体的研究可分为以下两组：一组主要研究除了 Pomykala[6,7]和 Yao[10]提出的那两对算子之外的新的成对近似算子；另外一组主要研究不成对的近似算子。研究不成对近似算子的这一组研究又可以细分为两个小组：一个小组通过特别的覆盖类型来研究 Zakowski 的近似算子；另外一个小组仅接受了 Zakowski 的下近似算子并且提出了新的上近似算子，这一小组的主要工作都是由 Zhu 等[15-25]完成的。上近似算子一般由 Bryniarski[13]和 Bonikowski 等[14]提出的方法而引入，这些上近似算子大都在 Bryniarski 和 Zakowski 的上近似算子范围内。Ślęzak 和 Wasilewski[26]研究了由容差关系导出的覆盖的 Zakowski 的近似算子对。在大多数情况下，在后一组研究中的近似算子对都不是成对的。

Xu 和 Zhang[27]在他们的文章中也研究了由容差关系导出的覆盖的 Zakowski 的近似算子对。Liu 和 Sai[28]给出了这对近似算子的公理系统。Li[29]通过相似的方法引入了两对近似算子，但是用到了对象的不同邻域。Qin 等[30]研究了基于覆盖的五对二元近似算子和由覆盖导出的极小邻域，并且研究了五对近似算子之间的联系。事实上，他们研究的前两对近似算子和 Pomykala[6,7]及 Yao[10]研究的是相同的。

大部分对非成对近似算子的研究都是引入了新的上近似算子。Zhu 等[15-25]系统研究了五种近似算子。它们组合了新的近似算子和那些已经被 Zakowski[4]、Pomykala[6,7]、Yao[10]等研究的近似算子。这五对近似算子中，下近似算子都是由 Zakowski 提出的下近似算子，但是上近似算子各不相同。Zhu 等研究了这些算子的性质以及它们之间的一些关系，并且得到了这些算子的公理集[15-25]。Zhu 等的研究提供了对于不同近似算子进行研究的一般方法。下面给出更多的对于非成对近似算子的研究实例。Tsang 等[31]通过每个对象的最小描述中所有子集的"并"定义了一种新的上近似算子。Chen 等[32]通过集合和由覆盖导出的集合的邻域之间的差异定义了两对近似算子。Wu 等[33]提出了一个新的上近似算子并且研究了这个新算子和 Zhu 研究的算子之间的关系。Zhang 等[34]建立了能够描绘出三对基于覆盖的近似算子性质的独立的公理系统。

2.2　覆盖粗糙集模型的基本概念

本节主要介绍覆盖粗糙集的一些基本概念，如覆盖、最小描述、邻域以及覆盖粗糙集的上近似集和下近似集等。

定义 2.1[17]　令 U 为论域，C 是一簇 U 的子集，并且 C 中不含空集。如果 $\bigcup C = U$，则称 C 是 U 的一个覆盖。如果 P 是 U 的一个覆盖并且 P 中任意两个元素都相交为空，则称 P 为 U 的一个划分。显然，U 的划分必为 U 的覆盖，所以覆盖是划分的一般形式，而划分是一种最简单的覆盖。

定义 2.2[35]　设 U 是一个非空集合，C 是 U 的一个覆盖，称有序对 (U,C) 为覆盖近似空间。

定义 2.3[17]　覆盖近似空间 (U,C) 中，目标对象 $x \in U$，x 的最小描述 $\mathrm{md}_C(x)$ 定义为

$$\mathrm{md}_C(x) = \{K \in C \mid x \in K \wedge (\forall S \in C \wedge x \in S \wedge S \subseteq K \Rightarrow K = S)\} \tag{2.1}$$

定义 2.4[17]　覆盖近似空间 (U,C) 中，$x \in U$，x 的邻域 $\mathrm{Neighbor}_C(x)$ 定义为

$$\mathrm{Neighbor}_C(x) = \bigcap \{K \mid x \in K \in C\} \tag{2.2}$$

在定义 2.4 中，对象的邻域 $\mathrm{Neighbor}_C(x)$ 是指所有包含对象 x 的覆盖元的交集，又被一些学者称为对象 x 的极小邻域[36]，记作 $\mathrm{mn}_C(x)$。极小邻域的概念很形象地突出了 $\mathrm{Neighbor}_C(x)$ 的实质，因此，在后面的讨论中，也采用极小邻域的概念。于是将定义 2.4 中的邻域 $\mathrm{Neighbor}_C(x)$ 的定义进行修改，使得极小邻域 $\mathrm{mn}_C(x) = \mathrm{Neighbor}_C(x) = \bigcap \{K \mid x \in K \in C\}$。

2.3　主要的覆盖粗糙集模型

Samanta 等[37]总结了已有的十六种基于覆盖的粗糙集模型，并给出了这十六种模型的隐含格。Zhu 等系统研究了其中的六种[15-25]。Zhu 等主要研究不成对的

近似算子，仅接受 Zakowski 的下近似算子，并且提出新的上近似算子。首先，在文献[22]中，Zhu 等研究了由 Zakowski 提出的基于覆盖的粗糙集模型，他们将其称为第一种覆盖粗糙集模型，讨论了该模型的性质。随后，在文献[20]中，Zhu 探讨了第二种覆盖粗糙集模型的相关性质，该模型是由 Pomykala 首次提出的[6]。第三种覆盖粗糙集模型由 Tsang 等在文献[31]中首次提出。Zhu 等在文献[15]中探讨了第一、第二和第三种覆盖粗糙集模型的性质，并给出了这三种模型之间的一些联系。随后 Zhu 等在文献[23]中提出了第四种覆盖粗糙集模型，并深入研究了该模型的性质。在文献[16]中，Zhu 给出了第五种覆盖粗糙集模型的定义，并利用拓扑方法对该模型作了系统分析。在文献[17]中，Zhu 给出了第六种覆盖粗糙集模型的定义，并讨论了六种覆盖粗糙集模型的公理系统。

这六种基于覆盖的粗糙集模型，由于经过 Zhu 等系统细致的研究而被很多学者所熟悉和认可。但是这些模型之间究竟存在什么联系和差别呢？在不同精度要求的背景下究竟选择哪个模型进行应用呢？这些是需要解决的问题。在本章中，以这六种模型为基础，深入系统地研究了这六种模型之间的联系，对这六种模型进行了两两之间的分析比较，从而找到六种模型间的差别和联系，为不同应用中模型的选择提供理论上的帮助。探讨了覆盖粗糙集模型中的知识发现方法，为将理论模型更好地进行应用提供途径。

定义 2.5[17]　　覆盖近似空间 (U,C) 中，$\forall X \subseteq U$ 为目标集合，第一种基于覆盖 C 的覆盖下近似集 $\mathrm{CL}_C(X)$ 和覆盖上近似集 $\mathrm{FH}_C(X)$ 分别定义如下：

$$\mathrm{CL}_C(X) = \bigcup\{K \in C \mid K \subseteq X\} \tag{2.3}$$

$$\mathrm{FH}_C(X) = \mathrm{CL}_C(X) \bigcup \{\mathrm{md}_C(x) \mid x \in X - \mathrm{CL}_C(X)\} \tag{2.4}$$

定义 2.6[17]　　覆盖近似空间 (U,C) 中，$\forall X \subseteq U$ 为目标集合，第二至五种覆盖上近似集 $\mathrm{SH}_C(X)$，$\mathrm{TH}_C(X)$，$\mathrm{RH}_C(X)$，$\mathrm{IH}_C(X)$ 分别定义如下：

$$\mathrm{SH}_C(X) = \bigcup\{K \mid K \in C, K \bigcap X \neq \varnothing\} \tag{2.5}$$

$$\mathrm{TH}_C(X) = \bigcup\{\mathrm{md}_C(x) \mid x \in X\} \tag{2.6}$$

$$\mathrm{RH}_C(X) = \mathrm{CL}_C(X) \bigcup \{K \mid K \bigcap (X - \mathrm{CL}_C(X)) \neq \varnothing\} \tag{2.7}$$

$$\mathrm{IH}(X) = \mathrm{CL}(X) \bigcup \{\mathrm{mn}_C(x) \mid x \in X - \mathrm{CL}(X)\} \tag{2.8}$$

由于是研究不成对的近似算子，虽然 Zhu 等在文献[15]~[25]中也给出了第二至五种基于覆盖 C 的覆盖下近似集的概念，但是它们均等价于 $\mathrm{CL}_C(X)$，所以本书中仅认为 $\mathrm{CL}_C(X)$ 是第一种基于覆盖 C 的覆盖下近似集。

定义 2.7[17] 覆盖近似空间 (U,C) 中，$\forall X \subseteq U$ 为目标集合，第六种基于覆盖 C 的覆盖下近似集 $\mathrm{XL}_C(X)$ 和上近似集 $\mathrm{XH}_C(X)$ 分别定义为

$$\mathrm{XL}_C(X) = \{x \mid \mathrm{mn}_c(x) \subseteq X\} \tag{2.9}$$

$$\mathrm{XH}_C(X) = \{x \mid \mathrm{mn}_c(x) \bigcap X \neq \varnothing\} \tag{2.10}$$

当在一个覆盖近似空间 (U,C) 中讨论各模型时，以上定义中均可省去下标 C，故在本章以下的讨论中均略去。

2.4 六种覆盖粗糙集模型间的关系

纵观多种基于覆盖的粗糙集模型，发现这些模型提出时作者都没有明确给出提出的原因、背景和应用价值，而且对这些模型之间优劣的比较也很少涉及。这些基于覆盖的粗糙集模型之间有什么联系和区别？哪种覆盖粗糙集的应用范围最广？哪种模型具有最高近似精度？这些问题是研究覆盖粗糙集模型时必然要解决的问题。

比较分析是进行科学研究的常用方法和手段。在粒计算理论的研究中，也常采用比较分析的方法进行研究[38-41]，例如，Zhang 等[38]对变精度粗糙集模型和分级粗糙集模型进行了对比研究；Wang 等[39]对基于覆盖的粗糙集模型和基于邻域系统的粗糙集模型进行了对比研究；Chen 等[40]对基于覆盖的粗糙集和概念格中的约简进行了对比分析；Zhang 等[41]研究了基于覆盖的粗糙集和基于关系的粗糙集之间的关系。通过对概念或者模型的对比分析，可以更加深入地理解这些概念和模型。

因此，本书以 Zhu 等系统研究的六种基于覆盖的粗糙集模型[15-25]为例，从粗糙集最根本的上、下近似集出发，来对这六种模型进行比较，希望找出这六种模型之间的区别和联系，并且找出各模型的应用范围，深入理解和把握这些模型，并为不同应用场合模型的选择提供帮助。

本节重点探讨 Zhu 等系统研究的六种覆盖粗糙集模型之间的关系，分三个步骤进行：首先探讨六种覆盖上近似集之间的关系；接着探讨两种覆盖下近似集之间的关系；最后对六种覆盖粗糙集模型的近似精度、粗糙度的大小进行比较。

1. 六种覆盖上近似集间的关系

在文献[15]中，Zhu 等对第一至三种模型上近似的大小作了比较，得出了以下结论：

定理 2.1[15] 覆盖近似空间 (U,C) 中，对 $\forall X \subseteq U$，满足包含关系 $\mathrm{FH}(X) \subseteq \mathrm{TH}(X) \subseteq \mathrm{SH}(X)$。

定理 2.1 表明第二种覆盖上近似集包含第三种覆盖上近似集，第二种和第三种覆盖上近似集又同时包含第一种覆盖上近似集。下面通过一实例进行验证。

例 2.1　覆盖近似空间 (U,C) 中，给定论域 $U=\{a,b,c,d,e,f\}$，覆盖 $C=\{K_1,K_2,\cdots,K_8\}$，其中，$K_1=\{a\}$，$K_2=\{b\}$，$K_3=\{c\}$，$K_4=\{d,e\}$，$K_5=\{e\}$，$K_6=\{f\}$，$K_7=\{b,f\}$，$K_8=\{e,f\}$。

可以得出各对象的最小描述：$\mathrm{md}(a)=\{\{a\}\}$，$\mathrm{md}(b)=\{\{b\}\}$，$\mathrm{md}(c)=\{\{c\}\}$，$\mathrm{md}(d)=\{\{d,e\}\}$，$\mathrm{md}(e)=\{\{e\}\}$，$\mathrm{md}(f)=\{\{f\}\}$。

也可以得到各对象的极小邻域：$\mathrm{mn}(a)=\{a\}$，$\mathrm{mn}(b)=\{b\}$，$\mathrm{mn}(c)=\{c\}$，$\mathrm{mn}(d)=\{d,e\}$，$\mathrm{mn}(e)=\{e\}$，$\mathrm{mn}(f)=\{f\}$。

若 $X=\{a,b,c,e\}$，则 $\mathrm{FH}(X)=\mathrm{TH}(X)=\{a,b,c,e\}$，$\mathrm{SH}(X)=\{a,b,c,d,e,f\}$。所以，定理 2.1 中的 $\mathrm{FH}(X)\subseteq\mathrm{TH}(X)\subseteq\mathrm{SH}(X)$ 成立。

通过比较这六种基于覆盖的上近似集之间的关系，同样可以得出其他的一些结论。

定理 2.2　$\mathrm{IH}(X)\subseteq\mathrm{FH}(X)$。

证明：由定义 2.4，$\mathrm{mn}(x)=\bigcap\{K\,|\,x\in K\in C\}$，$\forall x\in U$，均有 $\mathrm{mn}(x)=\bigcap\mathrm{md}(x)$。那么：

$$\{\mathrm{mn}(x)\,|\,x\in X-\mathrm{CL}(X)\}\subseteq\{\mathrm{md}(x)\,|\,x\in X-\mathrm{CL}(X)\}$$

$$\mathrm{CL}(X)\bigcup\{\mathrm{mn}(x)\,|\,x\in X-\mathrm{CL}(X)\}\subseteq\mathrm{CL}(X)\bigcup\{\mathrm{md}(x)\,|\,x\in X-\mathrm{CL}(X)\}$$

即 $\mathrm{IH}(X)\subseteq\mathrm{FH}(X)$，证毕。

定理 2.2 表明第一种覆盖上近似集包含第五种覆盖上近似集。同样可以通过一实例来验证该定理。

例 2.2（接例 2.1）　假设 $X=\{b,d,f\}$，$\mathrm{FH}(X)=\{b,d,e,f\}$，$\mathrm{IH}(X)=\{b,d,e,f\}$，所以满足 $\mathrm{IH}(X)\subseteq\mathrm{FH}(X)$。

通过定理 2.1 及定理 2.2，显然可以得到如下结论：

推论 2.1　$\mathrm{IH}(X)\subseteq\mathrm{FH}(X)\subseteq\mathrm{TH}(X)\subseteq\mathrm{SH}(X)$。

推论 2.1 给出了第一至三和第五种覆盖上近似集之间的包含和被包含关系。

在同一个覆盖近似空间 (U,C) 中，这些关系通过文氏图表示，如图 2.1 所示，其中最外层的矩形代表整个论域 U。

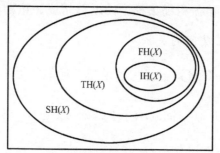

图 2.1　第一至三和第五种覆盖上近似集关系图

定理 2.3　$\mathrm{FH}(X)\subseteq\mathrm{RH}(X)$。

证明：因为 $\mathrm{FH}(X) = \mathrm{CL}(X) \bigcup \{\mathrm{md}(x) \mid x \in X - \mathrm{CL}(X)\}$，$\mathrm{RH}(X) = \mathrm{CL}(X) \bigcup \{K \mid K \cap (X - \mathrm{CL}(X)) \neq \varnothing\}$，所以仅需证明 $\bigcup \{\mathrm{md}(x) \mid x \in X - \mathrm{CL}(X)\} \subseteq \bigcup \{K \mid K \cap (X - \mathrm{CL}(X)) \neq \varnothing\}$。

当 $x \in K \cap (X - \mathrm{CL}(X))$ 时，$x \in K \wedge x \in (X - \mathrm{CL}(X))$。

因为 $\mathrm{md}(x)$ 是包含 x 的最小的集合，所以：

$$\bigcup \{\mathrm{md}(x) \mid x \in X - \mathrm{CL}(X)\}$$

$$\subseteq \bigcup \{K \mid x \in K \wedge x \in (X - \mathrm{CL}(X))\}$$

$$\subseteq \bigcup \{K \mid K \cap (X - \mathrm{CL}(X)) \neq \varnothing\}$$

因此，$\mathrm{FH}(X) \subseteq \mathrm{RH}(X)$，证毕。

定理 2.3 表明第四种覆盖上近似集包含第一种覆盖上近似集。下面通过一实例进行验证。

例 2.3（接例 2.1）　假设 $X = \{a, b, c, e\}$，那么 $\mathrm{FH}(X) = \{a, b, c, e\}$，$\mathrm{RH}(X) = \{a, b, c, e\}$，所以满足 $\mathrm{FH}(X) \subseteq \mathrm{RH}(X)$。

定理 2.4　$\mathrm{RH}(X) \subseteq \mathrm{SH}(X)$。

证明：　$\mathrm{RH}(X) = \mathrm{CL}(X) \bigcup \{K \mid K \cap (X - \mathrm{CL}(X)) \neq \varnothing\}$

$$\subseteq \mathrm{CL}(X) \bigcup \{K \mid K \cap X \neq \varnothing\}$$

$$= \bigcup \{K \mid K \cap X \neq \varnothing\}$$

$$= \mathrm{SH}(X)$$

因此，$\mathrm{RH}(X) \subseteq \mathrm{SH}(X)$，证毕。

定理 2.4 表明第二种覆盖上近似集包含第四种覆盖上近似集。同样也可以通过一实例对其进行验证。

例 2.4（接例 2.1）　假设 $X = \{a, c, d, e, f\}$，那么 $\mathrm{RH}(X) = \{a, c, d, e, f\}$，$\mathrm{SH}(X) = \{a, b, c, d, e, f\}$，所以满足 $\mathrm{RH}(X) \subseteq \mathrm{SH}(X)$。

由定理 2.1、定理 2.3 和定理 2.4，很容易得到如下结论：

推论 2.2　$\mathrm{IH}(X) \subseteq \mathrm{FH}(X) \subseteq \mathrm{RH}(X) \subseteq \mathrm{SH}(X)$。

推论 2.2 给出了第一、第二、第四和第五种覆盖上近似集之间的包含和被包含关系。

在同一个覆盖近似空间 (U, C) 中，这些关系通过文氏图表示，如图 2.2 所示，其中最外层的矩形代表整个论域 U。

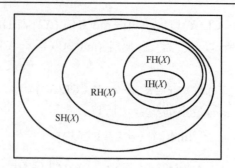

图 2.2　第一、第二、第四、第五种覆盖上近似集关系图

定理 2.5　$TH(X)$ 和 $RH(X)$ 之间没有包含或者被包含关系。

例 2.5　(1) 覆盖近似空间 (U,C) 中，论域 $U = \{a,b,c,d,e\}$，覆盖 $C = \{\{a\},\{b\},\{c,d\},\{c,d,e\}\}$。

当 $X = \{a,b,c\}$ 时，可得 $TH(X) = \{a,b,c,d\}$，$RH(X) = \{a,b,c,d,e\}$，那么 $TH(X) \subset RH(X)$；当 $X = \{b,c,d\}$ 时，可得 $TH(X) = \{b,c,d\}$，$RH(X) = \{b,c,d\}$，那么 $TH(X) = RH(X)$。

(2) 覆盖近似空间 (U,C) 中，$U = \{a,b,c,d\}$，$C = \{\{a\},\{a,b\},\{c\},\{b,d\}\}$。

当 $X = \{a,b\}$ 时，$TH(X) = \{a,b,d\}$，$RH(X) = \{a,b\}$，那么 $TH(X) \supset RH(X)$；当 $X = \{c,d\}$ 时，可得 $TH(X) = \{b,c,d\}$，$RH(X) = \{b,c,d\}$，那么 $TH(X) = RH(X)$。

可见：在情况 (1)，$TH(X) \subseteq RH(X)$；而在情况 (2)，$TH(X) \supseteq RH(X)$。因此可以说明在 $TH(X)$ 和 $RH(X)$ 之间是没有包含或者被包含关系的。

下面来探讨第六种覆盖上近似集和前五种覆盖上近似集之间的关系。

定理 2.6　$XH(X) \subseteq SH(X)$。

证明：由定义 2.4 $mn(x) = \bigcap\{K \mid x \in K \in C\} \subseteq K$，那么，$mn(x) \bigcap X \neq \varnothing \Rightarrow K \bigcap X \neq \varnothing$，因为 $XH(X) = \{x \mid mn(x) \bigcap X \neq \varnothing\}$，$SH(X) = \bigcup\{K \mid K \in C, K \bigcap X \neq \varnothing\}$，所以 $XH(X) \subseteq SH(X)$，证毕。

定理 2.6 表明第二种覆盖上近似集包含第六种覆盖上近似集，两者之间的关系图如图 2.3 所示。

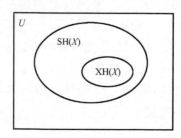

图 2.3　第二、第六种覆盖上近似集关系图

图 2.3 表示第六种覆盖上近似集和第二种覆盖上近似集间的关系，它和其他四种上近似集间没有包含或者被包含关系。同样也可以通过一实例对其进行验证。

例 2.6（接例 2.1）　若假设 $X = \{a,b,c,e\}$，那么 $\mathrm{XH}(X) = \{a,b,c,d,e\}$，$\mathrm{SH}(X) = \{a,b,c,d,e,f\}$，所以满足定理 2.6 中的 $\mathrm{XH}(X) \subseteq \mathrm{SH}(X)$。

推论 2.3　在六种覆盖粗糙集模型中，第二种覆盖上近似集包含其他五种覆盖上近似集。

证明：由推论 2.1、推论 2.2 和定理 2.6 显然得证。

定理 2.7　覆盖近似空间 (U,C) 中，对 $\forall X \subseteq U$，$\mathrm{XH}(X)$ 和 $\mathrm{FH}(X)$、$\mathrm{XH}(X)$ 和 $\mathrm{TH}(X)$、$\mathrm{XH}(X)$ 和 $\mathrm{RH}(X)$，或者 $\mathrm{XH}(X)$ 和 $\mathrm{IH}(X)$ 之间均没有包含或者被包含关系。

例 2.7　覆盖近似空间 (U,C) 中，给定论域 $U = \{a,b,c,d,e,f\}$，以及覆盖 $C = \{\{a\},\{b\},\{c\},\{d\},\{e\},\{b,f\},\{b,d\},\{c,d\}\}$。

（1）若 $X = \{b,c,e,f\}$，$\mathrm{FH}(X) = \mathrm{TH}(X) = \mathrm{RH}(X) = \mathrm{IH}(X) = \mathrm{XH}(X) = \{b,c,e,f\}$。

（2）若 $X = \{a,c,d,e,f\}$，$\mathrm{FH}(X) = \mathrm{TH}(X) = \mathrm{RH}(X) = \mathrm{IH}(X) = \{a,b,c,d,e,f\}$，$\mathrm{XH}(X) = \{a,c,d,e,f\}$。可见，$\mathrm{XH}(X) \subseteq \mathrm{FH}(X) = \mathrm{TH}(X) = \mathrm{RH}(X) = \mathrm{IH}(X)$。

（3）若 $X = \{b,d,e\}$，$\mathrm{FH}(X) = \mathrm{TH}(X) = \mathrm{RH}(X) = \mathrm{IH}(X) = \{b,d,e\}$，$\mathrm{XH}(X) = \{a,b,d,e,f\}$。可见，$\mathrm{FH}(X) = \mathrm{TH}(X) = \mathrm{RH}(X) = \mathrm{IH}(X) \subseteq \mathrm{XH}(X)$。

因此，通过例 2.7 中的三种情况，可以验证定理 2.7 的正确性。

2．两种覆盖下近似集间的关系

下面对两种覆盖下近似集之间的关系进行研究。

定理 2.8　$\mathrm{CL}(X) \subseteq \mathrm{XL}(X)$。

证明：由定义 2.5，$\mathrm{CL}(X) = \bigcup\{K \in C \mid K \subseteq X\}$，对 $\forall x \in \mathrm{CL}(X)$，假设覆盖 $C = \{K_1, K_2, \cdots, K_m\}$，并且 $x \in K_i \wedge x \in K_j \wedge x \in K_l \wedge \cdots$，那么，$K_i \subseteq X \wedge K_j \subseteq X \wedge K_l \subseteq X \wedge \cdots$，从而 $K_i \cap K_j \cap K_l \cap \cdots \subseteq X$。

因此，$\bigcap\{K \mid x \in K \in C\} \subseteq X$，即 $\mathrm{mn}(x) \subseteq X$，$x \in \mathrm{XL}(X)$。

所以，$\mathrm{CL}(X) \subseteq \mathrm{XL}(X)$ 成立，证毕。

定理 2.8 表明第六种覆盖下近似集包含第一种覆盖下近似集，该关系可以清晰地用文氏图 2.4 进行表示。下面通过一实例对其进行验证。

例 2.8（接例 2.1）　若 $X = \{a,b,c,e\}$，那么可以得出 $\mathrm{CL}(X) = \{a,b,c,e\}$，$\mathrm{XL}(X) = \{a,b,c,e\}$，所以满足定理 2.8 中的 $\mathrm{CL}(X) \subseteq \mathrm{XL}(X)$。

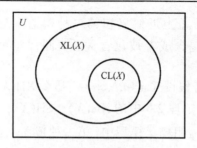

图 2.4　第一、第六种覆盖下近似集关系图

3. 六种覆盖粗糙集模型近似精度及粗糙度间的关系

在粗糙集理论中，近似精度是一个衡量粗糙集模型适应范围的重要度量。下面将近似精度的概念引入基于覆盖的粗糙集模型中，给出七种覆盖粗糙集模型近似精度的概念。

定义 2.8　覆盖近似空间 (U,C) 中，$\forall X \subseteq U$ 且 $X \neq \varnothing$，第一种覆盖粗糙集模型的近似精度 $\alpha_1(X)$ 定义为

$$\alpha_1(X) = |\mathrm{CL}(X)| / |\mathrm{FH}(X)| \tag{2.11}$$

类似地，可以给出第二至六种覆盖粗糙集模型的近似精度 $\alpha_2(X)$、$\alpha_3(X)$、$\alpha_4(X)$、$\alpha_5(X)$ 和 $\alpha_6(X)$ 的定义：

$$\alpha_2(X) = |\mathrm{CL}(X)| / |\mathrm{SH}(X)| \tag{2.12}$$

$$\alpha_3(X) = |\mathrm{CL}(X)| / |\mathrm{TH}(X)| \tag{2.13}$$

$$\alpha_4(X) = |\mathrm{CL}(X)| / |\mathrm{RH}(X)| \tag{2.14}$$

$$\alpha_5(X) = |\mathrm{CL}(X)| / |\mathrm{IH}(X)| \tag{2.15}$$

$$\alpha_6(X) = |\mathrm{XL}(X)| / |\mathrm{XH}(X)| \tag{2.16}$$

定义 2.9　覆盖近似空间 (U,C) 中，$\forall X \subseteq U$ 且 $X \neq \varnothing$，第一种覆盖粗糙集模型的粗糙度 $\rho_1(X)$ 定义为

$$\rho_1(X) = 1 - \alpha_1(X) \tag{2.17}$$

类似地，可以给出第二至六种覆盖粗糙集模型的粗糙度 $\rho_2(X)$、$\rho_3(X)$、$\rho_4(X)$、$\rho_5(X)$ 和 $\rho_6(X)$ 的定义：

$$\rho_2(X) = 1 - \alpha_2(X) \tag{2.18}$$

$$\rho_3(X) = 1 - \alpha_3(X) \tag{2.19}$$

$$\rho_4(X) = 1 - \alpha_4(X) \tag{2.20}$$

$$\rho_5(X) = 1 - \alpha_5(X) \tag{2.21}$$

$$\rho_6(X) = 1 - \alpha_6(X) \tag{2.22}$$

下面研究六种覆盖粗糙集模型近似精度及粗糙度之间的关系。

通过计算可以得到以下的大小关系。

(1) 因为 $\mathrm{IH}(X) \subseteq \mathrm{FH}(X) \subseteq \mathrm{TH}(X) \subseteq \mathrm{SH}(X)$，且这几个模型具有相同的下近似集，所以 $\alpha_5(X) \geqslant \alpha_1(X) \geqslant \alpha_3(X) \geqslant \alpha_2(X)$，同时 $\rho_5(X) \leqslant \rho_1(X) \leqslant \rho_3(X) \leqslant \rho_2(X)$。

(2) 因为 $\mathrm{IH}(X) \subseteq \mathrm{FH}(X) \subseteq \mathrm{RH}(X) \subseteq \mathrm{SH}(X)$，且这几个模型具有相同的下近似集，所以 $\alpha_5(X) \geqslant \alpha_1(X) \geqslant \alpha_4(X) \geqslant \alpha_2(X)$，同时 $\rho_5(X) \leqslant \rho_1(X) \leqslant \rho_4(X) \leqslant \rho_2(X)$。

(3) 因为 $\mathrm{XH}(X) \subseteq \mathrm{SH}(X)$，$\mathrm{CL}(X) \subseteq \mathrm{XL}(X)$，所以可以计算出 $|\mathrm{XH}(X)| \leqslant |\mathrm{SH}(X)|$，$|\mathrm{CL}(X)| \leqslant |\mathrm{XL}(X)|$。因此，$\alpha_6(X) \geqslant \alpha_2(X)$，同时 $\rho_6(X) \leqslant \rho_2(X)$。

(4) 因为 $\mathrm{TH}(X)$ 和 $\mathrm{RH}(X)$ 之间没有包含或者被包含关系，所以不能得出 $\alpha_3(X)$ 和 $\alpha_4(X)$ 之间的大小关系，记为"None"。同样，$\rho_3(X)$ 和 $\rho_4(X)$ 之间也没有大小关系，也记为"None"。

(5) 因为 $\mathrm{XH}(X)$ 和 $\mathrm{FH}(X)$、$\mathrm{XH}(X)$ 和 $\mathrm{TH}(X)$、$\mathrm{XH}(X)$ 和 $\mathrm{RH}(X)$，或者 $\mathrm{XH}(X)$ 和 $\mathrm{IH}(X)$ 之间均没有包含或者被包含关系，所以不能得出 $\alpha_6(X)$ 和 $\alpha_1(X)$、$\alpha_3(X)$、$\alpha_4(X)$ 或者 $\alpha_5(X)$ 之间的大小关系，记为"None"。同样，$\rho_6(X)$ 和 $\rho_1(X)$、$\rho_3(X)$、$\rho_4(X)$ 或者 $\rho_5(X)$ 之间也没有大小关系，同样记为"None"。

从而可以得到六种覆盖粗糙集模型近似精度间的大小关系，如表 2.1 所示。

表 2.1　六种覆盖粗糙集模型近似精度关系表

Relation	$\alpha_1(X)$	$\alpha_2(X)$	$\alpha_3(X)$	$\alpha_4(X)$	$\alpha_5(X)$	$\alpha_6(X)$
$\alpha_1(X)$	$=$	$\geqslant$	$\geqslant$	$\geqslant$	$\leqslant$	None
$\alpha_2(X)$	$\leqslant$	$=$	$\leqslant$	$\leqslant$	$\leqslant$	$\leqslant$
$\alpha_3(X)$	$\leqslant$	$\geqslant$	$=$	None	$\leqslant$	None
$\alpha_4(X)$	$\leqslant$	$\geqslant$	None	$=$	$\leqslant$	None
$\alpha_5(X)$	$\geqslant$	$\geqslant$	$\geqslant$	$\geqslant$	$=$	None
$\alpha_6(X)$	None	$\geqslant$	None	None	None	$=$

同样，可以得到六种覆盖粗糙集模型粗糙度间的大小关系，如表 2.2 所示。

表 2.2　六种覆盖粗糙集模型粗糙度关系表

Relation	$\rho_1(X)$	$\rho_2(X)$	$\rho_3(X)$	$\rho_4(X)$	$\rho_5(X)$	$\rho_6(X)$
$\rho_1(X)$	$=$	$\leqslant$	$\leqslant$	$\leqslant$	$\geqslant$	None
$\rho_2(X)$	$\geqslant$	$=$	$\geqslant$	$\geqslant$	$\geqslant$	$\geqslant$
$\rho_3(X)$	$\geqslant$	$\leqslant$	$=$	None	$\geqslant$	None
$\rho_4(X)$	$\geqslant$	$\leqslant$	None	$=$	$\geqslant$	None
$\rho_5(X)$	$\leqslant$	$\leqslant$	$\leqslant$	$\leqslant$	$=$	None
$\rho_6(X)$	None	$\leqslant$	None	None	None	$=$

通过对比研究六种覆盖粗糙集之间的关系，可以更加深入地理解这六种覆盖粗糙集模型，同时也可以对所有的覆盖粗糙集模型有更一般的了解和把握。六种覆盖粗糙集间的关系可以为不同应用中模型的选择提供理论上的帮助。

(1)第二种覆盖粗糙集模型具有最低的近似精度和最高的粗糙度，可见该模型仅适用于数据中含有大量噪声，对精度要求极低的应用，换句话说，该模型可以得到最多的可能对象，在一些情况下也有很好的应用。

(2)除第六种覆盖粗糙集模型外，第五种模型是剩下六种覆盖粗糙集模型中精度最高且粗糙度最低的，该模型可以应用于较高精度要求的场合。

(3)在对于精度有一定要求但不是特别严格的情况下，第一、第三、第四、第六种模型都可以适用。

2.5　本章小结

粗糙集模型是粒计算的三种基本理论模型之一，是研究粒计算的重要工具。到目前为止，很多学者已经提出并研究了多种基于覆盖的粗糙集模型，所以，本章首先对这些已有的覆盖粗糙集模型进行研究。获得的主要结论如下。

(1)以 Zhu 等系统研究的六种主要的覆盖粗糙集模型[15-25]为例，通过对比分析方法，找出了六种覆盖粗糙集模型之间的差别和联系。研究得到的包含关系给出了定理证明，不可比的举出了反例。具体关系如下。

① 在两种覆盖下近似集中，第一种覆盖下近似集包含于第六种覆盖下近似集。

② 在六种覆盖上近似集中，第五种覆盖上近似集包含于第一种覆盖上近似集，第一种覆盖上近似集又包含于第三和第四种覆盖上近似集，同时第三和第四种覆盖上近似集均包含于第二种覆盖上近似集，但是第三和第四种覆盖上近似集之间没有包含关系或者被包含关系，第六种覆盖上近似集仅包含于第二种覆盖上近似集，它和其他四种覆盖上近似集之间均没有包含或者被包含关系。

(2)给出了各模型近似精度及粗糙度之间的大小关系。

本章通过对多种覆盖粗糙集模型之间关系的比较，可以加深对这些模型的理解，并且方便地在不同应用中根据需要选择不同的模型，为这些模型的应用提供了理论依据。

参 考 文 献

[1] Kryszkiewicz M. Rough set approach to incomplete information systems[J]. Information Sciences, 1998, 112(1-4): 39-49.

[2] Kryszkiewicz M. Rules in incomplete information systems[J]. Information Sciences, 1999, 113(3-4): 271-292.

[3] Stefanowski J, Tsoukias A.Incomplete information tables and rough classification[J]. Computational Intelligence, 2001, 17(3): 545-566.

[4] Zakowski W. Approximation in the space (U, Π) [J]. Demonstratio Mathematica, 1983, 16(3): 761-769.

[5] Yao Y Y. Relational interpretations of neighborhood operators and roughset approximation operators[J]. Information Sciences, 1998, 111(1-4): 239-259.

[6] Pomykala J A. Approximation operators in approximation space [J]. Bulletin of the Polish Academy of Sciences: Mathematics, 1987, 35: 653-662.

[7] Pomykala J A. On definability in the nondeterministic information system [J].Bulletin of the Polish Academy of Sciences: Mathematics, 1988, 36: 193-210.

[8] Bartol W, Miró J, Pióro K, et al. On the coverings by tolerance classes[J]. Information Sciences, 2004, 166: 193-211.

[9] Leung Y, Li D Y. Maximal consistent block technique for rule acquisition in incomplete information systems[J]. Information Sciences, 2003, 153: 85-106.

[10] Yao Y Y. On generalizing rough set theory [C]. Proceedings of the Ninth International Conference on Rough Sets, Fuzzy Sets, Data Mining, and Granular Computing, LNCS(LNAI) 2639, 2003: 44-51.

[11] Couso I, Dubois D. Rough sets, coverings and incomplete information [J]. Fundamenta Informaticae, 2011, 108: 223-247.

[12] Wybraniec-Skardowska U. On a generalization of approximation space[J]. Bulletin of the Polish Academy of Sciences: Mathematics, 1989, 37: 51-61.

[13] Bryniarski E·A calculus of rough sets of the first order[J]. Bulletin of the Polish Academy of Sciencess:Mathematics, 1989, 16: 71-78.

[14] Bonikowski Z, Bryniarski E, Wybraniec-Skardowska U. Extensions and intensions in the rough set theory[J]. Information Sciences, 1998, 107: 149-167.

[15] Zhu W, Wang F Y. On three types of covering rough sets[J]. IEEE Transactions on Knowledge & Data Engineering, 2007, 19(8): 1131-1144.

[16] Zhu W. Topological approaches to covering rough sets [J]. Information Sciences, 2007,177(6): 1499-1508.

[17] Zhu W.Relationship between generalized rough sets based on binary relation and covering[J]. Information Sciences, 2009, 179(3): 210-225.

[18] Zhu W. Relationship among basic concepts in covering-based rough sets[J]. Information

Sciences, 2009, 179(14): 2478-2486.

[19] Zhu W. Generalized rough sets based on relations[J]. Information Sciences, 2007, 177(22): 4997-5011.

[20] Zhu W. Properties of the second type of covering-based rough sets[C]. Workshop Proceedings of GrC&BI 06, IEEE WI 06, Hong Kong, 2006: 494-497.

[21] Zhu W. Properties of the fourth type of covering-based rough sets [C]. HIS'06, AUT Technology Park, Auckland, 2006: 43.

[22] Zhu W, Wang F Y.Properties of the first type of covering-based rough sets [C]. Proceedings of DM Workshop 06, ICDM 06, Hong Kong, 2006: 407-411.

[23] Zhu W, Wang F Y. A new type of covering rough sets[C]. IEEE IS 2006, London, 2006: 444-449.

[24] Zhu W, Wang F Y. Relationships among three types of covering rough sets [C]. Proceedings of the 2006 IEEE International Conference on Granular Computing, 2006: 43-48.

[25] Zhu W, Wang F Y.The fourth type of covering-based rough sets [J].Information Sciences, 2012, 201: 80-92.

[26] Ślęzak D, Wasilewski P. Granular sets-Foundations and case study of tolerance spaces [C]. Proceedings of the Eleventh International Conference on Rough Sets, Fuzzy Sets, Data Mining and Granular Computing, LNCS(LNAI) 4482, 2007: 435-442.

[27] Xu W H, Zhang W X. Measuring roughness of generalized rough sets induced by a covering [J]. Fuzzy Sets and Systems, 2007, 158: 2443-2455.

[28] Liu G L, Sai Y. A comparison of two types of rough sets induced by coverings [J]. International Journal of Approximate Reasoning, 2009, 50(3): 521-528.

[29] Li T J. Rough approximation operators in covering approximation spaces [C]. Proceedings of the Fifth International Conference on Rough Sets and Current Trends in Computing, LNCS(LNAI) 4259, 2006: 174-182.

[30] Qin K Y, Gao Y, Pei Z. On covering rough sets[C]. Proceedings of the Second International Conference on Rough Sets and Knowledge Technology,LNCS(LNAI) 4481, 2007: 34-41.

[31] Tsang E C C, Chen D G, Lee J W T, et al. On the upper approximations of covering generalized rough sets[C]. Proceedings of the 3rd International Conference Machine Learning and Cybernetics, Shanghai, 2004: 4200-4203.

[32] Chen D J, Liu Y, Wu K T, et al. New operators in covering rough set theory[C]. Proceedings of the Third International Conference on Intelligent System and Knowledge Engineering, 2008: 920-924.

[33] Wu M F, Wu X W, Shen C G. A new type of covering approximation operators[C]. Proceedings of International Conference on Electronic Computer Technology, 2009: 334-338.

[34] Zhang Y L, Li J J, Wu W Z. On axiomatic characterizations of three pairs of covering based three approximation operators[J]. Information Sciences, 2010, 180: 274-287.

[35] 祝峰, 王飞跃. 关于覆盖广义粗集的一些基本结果[J]. 模式识别与人工智能, 2002, 15（1）: 6-13.

[36] 张清华. 分层递阶粒计算理论及其应用研究[D]. 成都: 西南交通大学, 2009.

[37] Samanta P, Chakraborty M K. Covering based approaches to rough sets and implication lattices [A]. RSFDGrC, 2009: 127-134.

[38] Zhang X Y, Mo Z W, Xiong F, et al. Comparative study of variable precision rough set model and graded rough set model [J]. International Journal of Approximate Reasoning, 2012, 53（1）: 104-116.

[39] Wang L J, Yang X B, Yang J Y, et al. Relationships among generalized rough sets in six coverings and pure reflexive neighborhood system[J]. Information Sciences, 2012, 207: 66-78.

[40] Chen J K, Li J J, Lin Y J, et al.Relations of reduction between covering generalized rough setsand concept lattices[J]. Information Sciences, 2015, 304: 16-27.

[41] Zhang Y L, Luo M K. Relationships between covering-based rough sets and relation-based rough sets [J]. Information Sciences, 2013, 225: 55-71.

第3章　覆盖近似空间的约简

3.1　引　　言

现实世界中的数据库极容易受到噪声、数据缺失和数据不一致的侵扰。对数据进行预处理，可以提高数据质量，从而提高挖掘结果的质量。约简是数据预处理中的一个重要内容，为了简化后续数据挖掘的计算复杂性，以及去除数据中存在的噪声数据，人们已经提出了一些简化方法，包括基于粗糙集理论的约简、基于主成分分析的约简以及基于奇异值分析的约简等。其中，基于粗糙集理论的约简由于不依赖专家先验知识，并且可以解决数据中存在的不一致问题，因此得到广泛应用。

所谓约简，即在不降低信息系统知识分辨能力的前提下，删除信息系统中的若干属性，从而达到简化信息系统的目的[1]。在粗糙集理论中，属性约简又分为绝对约简和相对约简。其中，绝对约简不依赖于决策属性，而相对约简则是指条件属性相对决策属性的简化。人们现已提出了多种属性约简方法，如基于正区域的属性约简方法、基于分辨矩阵的属性约简方法、基于信息熵的属性约简方法以及基于互信息的属性约简方法等。Wang 等对这些约简方法进行了归纳，将它们分为代数观和信息观两类，并研究了这两类约简方法之间的联系和差异[2]。

经典的粗糙集理论基于等价关系，其所诱导的概念构成论域上的一个划分，即概念与概念间不存在交集。然而，在很多实际问题中，概念间有可能存在交集，因而这些概念构成论域上的一个覆盖。为此，人们将粗糙集理论拓展到覆盖近似空间，并提出了基于覆盖的粗糙集定义[3]。在划分近似空间中，由于去掉任何分块都将使得剩余的分块不能构成论域上的划分，因此划分中的任何分块都是不可约的。然而，在覆盖近似空间中，去掉某个分块后剩余的分块仍然有可能构成论域上的一个覆盖，并且具有和原覆盖相同的近似能力和分类能力，即被去掉的分块是可约的。因此，研究覆盖近似空间的可约性以及约简方法是覆盖粗糙集的一个重要问题。

本章主要介绍覆盖近似空间的绝对约简、相对约简，并结合相对约简和绝对约简，给出一种覆盖近似空间的知识约简模型。另外，通过引入覆盖的补，提出覆盖近似空间的补空间和扩展空间，研究原空间、补空间和扩展空间在知识近似能力上的关系。并且，通过对覆盖决策系统中单个覆盖近似空间进行扩展，给出一种覆盖决策系统的启发式约简算法。

3.2 覆盖近似空间的知识约简模型

3.2.1 覆盖近似空间的绝对约简

在研究两个覆盖生成相同上、下近似时，Zhu 等发现去掉覆盖近似空间的部分元素后得到的覆盖和原覆盖具有相同的概念描述能力[4]。由于不依赖于任何给定概念或决策，所以从知识约简的观点来看，Zhu 等提出的约简属于知识的绝对约简。本小节主要介绍绝对约简的定义及性质，并给出实例说明。

有序对 (U,C) 称为覆盖近似空间，其中 U 是有限非空论域，C 是 U 上的一个覆盖。x 为 U 中的一个对象，则 x 在该近似空间中的最小描述集为 $\mathrm{Md}(x) = \{K \in C \mid x \in K \wedge \forall_{S \in C}(x \in S \wedge S \subseteq K \Rightarrow K = S)\}$。对于覆盖近似空间中概念的粗糙近似现在有多种定义，这里仅对其中的一种定义进行讨论。

定义 3.1 设 (U,C) 为覆盖近似空间，对于任意集合 $X \subseteq U$，X 在 (U,C) 中的上、下近似定义如下：

$$L(X) = \bigcup\{K \in C \mid K \subseteq X\}$$

$$H(X) = L(X) \bigcup \{\mathrm{Md}(x) \mid x \in X - L(X)\}$$

其中，$L(X)$ 是下近似，$H(X)$ 是上近似。如果 $L(X) = H(X)$，则称 X 在 (U,C) 中是可定义的，否则是不可定义的。

定义 3.2 设 C 是论域 U 上的一个覆盖，C 中的任意元素 K，若存在 $K_1, K_2, \cdots,$ $K_m \in C - \{K\}$，使得 $K = \bigcup_{1 \leq j \leq m} K_j$，则称 K 是 C 可约的，否则 K 是 C 不可约的。若 C 中的每个元素都是不可约的，则称 C 是不可约的，否则是可约的。

命题 3.1 设 C 是 U 的一个覆盖，如果 K 是 C 的一个可约元，则 $C - \{K\}$ 仍然是 U 上的一个覆盖。

命题 3.2 设 C 是 U 的一个覆盖，K 是 C 中的一个可约元，K' 是 $C - \{K\}$ 中的一个元素，那么 K' 是 C 可约的当且仅当 K' 是 $C - \{K\}$ 可约的。

证明：如果 K' 是 $C - \{K\}$ 可约的，显然 K' 也是 C 可约的。反之，设 K' 是 C 可约的，则存在 $K_1, K_2, \cdots, K_m \in C - \{K'\}$，使得 $K' = \bigcup_{1 \leq j \leq m} K_j$。若 $K \notin \{K_1, K_2, \cdots, K_m\}$，则 K' 是 $C - \{K\}$ 可约的。若 $K \in \{K_1, K_2, \cdots, K_m\}$，令 $K = K_m$，由于 K 是 C 中的一个可

约元，则存在 $J_1, J_2, \cdots, J_n \in C - \{K\}$，使得 $K = \bigcup\limits_{1 \leqslant i \leqslant n} J_i$，因此 $K' = \bigcup\limits_{1 \leqslant j \leqslant m-1} K_j \cup \bigcup\limits_{1 \leqslant i \leqslant n} J_i$，所以 K' 是 $C - \{K\}$ 可约的。

命题 3.1 和命题 3.2 说明去掉覆盖中的一个可约元素，剩余的元素仍然构成论域上的一个覆盖。并且，去掉覆盖中的一个可约元素并不改变其他元素的可约性，即它既不会使得原来不可约的元素变为可约的，也不会使得原来可约的元素变为不可约的。

例 3.1　论域 $U = \{x_1, x_2, x_3, x_4\}$，$C = \{K_1, K_2, K_3, K_4\}$ 是 U 上的一个覆盖，其中 $K_1 = \{x_1, x_2, x_3\}$，$K_2 = \{x_1, x_3\}$，$K_3 = K_4 = \{x_1, x_4\}$，根据定义 K_3 是 C 上可约的，且 K_4 也是 C 上可约的，但是 K_4 在 $C - \{K_3\}$ 上不可约。

从例 3.1 可以看出，命题 3.2 成立有一个前提条件，那就是对于论域 U 上的覆盖 C 中不存在两个完全相同的元素，否则命题 3.2 不成立，因此在下面的讨论中如果没有特别说明，都是基于这一前提条件的。

定义 3.3　对于 U 上的一个覆盖 C，任意的 $K \in C$，若 K 是 C 可约的，则将 K 从 C 中去掉，直到 C 不可约，则得到 C 的一个约简，记为 $\mathrm{red}(C)$。

根据命题 3.2 可以证明一个覆盖的约简是唯一的。由于该约简不依赖于其他给定条件，这里称之为覆盖近似空间的绝对约简。

例 3.2　设论域 $U = \{x_1, x_2, x_3, x_4, x_5\}$，$C = \{K_1, K_2, K_3, K_4\}$ 是 U 上的一个覆盖，其中 $K_1 = \{x_1, x_2, x_3\}$，$K_2 = \{x_1, x_2\}$，$K_3 = \{x_2, x_3\}$，$K_4 = \{x_3, x_4, x_5\}$。

由于 $K_1 = K_2 \cup K_3$，所以 K_1 是 C 可约的。而 C 中的其他元素是不可约的，所以 $\mathrm{red}(C) = \{K_2, K_3, K_4\}$。

命题 3.3　设 C 是 U 的一个覆盖，K 是 C 可约的，则对任意 $x \in U$，C 和 $C - \{K\}$ 有相同的 $\mathrm{Md}(x)$。

证明：假设 $K \in \mathrm{Md}(x)$，由于 K 是 C 可约的，则存在 $K_1, K_2, \cdots, K_m \in C - \{K\}$，使得 $K = \bigcup\limits_{1 \leqslant j \leqslant m} K_j$。因此，存在 $K_i \in \{K_1, K_2, \cdots, K_m\}$，有 $x \in K_i \subset K$，与 $K \in \mathrm{Md}(x)$ 矛盾。所以，$K \notin \mathrm{Md}(x)$。因此，任意 $x \in U$ 在 C 和 $C - \{K\}$ 中有相同的 $\mathrm{Md}(x)$。

根据命题 3.3，去掉覆盖中的一个可约元素，不改变论域中任意对象的最小描述集。因此，对于任意对象 $x \in U$，覆盖 C 及其约简 $\mathrm{red}(C)$ 有相同的 $\mathrm{Md}(x)$。

命题 3.4　设 C 是 U 的一个覆盖，K 是 C 可约的，那么任意的 $X \subseteq U$ 在 C 和 $C - \{K\}$ 中有相同的 $L(X)$。

证明：若 $K \not\subset X$，则 K 与 $L(X)$ 无关。那么，X 在 C 和 $C - \{K\}$ 中有相同的 $L(X)$。反之，若 $K \subseteq X$，则任意 $x \in K$，有 $x \in L(X)$。由于 K 是 C 可约的，则存在 $K_1, K_2, \cdots, K_m \in C - \{K\}$，使得 $K = \bigcup\limits_{1 \leqslant j \leqslant m} K_j$。那么，任意 $x \in K$，存在

$K_i \in \{K_1, K_2, \cdots, K_m\}$，有 $x \in K_i \subseteq X$，所以 x 在 $C - \{K\}$ 中也有 $x \in L(X)$，即 X 在 C 和 $C - \{K\}$ 中有相同的 $L(X)$。

命题 3.5　设 C 是 U 的一个覆盖，K 是 C 可约的，那么任意的 $X \subseteq U$ 在 C 和 $C - \{K\}$ 中有相同的 $H(X)$。

证明：根据上近似的定义以及命题 3.3 和命题 3.4 可证。

命题 3.4 和命题 3.5 说明去掉一个覆盖中的一个可约元素所得到的覆盖与原覆盖生成相同的上、下近似，即它们具有相同的近似能力。

定理 3.1　设 C 是 U 的一个覆盖，$\mathrm{red}(C)$ 是 C 的绝对约简，那么任意的 $X \subseteq U$ 在 C 和 $\mathrm{red}(C)$ 中有相同的 $L(X)$ 和 $H(X)$。

定理 3.1 说明一个覆盖的绝对约简可以生成和原覆盖相同的下近似和上近似。也就是说，通过去掉覆盖中的可约元素可以简化覆盖近似空间，但不会降低覆盖近似空间的近似能力。

3.2.2　覆盖近似空间的相对约简

绝对约简不改变任意概念在覆盖近似空间中的近似结果。对于给定的概念，覆盖近似空间中除了绝对可约的元素以外是否存在其他可约的元素？Hu 等对此进行了研究，并给出了覆盖近似空间的相对约简[5]。本小节介绍覆盖近似空间的相对约简。

定义 3.4　假设 (U, C) 为覆盖近似空间，X 为 U 的一个子集，对于任意 $K \in C$，若存在 $K' \in C - \{K\}$，有 $K \subseteq K' \subseteq X$，则称 K 是相对于 X 在 C 上可约的，否则称 K 是相对于 X 在 C 上不可约的。若 C 中的每个元素都是相对于 X 在 C 上不可约的，则称 C 是相对 X 不可约的，否则称 C 为相对 X 可约的。

命题 3.6　假设 C 是论域 U 上的一个覆盖，X 为 U 的一个子集，若 $K \in C$ 为相对于 X 的可约元，则 $C - \{K\}$ 仍然是 U 上的一个覆盖。

命题 3.7　假设 C 是论域 U 上的一个覆盖，X 为 U 的一个子集，若 $K \in C$ 为相对于 X 的可约元，$K' \in C - \{K\}$，则 K' 相对 X 在 C 上可约当且仅当 K' 相对 X 在 $C - \{K\}$ 上可约。

证明：① 如果 K' 相对 X 在 $C - \{K\}$ 上可约，则存在 $K_1 \in C - \{K, K'\}$，使得 $K' \subseteq K_1 \subseteq X$，显然 $K_1 \in C - \{K\}$，所以 K' 相对 X 在 C 上可约。② 如果 K' 相对 X 在 C 上可约，则存在 $K_1 \in C - \{K'\}$，使得 $K' \subseteq K_1 \subseteq X$，若 $K_1 \neq K$，则 $K_1 \in C - \{K, K'\}$，所以 K' 相对 X 在 $C - \{K\}$ 可约；若 $K_1 = K$，由于 K 相对于 X 在 C 上可约，则存在 $K_2 \in C - \{K\}$，使得 $K \subseteq K_2 \subseteq X$，所以 $K' \subseteq K_2 \subseteq X$，因此 K' 相对 X 在 $C - \{K\}$ 可约。

命题 3.6 说明论域上的一个覆盖在去掉其中的可约元之后仍然是论域上的覆

盖，而命题 3.7 则说明在覆盖近似空间中元素是否可约不会因为其他可约元的删除与否而变化，即去掉覆盖近似空间中的一个可约元，不会产生新的可约元，也不会使得原来可约的元素变为不可约。

定义 3.5　对于 U 上的一个覆盖 C，X 为 U 的一个子集，任意的 $K \in C$，若 K 是相对于 X 在 C 上可约的，则将 K 从 C 中去掉，直到 C 相对于 X 不可约，则得到 C 相对于 X 的一个约简，记为 $\text{red}_X(C)$。

根据命题 3.7 可以证明 C 相对于 X 的约简有且仅有一个。

例 3.3　设有覆盖近似空间 (U,C)，$U = \{x_1, x_2, \cdots, x_6\}$，$C = \{K_1, K_2, K_3, K_4\}$。其中，$K_1 = \{x_1, x_2, x_3\}$，$K_2 = \{x_3, x_4\}$，$K_3 = \{x_3, x_4, x_5\}$，$K_4 = \{x_1, x_6\}$。

令集合 $X = \{x_3, x_4, x_5, x_6\}$，由于 $K_2 \subseteq K_3 \subseteq X$，所以 K_2 是 C 相对于 X 可约的。而其他的元素是不可约的，于是得到 C 相对于 X 的约简 $\text{red}_X(C) = \{K_1, K_3, K_4\}$。

命题 3.8　假设 C 是论域 U 上的一个覆盖，X 为 U 的一个子集，若 $K \in C$ 为相对于 X 的可约元，则 $L_C(X) = L_{C-\{K\}}(X)$。

证明：因为 K 为相对于 X 的可约元，则存在 $K_1 \in C - \{K\}$，使得 $K \subseteq K_1 \subseteq X$，则 $K \subseteq K_1 \subseteq L(X)$，所以 X 在覆盖近似空间 C 和 $C - \{K\}$ 上的下近似相等。

命题 3.9　假设 C 是论域 U 上的一个覆盖，X 为 U 的一个子集，若 $K \in C$ 为相对于 X 的可约元，则 $H_C(X) = H_{C-\{K\}}(X)$。

证明：因为 K 为相对于 X 的可约元，所以存在 $K_1 \in C - \{K\}$，使得 $K \subseteq K_1 \subseteq X$，则 $K \subseteq K_1 \subseteq H(X)$，所以 X 在覆盖近似空间 C 和 $C - \{K\}$ 上的上近似相等。

定理 3.2　设 C 是论域 U 上的一个覆盖，X 为 U 的一个子集，$\text{red}_X(C)$ 为 C 相对于 X 的约简，则 $L_C(X) = L_{\text{red}_X(C)}(X)$，$H_C(X) = H_{\text{red}_X(C)}(X)$。

例 3.4　论域 $U = \{x_1, x_2, x_3, x_4\}$，覆盖 $C = \{K_1, K_2, K_3\}$，其中 $K_1 = \{x_1\}$，$K_2 = \{x_1, x_2\}$，$K_3 = \{x_2, x_3, x_4\}$。设 $X = \{x_1, x_2, x_3\}$，因为 $K_1 \subseteq K_2 \subseteq X$，根据定义 K_1 是 C 相对于 X 的一个相对可约的元素。因此 $\text{red}_X(C) = \{K_2, K_3\}$。那么，在 C 或者 $\text{red}_X(C)$ 中，$L(X) = \{x_1, x_2\}$，$H(X) = \{x_1, x_2, x_3, x_4\}$。

本小节讨论了在给定的目标概念下，覆盖近似空间中元素的可约性。通过去掉那些相对于目标概念可约的元素，可以简化覆盖近似空间，但不降低覆盖近似空间对目标概念的近似能力。

3.2.3　覆盖近似空间的知识约简

从数据中抽取有用知识是数据挖掘的主要目的。一般而言，知识的表示越简洁越好。在本小节中，借助前面得到的结论给出一种覆盖近似空间的知识约简模型。

定义 3.6　设 U 为论域，P 为 U 的一组两两不相交的非空子集集合，若 $\bigcup\limits_{p_i \in P} p_i$ $= U$，则称 P 是 U 上的一个划分，这里将其称为一个决策。

定义 3.7　设 (U,C) 是一个覆盖近似空间，P 是一个决策。对于 $K(K \in C)$，如果 $\exists_{p_i \in P}(K \subseteq p_i)$，则称 K 是相对于 P 一致的，否则是不一致的。

设 $p \to q$ 是一条规则，$|p \cap q|/|U|$（其中 $|\cdot|$ 表示集合的基数）称为这条规则的支持度，$|p \cap q|/|p|$ 称为这条规则的置信度。一般而言，规则的支持度越高，规则的泛化能力越强；规则的置信度越高，规则的可信度越高。

设 (U,C) 是一个覆盖近似空间，P 是一个决策。对 C 中的两个信息粒 K，K'，如果 $\exists_{p_i \in P}(K \subseteq K' \subseteq p_i)$，则根据定义可知 K 和 K' 都是一致的。由 K 和 K' 可以导出两条规则 $K \to p_i$ 和 $K' \to p_i$，它们的置信度都是 1，其中因为规则 $K' \to p_i$ 的支持度比规则 $K \to p_i$ 高，所以泛化能力更强。因此，对于一个一致的信息粒，如果存在另一个一致的信息粒包含它，那么由该信息粒所产生的规则是可约的。可以发现，低支持度的一致信息粒就是前面所定义的相对可约的元素。

另外，一个信息粒 $K(K \in C)$ 如果是不一致的，且 $K = \bigcup\limits_{k_i \in C-\{K\}} k_i$，其中 k_i 是 C 绝对不可约的。对于信息粒 k_i 和其中的一个元素 x，如果 $\exists_{p_i \in P}(k_i \subseteq p_i)$，则 k_i 是一致的，且 x 可以根据规则 $k_i \to p_i$ 确定地分到类 p_i。否则，k_i 是不一致的。由于 $k_i \subseteq K$，$K \notin \mathrm{Md}(x)$。如果 $x \in p_i$，那么根据规则 $k_i \to p_i$，x 可以被近似地分到类 p_i 中。因此，对于一个不一致的信息粒，如果它是其他一些信息粒的并集，那么由它产生的规则是可约的。实际上，一个不一致的信息粒，如果可以表示成其他信息粒的并，就是我们所说的绝对可约的元素。

定义 3.8　设 U 为论域，C 和 P 分别是 U 上的覆盖和决策划分。若任意的 $K \in C$ 相对于任一 $p_i \in P$ 是可约的，则称 K 是 C 相对于 P 可约的，否则是不可约的。

若将决策划分中的每一个决策类看成一个目标子集，则 C 相对于 P 可约的元素实际上是 C 相对某一个目标子集可约的元素。

定义 3.9　设 U 为论域，C 和 P 分别为 U 上的覆盖和决策划分。若任意的 $K \in C$ 相对于 P 在 C 上都是不可约的，则称 C 相对于 P 是不可约的，否则 C 相对于 P 是可约的。

定义 3.10　设 U 为论域，C 和 P 分别是 U 上的覆盖和决策划分。任意的 $K \in C$，若 K 是 C 相对于 P 可约的，则将 K 从 C 中删除，直到 C 相对于 P 不可约，则得到 C 相对于 P 的一个约简，记为 $\mathrm{red}_P(C)$。

由于覆盖中相对决策划分可约的元素一定包含于某一个决策类中，因此删除覆盖中相对决策划分可约的某个元素并不会造成覆盖中其他元素相对决策划分的可约性。故而，覆盖相对某个决策划分的约简有且仅有一个。

定义 3.11　设 U 为论域，C 和 P 分别是 U 上的覆盖和决策划分。P 的 C 正域和 P 的 C 边界域定义如下：

$$\text{Pos}_C(P) = \bigcup_{p_i \in P} L(p_i)$$

$$\text{BN}_C(P) = \bigcup_{p_i \in P} H(p_i) - \bigcup_{p_i \in P} L(p_i)$$

其中，P 的 C 正域由所有在给定覆盖近似空间中能够被确定分类的对象组成，P 的 C 边界域由所有在给定覆盖近似空间中不能够被确定分类的对象组成，则 P 的 C 边界域是 P 的 C 正域相对 U 的补，即 $\text{BN}_C(P) = U - \text{Pos}_C(P)$。并且，若论域中的对象都是在给定覆盖近似空间中能够被确定分类的，即 $\text{Pos}_C(P) = U$，或者 $\text{BN}_C(P) = \varnothing$，则称决策划分 P 是在给定覆盖近似空间中一致的，否则是不一致的。

定理 3.3　设 U 为论域，C 和 P 分别是 U 上的覆盖和决策划分。$\text{red}(C)$ 是 C 的绝对约简，则 $\text{Pos}_C(P) = \text{Pos}_{\text{red}(C)}(P)$，$\text{BN}_C(P) = \text{BN}_{\text{red}(C)}(P)$。

定理 3.4　设 U 为论域，C 和 P 分别是 U 上的覆盖和决策划分。$\text{red}_P(C)$ 是 C 的相对约简，则 $\text{Pos}_C(P) = \text{Pos}_{\text{red}_P(C)}(P)$，$\text{BN}_C(P) = \text{BN}_{\text{red}_P(C)}(P)$。

定理 3.3 和定理 3.4 表明，绝对约简和相对约简都不改变决策划分的正域和边界域，也就是说，约简没有降低覆盖近似空间的分类能力。因而，对于给定决策划分，覆盖近似空间中存在两类可约元素，一类是绝对可约的，另一类是相对可约的。

因此，根据以上讨论可以建立以下覆盖近似空间的知识约简框图。

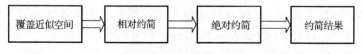

图 3.1　覆盖近似空间的知识约简框图

根据知识约简框图，可以设计覆盖近似空间知识约简算法。

算法 3.1　覆盖近似空间知识约简

输入：覆盖近似空间 (U,C)，决策划分 P。

输出：约简结果 $\text{red}(C \mid P)$。

步骤 1：令 $\text{red}(C \mid P) = C$。

步骤 2：如果 $C \neq \varnothing$，选择一个元素 $K(K \in C)$，令 $C = C - \{K\}$；否则，令 $T = \text{red}(C \mid P)$，跳到步骤 4。

步骤 3：如果 K 是 $\text{red}(C \mid P)$ 相对于 P 的一个相对可约简元素，那么令 $\text{red}(C \mid P) = \text{red}(C \mid P) - \{K\}$，跳到步骤 2。

步骤 4：如果 $T \neq \varnothing$，那么选择一个元素 $K(K \in T)$，令 $T = T - \{K\}$。否则转步骤 6。

步骤 5：如果 K 是 $\mathrm{red}(C \mid P)$ 的一个绝对可约简元素，令 $\mathrm{red}(C \mid P) = \mathrm{red}(C \mid P) - \{K\}$。跳至步骤 4。

步骤 6：输出 $\mathrm{red}(C \mid P)$。

3.2.4　实例分析

假设给定一个不完备信息表，其中 $x_1, \cdots, x_5$ 是 5 个对象，$c_1, \cdots, c_3$ 是 3 个条件属性，d 是决策属性，将对象分为 2 类（ϕ 类和 ψ 类）。其中*表示缺失值。

表 3.1　一个不完备信息表

属性	x_1	x_2	x_3	x_4	x_5
c_1	1	*	2	2	*
c_2	1	1	1	2	3
c_3	1	*	2	*	1
d	ϕ	ϕ	ψ	ψ	ψ

通常来说，可以使用基于一般二元关系扩展的粗糙集模型来解决这个问题，如容差关系、相似关系等。这里，用另外一个方法来解决这个问题，即覆盖粗糙集模型。

通过属性 c_1，可以产生两个信息粒，一个是 $K_1 = \{x_1\}$，另一个是 $K_3 = \{x_3, x_4\}$。K_1 和 K_3 的语义分别是 $c_1 = 1$ 和 $c_1 = 2$。类似地，通过属性 c_2、c_3 和 d 可以获得其他信息粒，将这些粒子称为由单个属性生成的原子粒，并且通过使用逻辑运算可以递归地构建复合粒，如 $\neg$、$\wedge$、$\vee$、$\rightarrow$ 和 $\leftrightarrow$ 等。为了简化，只讨论由原子粒组成的覆盖近似空间。

使用由 c_1, c_2, c_3 生成的原子粒可以得到一个覆盖近似空间 (U, C)，其中 $U = \{x_1, x_2, x_3, x_4, x_5\}$，$C = \{K_1, K_2, K_3, K_4, K_5, K_6 K_7\}$，$K_1 = \{x_1\}$，$K_2 = \{x_1, x_2, x_3\}$，$K_3 = \{x_3, x_4\}$，$K_4 = \{x_3\}$，$K_5 = \{x_4\}$，$K_6 = \{x_5\}$，$K_7 = \{x_1, x_5\}$。$P = \{p_1, p_2\}$，其中 $p_1 = \{x_1, x_2\}$，$p_2 = \{x_3, x_4, x_5\}$。

因为 $K_4 \subseteq K_3 \subseteq p_2$，所以 K_4 是相对于 P 可约的。另外，K_5 也相对于 P 可约，因为 $K_5 \subseteq K_3 \subseteq p_2$。此外，由于 $K_7 = K_1 \bigcup K_6$，所以 K_7 是绝对可约的。因此，$\mathrm{red}(C \mid P) = \{K_1, K_2, K_3, K_6\}$。根据定义 3.11，有 $\mathrm{Pos}_C(P) = \mathrm{Pos}_{\mathrm{red}(C \mid P)}(P) = \{x_1, x_3, x_4, x_5\}$，$\mathrm{BN}_C(P) = \mathrm{BN}_{\mathrm{red}(C \mid P)}(P) = \{x_2\}$。

在该算法中，首先约简相对可约的元素，然后约简绝对可约的元素。如果先约简绝对可约的元素，例子中的 K_3 和 K_7 将被删除。那么，原来相对可约的元素 K_4 和 K_5 将变得相对不可约。那样需要一个支持度较小的规则来覆盖对象 x_3 和 x_4，这与我们希望得到支持度尽可能大的规则是不一致的，所以在约简过程中先作相对约简，再作绝对约简。

3.3 覆盖近似空间的扩展及其约简

前面讨论了单个覆盖近似空间的约简，并给出了绝对约简和相对约简的定义，本节探讨一组覆盖近似空间的约简，即覆盖决策系统的约简。覆盖决策系统约简的关键问题是，在不降低其分类能力的情况下从覆盖决策系统中删除一些冗余的覆盖。Chen 等对此进行了讨论，并分别在一致和不一致的情况下给出了相应的约简方法[6]。Wang 等进一步提出了覆盖近似空间的扩展，发现通过扩展可以增强单个覆盖近似空间的近似能力，从而可以得到更小的约简[7]。本节对此进行讨论。

3.3.1 覆盖近似空间的扩展

在经典的粗糙集理论中，知识的表示由等价关系给出，其信息粒化的结构中，当一个概念出现时，其补概念一定是可定义的。然而，在覆盖计算空间中，这并不是一定的，即一个概念出现时，其补概念不一定是可定义的。因此，通过引入概念的补，有利于扩充近似空间的近似能力。

设 (U,C) 是一个覆盖近似空间，x 是 U 的一个对象，那么 $C_x = \bigcap\{K \in C \mid x \in K\}$ 称为 x 在 C 中的邻域。对一个子集 $X \subseteq U$，X 相对于 C 的覆盖下近似 $\underline{C}(X)$ 和覆盖上近似 $\overline{C}(X)$ 分别定义为

$$\underline{C}(X) = \{x \in U \mid C_x \subseteq X\}$$

$$\overline{C}(X) = \{x \in U \mid C_x \bigcap X \neq \varnothing\}$$

上、下近似将论域划分成三个区域：正域、边界域和负域。其中，正域是所有确定属于 X 的对象集合，负域是所有确定不属于 X 的对象集合，而边界域则是所有不确定是否属于 X 的对象集合。

$$\text{POS}_C(X) = \underline{C}(X)$$

$$\text{BNG}_C(X) = \overline{C}(X) - \underline{C}(X)$$

$$\text{NEG}_C(X) = U - \overline{C}(X)$$

首先，通过一个例子来说明为什么扩展一个覆盖近似空间是必要的和可能的。

例 3.5 设论域 $U = \{x_1, x_2, x_3, x_4\}$，覆盖 $C = \{K_1, K_2, K_3\}$，其中 $K_1 = \{x_1, x_2\}$，$K_2 = \{x_2, x_3 x_4\}$，$K_3 = \{x_4\}$。

决策 $D = \{d_1, d_2, d_3, d_4\}$，其中 $d_1 = \{x_1\}$，$d_2 = \{x_2\}$，$d_3 = \{x_3\}$，$d_4 = \{x_4\}$。根据邻域的定义有

$$C_{x_1} = \{x_1, x_2\}, \quad C_{x_2} = \{x_2\}, \quad C_{x_3} = \{x_2, x_3, x_4\}, \quad C_{x_4} = \{x_4\}$$

因此，每个决策类的正域为

$$\mathrm{POS}_C(d_1) = \varnothing, \quad \mathrm{POS}_C(d_2) = \{x_2\}, \quad \mathrm{POS}_C(d_3) = \varnothing, \quad \mathrm{POS}_C(d_4) = \{x_4\}$$

也就是说，只有 x_2 和 x_4 可以通过 C 被确定地分类为 d_2 和 d_4。因此，决策 D 是相对于 C 不一致的。然而我们发现，$d_1 = \sim K_2$，$d_3 = \sim K_1 \cap \sim K_3$。

这表明，d_1 和 d_3 可以用 C 中元素的补来描述。因此，通过这种方式，x_1 和 x_3 可以分别确定地分到 d_1 和 d_3。所以，通过扩展可以从覆盖近似空间中获得更多知识。

定义 3.12　设 U 是一个论域，C 是 U 上的一个覆盖，则 $C^\sim = \{\sim K \mid K \in C\}$ 称为 C 的补。

在实际问题中，如果一个论域里一个覆盖的元素包含所有的对象，那么很显然这类元素对解决问题没有作用。因此，这里不讨论含有这类元素的覆盖。

例 3.6　设 $U = \{x_1, x_2, x_3, x_4\}$，$C = \{K_1, K_2, K_3\}$，其中 $K_1 = \{x_1, x_2\}$，$K_2 = \{x_1, x_3, x_4\}$，$K_3 = \{x_1, x_4\}$。

由定义 3.12，有 $C^\sim = \{\sim K_1, \sim K_2, \sim K_3\}$，其中 $\sim K_1 = \{x_3, x_4\}$，$\sim K_2 = \{x_2\}$，$\sim K_3 = \{x_2, x_3\}$。

可以发现，$C^\sim$ 中所有元素的并集并不等于 U，也就是说，一个覆盖的补不一定是一个覆盖。

命题 3.10　设 U 是论域，C 是 U 上的一个覆盖，则 $C^\sim$ 是 U 上的一个覆盖当且仅当 C 中所有元素的交为空。

证明：（$\Rightarrow$）若 $C^\sim$ 是 U 上的一个覆盖，假设 $\cap \{K \mid K \in C\} \neq \varnothing$，则

$$\exists_{x \in U} (\forall_{K \subseteq C} (x \in K))$$

从而，

$$\exists_{x \in U} (\forall_{\sim K \subseteq C} (x \notin \sim K))$$

那么，$x \notin \bigcup \{K \mid K \in C^\sim\}$。因而，$C^\sim$ 不是 U 上的一个覆盖，与前提矛盾。所以，若 $C^\sim$ 是 U 上的一个覆盖，则 $\cap \{K \mid K \in C\} = \varnothing$。

（$\Leftarrow$）若 $\cap \{K \mid K \in C\} = \varnothing$，则

$$\neg \exists_{x \in U} (\forall_{K \in C} (x \in K))$$

从而

$$\forall_{x \in U} (\exists_{L \in C^\sim} (x \in L))$$

因此，$\bigcup \{K \mid K \in C^\sim\} = U$，即 $C^\sim$ 是 U 上的一个覆盖。证毕。

定义 3.13　设 (U, C) 是一个覆盖近似空间，如果 C 中所有元素的交为空，那么有序对 $(U, C^\sim)$ 称为 (U, C) 的补空间。

命题 3.11 设 (U,C) 是一个覆盖近似空间，X 是 U 的一个子集。如果 C 退化为一个划分，那么 $\underline{C}(v) = \underline{C^\sim}(X)$，$\overline{C}(X) = \overline{C^\sim}(X)$。

证明：设 $C = \{K_1, K_2, \cdots, K_n\}$，那么 $C^\sim = \{\sim K_1, \sim K_2, \cdots, \sim K_n\}$。假设 $x \in K_i$，那么 $x \in \sim K_j$，$j \neq i$。因此，$C_x = K_i, (C^\sim)_x = \bigcap_{1 \leqslant j < i \vee i < j \leqslant n} \sim K_j$。

因为 $K_i = \sim \left(\bigcup_{1 \leqslant j < i \vee i < j \leqslant n} K_j \right) = \bigcap_{1 \leqslant j < i \vee i < j \leqslant n} \sim K_j$，有 $C_x = (C^\sim)_x$。因此，对 $X \subseteq U$，有 $\underline{C}(X) = \underline{C^\sim}(X)$，$\overline{C}(X) = \overline{C^\sim}(X)$。

定义 3.14 设 (U,C) 是一个覆盖近似空间。有序对 $(U, C^\#)$ 称为 (U,C) 的扩展空间，其中 $C^\# = C \cup C^\sim$ 是 C 的扩展。

命题 3.12 设 (U,C) 是一个覆盖近似空间，X 是 U 的一个子集。如果 C 退化为一个划分，那么 $\underline{C}(X) = \underline{C^\#}(X)$，$\overline{C}(X) = \overline{C^\#}(X)$。

证明：因为 $C^\# = C \cup C^\sim$，所以 $(C^\#)_x = C_x \cap (C^\sim)_x$。通过命题 3.11 的证明，如果 C 退化为一个划分，有 $C_x = (C^\sim)_x$，因而有 $C_x = (C^\#)_x$。因此，对 $X \subseteq U$，有 $\underline{C}(X) = \underline{C^\#}(X)$，$\overline{C}(X) = \overline{C^\#}(X)$。

命题 3.13 设 (U,C) 是一个覆盖近似空间，X 是 U 的一个子集。如果 C 退化为一个划分，那么 $\underline{C^\sim}(X) = \underline{C^\#}(X)$，$\overline{C^\sim}(X) = \overline{C^\#}(X)$。

证明：由命题 3.11 和命题 3.12 可证得。

命题 3.11 ～ 命题 3.13 表明如果覆盖退化为划分，覆盖近似空间、覆盖近似空间的补空间以及覆盖近似空间的扩展空间生成相同的上、下近似，即它们具有相同的近似能力。

命题 3.14 设 (U,C) 是一个覆盖近似空间，X 是 U 的一个子集。那么 $\underline{C}(X) \subseteq \underline{C^\#}(X)$，$\overline{C}(X) \supseteq \overline{C^\#}(X)$。

证明：因为 $C^\# = C \cup C^\sim$，所以 $C_x \supseteq (C^\#)_x$。对于 $X \subseteq U$，如果 $x \in \underline{C}(X)$，那么 $C_x \subseteq X$。由于 $C_x \supseteq (C^\#)_x$，所以 $(C^\#)_x \subseteq X$，因而 $x \in \underline{C^\#}(X)$。因此 $\underline{C}(X) \subseteq \underline{C^\#}(X)$。如果 $x \in \overline{C^\#}(X)$，那么 $(C^\#)_x \cap X \neq \varnothing$。由于 $C_X \supseteq (C^\#)_x$，所以 $C_x \cap X \neq \varnothing$，因而 $x \in \overline{C}(X)$。因此，$\overline{C}(X) \supseteq \overline{C^\#}(X)$。

由命题 3.14 可知，一个覆盖近似空间的扩展空间通常可以得到比它自身更精确的近似，也就是说，一个覆盖近似空间的近似能力可以通过扩展来提高。

例 3.7 设论域 $U = \{x_1, x_2, x_3, x_4\}$，覆盖 $C = \{K_1, K_2, K_3\}$，其中 $K_1 = \{x_1, x_2\}$，$K_2 = \{x_2, x_3, x_4\}$，$K_3 = \{x_4\}$。

设 $X_1 = \{x_1, x_3\}$ 和 $X_2 = \{x_2, x_4\}$ 是 U 的两个子集，那么在 (U,C) 上 X_1 和 X_2 的覆盖上、下近似如下：

$$\underline{C}(X_1) = \varnothing, \quad \overline{C}(X_1) = \{x_1, x_3\}$$

$$\underline{C}(X_2) = \{x_2, x_4\}, \quad \overline{C}(X_2) = \{x_1, x_2, x_3, x_4\}$$

根据覆盖补的定义，有 $C^\sim = \{\sim K_1, \sim K_2, \sim K_3\}$，其中 $\sim K_1 = \{x_3, x_4\}$，$\sim K_2 = \{x_1\}$，$\sim K_3 = \{x_1, x_2, x_3\}$。因此，在 $(U, C^\sim)$ 上 X_1 和 X_2 的上、下近似如下：

$$\underline{C^\sim}(X_1) = \{x_1, x_3\}, \quad \overline{C^\sim}(X_1) = \{x_1, x_2, x_3, x_4\}$$

$$\underline{C^\sim}(X_2) = \varnothing, \quad \overline{C^\sim}(X_2) = \{x_2, x_4\}$$

根据覆盖扩展的定义，有 $C^\# = \{K_1, K_2, K_3, \sim K_1, \sim K_2, \sim K_3\}$。在 $(U, C^\#)$ 上 X_1 和 X_2 的覆盖上、下近似如下：

$$\underline{C^\#}(X_1) = \overline{C^\#}(X_1) = \{x_1, x_3\}, \quad \underline{C^\#}(X_2) = \overline{C^\#}(X_2) = \{x_2, x_4\}$$

结果表明在 (U, C)、$(U, C^\sim)$ 和 $(U, C^\#)$ 上 X_1 和 X_2 的上、下近似有以下关系：

$$\underline{C}(X_1) \subseteq \underline{C^\sim}(X_1) = \underline{C^\#}(X_1)$$

$$\overline{C^\#}(X_1) = \overline{C}(X_1) \subseteq \overline{C^\sim}(X_1)$$

$$\underline{C^\sim}(X_2) \subseteq \underline{C}(X_2) = \underline{C^\#}(X_2)$$

$$\overline{C^\#}(X_2) = \overline{C^\sim}(X_2) \subseteq \overline{C}(X_2)$$

由例 3.7 可以发现，覆盖近似空间、覆盖近似空间的补空间以及覆盖近似空间的扩展空间通常在近似能力上不一定相等。并且，覆盖近似空间的扩展空间较它本身有更强的近似能力。

3.3.2　基于扩展的覆盖近似空间的约简

一个覆盖决策系统可以表示为一个有序三元组 (U, Δ, D)，其中 U 是论域，Δ 是 U 上的一簇覆盖，D 是决策。对 $x \in U$，在 Δ 中 x 的邻域定义为

$$\Delta_x = \bigcap \{(C_i)_x \mid C_i \in \Delta\}$$

因此，$d_i \in D$ 的上、下近似定义为

$$\underline{\Delta}(d_i) = \{x \in U \mid \Delta_x \subseteq d_i\}$$

$$\overline{\Delta}(d_i) = \{x \in U \mid \Delta_x \cap d_i \neq \varnothing\}$$

因此，D 相对于 Δ 的正域定义为

$$\text{POS}_\Delta(D) = \bigcup_{d_i \in D} \underline{\Delta}(d_i)$$

D 相对于 Δ 的正域由可以通过 Δ 确定地被分类到 D 中的对象组成。如果 $\text{POS}_\Delta(D) = U$，则称 D 在 Δ 上是一致的。否则，称 D 在 Δ 上是不一致的。

命题 3.15 设 (U, Δ, D) 是一个覆盖决策系统，C_i 是 Δ 中的一个覆盖，那么 $\text{POS}_\Delta(D) \supseteq \text{POS}_{\Delta - \{C_i\}}(D)$。

证明：对 $x \in U$，有 $\Delta_x \subseteq (\Delta - \{C_i\})_x$。假设 $x \in \text{POS}_{\Delta - \{C_i\}}(D)$，那么存在 $d_i \in D$ 使得 $(\Delta - \{C_i\})_x \subseteq d_i$。由 $\Delta_x \subseteq (\Delta - \{C_i\})_x$，有 $\Delta_x \subseteq d_i$，则 $x \in \text{POS}_\Delta(D)$。因此，$\text{POS}_\Delta(D) \supseteq \text{POS}_{\Delta - \{C_i\}}(D)$。

命题 3.15 表明，一个覆盖决策系统所包含的覆盖越多，相应的分类能力越强，但也会带来计算复杂度更高的问题。为了降低计算复杂度，希望删除覆盖决策系统中冗余的覆盖，但不减小系统的分类能力。

为了达成这一目标，Chen 和 Li 分别基于可分辨矩阵和信息理论提出了两种约简方法。在这里，通过覆盖近似空间的扩展，得到一种比现有方法得到的约简更小的约简。

定义 3.15 设 $\Delta = \{C_1, C_2, \cdots, C_m\}$ 是论域 U 上的一簇覆盖，那么 $\Delta_E = \{(C_1)^\#, (C_2)^\#, \cdots, (C_m)^\#\}$ 称为 Δ 的扩展。

命题 3.16 设 (U, Δ, D) 是一个覆盖决策系统，那么 $\text{POS}_\Delta(D) \subseteq \text{POS}_{\Delta_E}(D)$。

证明：因为 $C_i \subset (C_i)^\#$，那么 $\Delta_x \supseteq (\Delta_E)_x$。如果 $x \in \text{POS}_\Delta(D)$，那么有 $d_i \in D$ 使得 $\Delta_x \subseteq d_i$。由于 $\Delta_x \supseteq (\Delta_E)_x$，有 $(\Delta_E)_x \subseteq d_i$，那么 $x \in \text{POS}_{\Delta_E}(D)$。因此，$\text{POS}_\Delta(D) \subseteq \text{POS}_{\Delta_E}(D)$。

命题 3.16 表明一个覆盖决策系统的分类能力通过扩展其中的每个覆盖可能会得到提高。

定义 3.16 设 (U, Δ, D) 是一个覆盖决策系统，Θ 是 Δ 的一个子集。如果以下两个条件均满足，则称 Θ 是 Δ 相对于 D 的一个约简。

(1) $\forall_{C_i \in \Theta}(\text{POS}_{\Theta_E}(D) \neq \text{POS}_{(\Theta - \{C_i\})_E}(D))$；

(2) $\text{POS}_{\Theta_E}(D) = \text{POS}_{\Delta_E}(D)$。

定义 3.17 设 (U, Δ, D) 是一个覆盖决策系统，对于 Δ 中的一个覆盖 C_i，它相对于 Δ 的重要度定义为

$$\text{Sig}_\Delta(C_i) = \gamma_\Delta(D) - \gamma_{\Delta - \{C_i\}}(D)$$

其中，$\gamma_\Delta(D) = |\,\mathrm{POS}_{\Delta_E}(D)\,|\,/\,|\,U\,|$ 是 Δ 相对于 D 的近似分类质量。

命题 3.17 设 (U,Δ,D) 是一个覆盖决策系统，对于 Δ 中的一个覆盖 C_i，C_i 是 Δ 中相对于 D 不可约的当且仅当 $\mathrm{Sig}_\Delta(C_i) > 0$。

证明：($\Rightarrow$) 根据命题 3.15 可知，$\mathrm{POS}_{\Delta_E}(D) \supseteq \mathrm{POS}_{(\Delta-\{C_i\})_E}(D)$。假设 C_i 是 Δ 中相对于 D 不可约的，那么 $\mathrm{POS}_{\Delta_E}(D) \neq \mathrm{POS}_{(\Delta-\{C_i\})_E}(D)$。因此，$\mathrm{Sig}_\Delta(C_i) = \gamma_\Delta(D) - \gamma_{\Delta-\{C_i\}}(D) = (|\,\mathrm{POS}_{\Delta_E}(D)\,| - |\,\mathrm{POS}_{(\Delta-\{C_i\})_E}(D)\,|)/\,|\,U\,| > 0$。

($\Leftarrow$) 如果 $\mathrm{Sig}_\Delta(C_i) > 0$，则 $|\,\mathrm{POS}_{\Delta_E}(D)\,| > |\,\mathrm{POS}_{(\Delta-\{C_i\})_E}(D)\,|$。因此，$\mathrm{POS}_{\Delta_E}(D) \neq \mathrm{POS}_{(\Delta-\{C_i\})_E}(D)$。

也就是说，C_i 是 Δ 中相对于 D 不可约的。

命题 3.18 设 (U,Δ,D) 是一个覆盖决策系统，那么 $\mathrm{core}_D = \{C_i \in \Delta \mid \mathrm{Sig}_\Delta(C_i) > 0\}$。

证明：由命题 3.17 可证。

接下来，利用提出的这些定义给出一个覆盖决策系统的启发式约简算法。

算法 3.2 覆盖决策系统的约简

输入：一个覆盖决策系统

输出：覆盖决策系统的一个约简

(1) let $\mathrm{core}_D(\Delta) = \varnothing$

(2) for each $C_i \in \Delta$

(3)　　calculate $\mathrm{Sig}_\Delta(C_i)$

(4)　　if $\mathrm{Sig}_\Delta(C_i) > 0$ then

(5)　　　　$\mathrm{core}_D(\Delta) = \mathrm{core}_D(\Delta) \bigcup \{C_i\}$

(6)　　end if

(7) end for

(8) if $\mathrm{POS}_{\mathrm{core}_D}(\Delta) = \mathrm{POS}_\Delta(D)$ then

(9)　　return $\mathrm{core}_D(\Delta)$

(10) else

(11)　　let $\mathrm{red} = \mathrm{core}_\Delta(D)$

(12)　　for each $C_j \in \{\Delta - \mathrm{red}\}$

(13)　　calculate $\mathrm{Sig}_{\mathrm{red} \bigcup \{C_j\}}(C_j)$

(14)　　 end for

(15)　　$\mathrm{Sig}_{\mathrm{red} \bigcup \{C_k\}}(C_k) = \max_{C_j \in \{\Delta - \mathrm{red}\}} \mathrm{Sig}_{\mathrm{red} \bigcup \{C_j\}}(C_j)$

(16)　　$\mathrm{red} = \mathrm{red} \bigcup C_k$

(17)　　if $\mathrm{POS}_{\mathrm{red}}(D) = \mathrm{POS}_\Delta(D)$ then

(18)　　return red

(19)　　　else

(20)　　　　　goto (12)

(21)　　　end if

(22) end if

设 $|\Delta| = m$，$|U| = n$，那么该算法的时间复杂度为 $O(m^3 n^2)$。

3.3.3　实例分析

假设 $U = \{x_1, x_2, \cdots, x_{10}\}$ 是 10 间房屋，$E = \{\text{price}, \text{structure}, \text{color}, \text{surrounding}\}$ 是 4 个评价指标。根据 4 个专家给定的 10 间房屋在 4 个评价指标上的评价结果，可以得到 U 上的四个覆盖 $\Delta = \{C_1, C_2, C_3, C_4\}$。具体如下：

$$C_1 = \{\{x_1, x_2, x_3, x_4, x_5, x_6, x_7, x_8, x_9, x_{10}\}, \{x_3, x_4, x_6, x_7\}, \{x_3, x_4, x_5, x_6, x_7\}\}$$

$$C_2 = \{\{x_1, x_2, x_3, x_4, x_5, x_6, x_7\}, \{x_6, x_7, x_8, x_9\}, \{x_{10}\}\}$$

$$C_3 = \{\{x_1, x_2, x_3, x_6, x_8, x_9, x_{10}\}, \{x_2, x_3, x_4, x_5, x_6, x_7, x_9, \}\}$$

$$C_4 = \{\{x_1, x_2, x_3, x_6\}, \{x_2, x_3, x_4, x_5, x_6, x_7\}, \{x_6, x_8, x_9, x_{10}\}, \{x_6, x_7, x_9\}\}$$

其中，C_1、C_2、C_3 和 C_4 分别是由评价指标 price、structure、color 和 surrounding 所得到的覆盖。假设最终决策包括 sale、further evaluation 和 reject，它们将论域划分为三类：

$$D = \{\{x_1, x_2, x_3, x_6\}, \{x_4, x_5, x_7\}, \{x_8, x_9, x_{10}\}\}$$

那么，D 相对于 Δ_E 的正域为 $\text{POS}_{\Delta_E}(D) = U$。也就是说，决策 D 在 Δ_E 上是一致的。

在 Δ 上每个覆盖相对于 D 的重要度为

$$\text{Sig}_\Delta(C_1) = \text{Sig}_\Delta(C_2) = \text{Sig}_\Delta(C_3) = \text{Sig}_\Delta(C_4) = 0$$

因此，$\text{core}_D(\Delta) = \varnothing$。设 $\text{red} = \text{core}_D(\Delta) = \varnothing$，那么：

$$\text{Sig}_{\text{red} \cup \{C_1\}}(C_1) = 1/10，\quad \text{Sig}_{\text{red} \cup \{C_2\}}(C_2) = 3/10$$

$$\text{Sig}_{\text{red} \cup \{C_3\}}(C_3) = 3/10，\quad \text{Sig}_{\text{red} \cup \{C_4\}}(C_4) = 1$$

选择具有最大重要度的 C_4，令

$$\text{red} = \text{red} \cup \{C_4\} = \{C_4\}$$

因为 $\mathrm{POS}_{\mathrm{red}_E}(D) = \mathrm{POS}_{\Delta_E}(D) = U$ ，所以得到约简 $\{C_4\}$ 。相比较于用现有方法得到的约简 $\{C_2, C_4\}$ 或者 $\{C_2, C_3\}$ ，这种方法得到的约简属性数更少。而且，这种方法在该例子中可以得到一致的决策，而现有的其他方法不可以。

3.4　本 章 小 结

约简是数据挖掘中的一个关键问题。本章探讨了覆盖近似空间中元素的绝对可约性和相对可约性，给出了元素绝对可约和相对可约的判定依据，证明了绝对可约不改变覆盖近似空间对任何概念的近似，相对可约不改变覆盖近似空间对给定概念的近似。基于绝对约简和相对约简，构建了覆盖决策系统的约简模型，通过约简可以简化覆盖近似空间，达到简化知识获取的目标。另外，本章还介绍了覆盖补的概念，基于这一概念引出覆盖近似空间的扩展。分析发现覆盖近似空间的扩展空间能得到较原近似空间更精确的概念近似。通过扩展覆盖决策系统的每一个覆盖，相应的分类能力得以提高。给出了一种覆盖决策系统的启发式约简算法，该算法能在不降低系统对决策的分类能力的情况下消除覆盖决策系统中的冗余覆盖。理论分析和实例分析表明，该算法可以获得相较现有其他算法更小的约简。

参 考 文 献

[1]　王国胤. Rough 集理论与知识获取[M]. 西安: 西安交通大学出版社, 2001.

[2]　Wang G Y, Zhao J, An J, et al. A comparative study of algebra viewpoint and information viewpoint in attribute reduction[J]. Fundamenta Informaticae, 2005, 68(3): 289-301.

[3]　Zakowski W. Approximation in the space (U, Π)[J]. Demonstratio Mathematica, 1983, 16(3): 761-769.

[4]　Zhu W, Wang F Y. Reduction and axiomization of covering generalized rough sets[J]. Information Sciences, 2003, 152: 217-230.

[5]　Hu J, Wang G Y. Knowledge reduction of covering approximation space[J]. Transactions on Computer Science, 2009: 69-80.

[6]　Chen D G, Wang C Z, Hu Q H. A new approach to attribute reduction of consistent and inconsistent covering decision systems with covering rough sets[J]. Information Sciences, 2007, 177(17): 3500-3518.

[7]　Wang G Y, Hu J. Attribute reduction using extension of covering approximation space[J]. Fundamenta Informaticae, 2012(115): 219-232.

第4章　覆盖粗糙模糊集

4.1　引　言

为处理问题中的模糊性和粗糙性，人们分别提出了模糊集理论[1]和粗糙集理论[2]。然而，在有些实际问题中，可能不仅仅存在一种不确定性，而是同时存在模糊性和粗糙性。于是，单纯地用模糊集理论或者粗糙集理论都不能很好地处理这些问题。例如，在粗糙集理论中，为处理属性值是连续值的信息系统，一般要进行属性值的离散化处理。虽然人们已经提出了多种离散化算法，但是在大多数情况下，这些离散化算法所得到的名义属性值其物理含义是不明确的，从而获得的规则不易于人们理解和使用。并且，离散化算法所得到的属性值区间划分是分离的，可是人们在实际应用中所形成的一些概论并非具有完全清晰的边界，而是有重叠的。例如，"好""不好""很好"等概念在实际应用中并没有完全地量化。因而，简单地用以往的方法来处理这些问题，其结果一般很难达到预期的目标。

1990 年，Dubois 和 Prade 创造性地将模糊集理论和粗糙集理论结合起来，提出了粗糙模糊集和模糊粗糙集[3]。其中，粗糙模糊集将目标集合泛化为模糊集，而模糊粗糙集将论域上的等价关系泛化为模糊等价关系。此后，这两种理论的结合得到了人们的广泛关注。Morsi 等对模糊粗糙集的公理化进行了研究，但其研究仅限于模糊相似关系[4]。Wu 等对一般模糊关系下的对偶模糊粗糙近似算子的构造与公理化进行了研究，得到了刻画各种模糊关系所对应的模糊粗糙近似算子的最小公理集[5]。Yeung 等研究了任意模糊关系下模糊粗糙集的格和拓扑结构[6]。Mi 等进一步对 T-模模糊粗糙近似算子进行了公理化刻画，并采用信息熵对 T-模模糊粗糙集的不确定性进行了度量[7]。这两种理论的结合为处理更加复杂的问题提供了理论工具，如连续值属性信息系统以及符号值和连续值属性混合信息系统的处理，并在实际应用中取得了很好的应用效果[8-13]。

覆盖决策系统是一种其知识以覆盖的形式给出的信息系统。对于覆盖决策系统的研究，人们已经作了一些研究[14,15]。其中，Chen 等基于分辨矩阵的方法，分别研究了一致和不一致的覆盖决策系统的属性约简。Li 等则从信息理论的角度出发，定义了覆盖决策系统的信息熵和条件熵，为覆盖决策系统的属性约简作出了新的解释。然而，这些研究的对象都只是决策属性是符号值的覆盖决策系统，即决策的类与类之间是分离的，因而它们只能处理决策是清晰的问题。

在现实问题中，有可能存在决策的类与类之间并不是完全分离的，而是存在部分交叉。例如，将信用卡申请者按收入水平分为高、中、低 3 类，显然这 3 类不是严格分离的 3 类。对于决策是不清晰的问题，可以采用模糊集理论的方法，在决策属性上形成若干模糊概念，从而每个样本对于决策的关系可以用模糊隶属函数进行描述。故而，解决此类问题的关键便转化为覆盖近似空间下模糊概念(模糊集合)的近似。本章从定性和定量两个角度来研究覆盖近似空间中模糊概念的近似。

4.2 覆盖粗糙模糊集模型

在给定的覆盖近似空间中，为了逼近目标模糊概念，人们已经提出了多种方法[16-19]。其中，魏莱等和徐忠印等分别基于最小描述集的极大邻域和极小邻域对覆盖粗糙集模型进行了扩展，定义了覆盖近似空间中模糊概念的粗糙近似。胡军等从规则的置信度出发，提出了一种覆盖粗糙模糊集模型[20]。这里主要对这三种模型进行介绍，并讨论它们之间的关系。

4.2.1 三种覆盖粗糙模糊集模型

为了论述方便，将文献[20]～[22]所提出的覆盖粗糙模糊集模型分别称为Ⅰ型覆盖粗糙模糊集模型、Ⅱ型覆盖粗糙模糊集模型和Ⅲ型覆盖粗糙模糊集模型。

设 U 为论域，C 为 U 的一组非空子集，若 $\bigcup C = U$，则称 C 是 U 上的一个覆盖。有序对 (U, C) 称为覆盖近似空间，x 为 U 中的一个对象，则 x 在该近似空间中的描述集为 $\mathrm{Ad}_C(x) = \{K \in C \mid x \in K\}$。并且，称 $\bigcup \mathrm{Ad}_C(x)$ 为 x 描述集的极大邻域，记为 $\mathrm{AMax}_C(x)$；称 $\bigcap \mathrm{Ad}_C(x)$ 为 x 描述集的极小邻域，记为 $\mathrm{AMin}_C(x)$。x 在该近似空间中的最小描述集为 $\mathrm{Md}_C(x) = \{K \in C \mid x \in K \wedge \forall_{S \in C} (x \in S \wedge S \subseteq K \Rightarrow K = S)\}$。并且，称 $\bigcup \mathrm{Md}_C(x)$ 为 x 最小描述集的极大邻域，记为 $\mathrm{MMax}_C(x)$；称 $\bigcap \mathrm{Md}_C(x)$ 为 x 最小描述集的极小邻域，记为 $\mathrm{MMin}_C(x)$。

定义 4.1(Ⅰ型覆盖粗糙模糊集模型[18]) 设 (U, C) 为覆盖近似空间，A 为 U 上的一个模糊集，则 A 在 (U, C) 上的Ⅰ型粗糙模糊集是一对模糊集 $(\underline{\mathrm{CF}}(A), \overline{\mathrm{CF}}(A))$，其隶属函数定义如下：

$$u_{\underline{\mathrm{CF}}(A)}(x) = \inf\{u_A(y) \mid y \in \bigcup K, K \in \mathrm{Md}(x)\} = \inf\{u_A(y) \mid y \in \mathrm{MMax}(x)\}$$

$$u_{\overline{\mathrm{CF}}(A)}(x) = \sup\{u_A(y) \mid y \in \bigcup K, K \in \mathrm{Md}(x)\} = \sup\{u_A(y) \mid y \in \mathrm{MMax}(x)\}$$

根据以上定义，任何模糊集 A 在覆盖近似空间中可以用两个模糊集来逼近，即上近似 $\overline{\mathrm{CF}}(A)$ 和下近似 $\underline{\mathrm{CF}}(A)$。对于论域上的任何对象 x，由于知识 C 的粗糙性，其属于模糊集 A 的隶属程度介于 $u_{\underline{\mathrm{CF}}(A)}(x)$ 和 $u_{\overline{\mathrm{CF}}(A)}(x)$ 之间，其中 $u_{\underline{\mathrm{CF}}(A)}(x)$ 是 x 的最小描述集的极大邻域中对象隶属度的最小值，而 $u_{\overline{\mathrm{CF}}(A)}(x)$ 是 x 的最小描述集的极大邻域中对象隶属度的最大值，即最小描述集的极大邻域中对象隶属度的最小值和最大值确定了该对象隶属于该模糊概念的两个边界。

设 (U,C) 为覆盖近似空间，$\varnothing$ 为空集，$A,B \in F(U)$，$\sim A$ 为 A 的补集。则 I 型覆盖粗糙模糊集模型具有以下性质。

(1)余正规性：$\underline{\mathrm{CF}}(U) = \overline{\mathrm{CF}}(U) = U$。

(2)正规性：$\underline{\mathrm{CF}}(\varnothing) = \overline{\mathrm{CF}}(\varnothing) = \varnothing$。

(3)下近似的收缩性与上近似的扩张性：$\underline{\mathrm{CF}}(A) \subseteq A \subseteq \overline{\mathrm{CF}}(A)$。

(4)可加性：$\underline{\mathrm{CF}}(A \cup B) = \underline{\mathrm{CF}}(A) \cup \underline{\mathrm{CF}}(B)$，$\overline{\mathrm{CF}}(A \cup B) = \overline{\mathrm{CF}}(A) \cup \overline{\mathrm{CF}}(B)$。

(5)单调性：$A \subseteq B \Rightarrow \underline{\mathrm{CF}}(A) \subseteq \underline{\mathrm{CF}}(B)$，$A \subseteq B \Rightarrow \overline{\mathrm{CF}}(A) \subseteq \overline{\mathrm{CF}}(B)$。

(6)对偶性：$\underline{\mathrm{CF}}(\sim A) = \sim \overline{\mathrm{CF}}(A)$，$\overline{\mathrm{CF}}(\sim A) = \sim \underline{\mathrm{CF}}(A)$。

定义 4.2（II 型覆盖粗糙模糊集模型[19]） 设 (U,C) 为覆盖近似空间，A 为 U 上的一个模糊集，则 A 在 (U,C) 上的 II 型覆盖粗糙模糊集是一对模糊集 $(\underline{\mathrm{CS}}(A), \overline{\mathrm{CS}}(A))$，其隶属函数如下：

$$u_{\underline{\mathrm{CS}}(A)}(x) = \inf\{u_A(y) \mid y \in \bigcap K, K \in \mathrm{Md}(x)\} = \inf\{u_A(y) \mid y \in \mathrm{MMin}(x)\}$$

$$u_{\overline{\mathrm{CS}}(A)}(x) = \sup\{u_A(y) \mid y \in \bigcap K, K \in \mathrm{Md}(x)\} = \sup\{u_A(y) \mid y \in \mathrm{MMin}(x)\}$$

和 I 型覆盖粗糙模糊集模型相比，II 型覆盖粗糙模糊集模型缩小了对象不可分辨的集合，即只考察对象最小描述集的极小邻域中的元素。

设 (U,C) 为覆盖近似空间，$\varnothing$ 为空集，$A,B \in F(U)$，$\sim A$ 为 A 的补集。则 II 型覆盖粗糙模糊集模型具有以下性质。

(1)余正规性：$\underline{\mathrm{CS}}(U) = \overline{\mathrm{CS}}(U) = U$。

(2)正规性：$\underline{\mathrm{CS}}(\varnothing) = \overline{\mathrm{CS}}(\varnothing) = \varnothing$。

(3)下近似的收缩性与上近似的扩张性：$\underline{\mathrm{CS}}(A) \subseteq A \subseteq \overline{\mathrm{CS}}(A)$。

(4)可加性：$\underline{\mathrm{CS}}(A \cup B) = \underline{\mathrm{CS}}(A) \cup \underline{\mathrm{CS}}(B)$，$\overline{\mathrm{CS}}(A \cup B) = \overline{\mathrm{CS}}(A) \cup \overline{\mathrm{CS}}(B)$。

(5)单调性：$A \subseteq B \Rightarrow \underline{\mathrm{CS}}(A) \subseteq \underline{\mathrm{CS}}(B)$，$A \subseteq B \Rightarrow \overline{\mathrm{CS}}(A) \subseteq \overline{\mathrm{CS}}(B)$。

(6)对偶性：$\underline{\mathrm{CS}}(\sim A) = \sim \overline{\mathrm{CS}}(A)$，$\overline{\mathrm{CS}}(\sim A) = \sim \underline{\mathrm{CS}}(A)$。

(7)幂等性：$\underline{\mathrm{CS}}(\underline{\mathrm{CS}}(A)) = \underline{\mathrm{CS}}(A)$，$\overline{\mathrm{CS}}(\overline{\mathrm{CS}}(A)) = \overline{\mathrm{CS}}(A)$。

定义 4.3（III 型覆盖粗糙模糊集模型[20]） 设 (U,C) 是一个覆盖近似空间，

$A \in F(U)$，则 A 关于覆盖近似空间 (U,C) 的下近似隶属函数和上近似隶属函数分别为

$$\mu_{\underline{CT(A)}}(x) = \sup_{K \in \mathrm{Md}(x)}\{\inf_{y \in K}(A(y))\}$$

$$\mu_{\overline{CT(A)}}(x) = \inf_{K \in \mathrm{Md}(x)}\{\sup_{y \in K}(A(y))\}$$

称 $(\underline{CT}(A), \overline{CT}(A))$ 为 A 关于覆盖 C 的Ⅲ型覆盖粗糙模糊集。

设 (U,C) 为覆盖近似空间，$\varnothing$ 为空集，$A,B \in F(U)$，$\sim A$ 为 A 的补集。则Ⅲ型覆盖粗糙模糊集具有以下性质。

(1) 余正规性：$\underline{CT}(U) = \overline{CT}(U) = U$。

(2) 正规性：$\underline{CT}(\varnothing) = \overline{CT}(\varnothing) = \varnothing$。

(3) 下近似的收缩性与上近似的扩张性：$\underline{CT}(A) \subseteq A \subseteq \overline{CT}(A)$。

(4) 对偶性：$\underline{CT}(\sim A) = \sim \overline{CT}(A)$，$\overline{CT}(\sim A) = \sim \underline{CT}(A)$。

(5) 单调性：$A \subseteq B \Rightarrow \underline{CT}(A) \subseteq \underline{CT}(B)$，$A \subseteq B \Rightarrow \overline{CT}(A) \subseteq \overline{CT}(B)$。

(6) 幂等性：$\underline{CT}(A) = \underline{CT}(\underline{CT}(A))$，$\overline{CT}(A) = \overline{CT}(\overline{CT}(A))$。

从上面三种覆盖粗糙模糊集的定义可知：对于任意一个 $x \in U$，在Ⅰ型（Ⅱ型）覆盖粗糙模糊集模型中，x 的下近似隶属度由 x 的最小描述并集（交集）中元素的最小隶属度来确定，而与其他元素的隶属度无关；x 的上近似隶属度则由 x 的最小描述并集（交集）中元素的最大隶属度来确定，而与其他元素的隶属度无关。在Ⅲ型覆盖粗糙模糊集模型中，通过先求出 x 最小描述的各集合中元素的最小隶属度，然后将其中最大的隶属度作为 x 的下近似隶属度；反之，先求出 x 最小描述的各集合中元素的最大隶属度，然后将其中最小的隶属度作为 x 的上近似隶属度。由此可以发现，在上述三种模型中，一旦 x 的相关集合中最大和最小隶属度确定，则其他元素的隶属度大小将变得不再重要。即这些元素的隶属度如果在区间[最小隶属度，最大隶属度]中随意变动，都不会影响 x 的上、下近似隶属度。

覆盖粗糙模糊集中两个模糊集给出了目标模糊集在覆盖近似空间中的边界，并且当 $\underline{C}(A) = \overline{C}(A)$ 时，称 A 是覆盖近似空间 (U,C) 可定义的，否则是不可定义的。如果 $\forall_{x \in U}(\mu_{\underline{C}(A)}(x) = 0)$，称 A 是覆盖近似空间 (U,C) 内不可定义的；$\forall_{x \in U}(\mu_{\overline{C}(A)}(x) = 1)$，称 A 是覆盖近似空间 (U,C) 外不可定义的；如果 $\forall_{x \in U}(\mu_{\underline{C}(A)}(x) = 0 \wedge \mu_{\overline{C}(A)}(x) = 1)$，称 A 是覆盖近似空间 (U,C) 全不可定义的。

设 $A,B \in F(U)$，如果 $\underline{C}(A) = \underline{C}(B)$，称 A 与 B 粗糙下等，记为 $A \widetilde{} B$。如果 $\overline{C}(A) = \overline{C}(B)$，称 A 与 B 粗糙上等，记为 $A \underset{\sim}{} B$。如果 $\underline{C}(A) = \underline{C}(B)$，且 $\overline{C}(A) = \overline{C}(B)$，称 A 与 B 粗糙相等，记为 $A \approx B$。

4.2.2 三种覆盖粗糙模糊集的关系

定理 4.1 设 (U,C) 为覆盖近似空间，$A \in F(U)$，则 $\underline{CF}(A) \subseteq \underline{CT}(A) \subseteq \underline{CS}(A) \subseteq A \subseteq \overline{CS}(A) \subseteq \overline{CT}(A) \subseteq \overline{CF}(A)$。

证明： 设 $x \in U$，$\forall K \in \mathrm{Md}(x)$，由于 $\bigcap \mathrm{Md}(x) \subseteq K \subseteq \bigcup \mathrm{Md}(x)$，因此，

$$\inf_{y \in \bigcup \mathrm{Md}(x)} \{u_A(y)\} \leqslant \inf_{y \in K} \{u_A(y)\} \leqslant \inf_{y \in \bigcap \mathrm{Md}(x)} \{u_A(y)\}$$

$$\sup_{y \in \bigcap \mathrm{Md}(x)} \{u_A(y)\} \leqslant \sup_{y \in K} \{u_A(y)\} \leqslant \sup_{y \in \bigcup \mathrm{Md}(x)} \{u_A(y)\}$$

也即

$$u_{\underline{CF}(A)}(x) \leqslant u_{\underline{CT}(A)}(x) \leqslant u_{\underline{CS}(A)}(x)$$

$$u_{\overline{CS}(A)}(x) \leqslant u_{\overline{CT}(A)}(x) \leqslant u_{\overline{CF}(A)}(x)$$

所以 $\underline{CF}(A) \subseteq \underline{CT}(A) \subseteq \underline{CS}(A) \subseteq A \subseteq \overline{CS}(A) \subseteq \overline{CT}(A) \subseteq \overline{CF}(A)$。证毕。

从定理 4.1 可以发现，在一般情况下，Ⅰ型覆盖粗糙模糊集和Ⅱ型覆盖粗糙模糊集分别是Ⅲ型覆盖粗糙模糊集的两种极端情况。

例 4.1 设 $U = \{x_1, x_2, x_3, x_4\}$，$C = \{K_1, K_2, K_3\}$ 为 U 上的一个覆盖。其中，$K_1 = \{x_1, x_2\}$，$K_2 = \{x_2, x_3\}$，$K_3 = \{x_3, x_4\}$。

令 $A = \{\dfrac{0.3}{x_1}, \dfrac{0.5}{x_2}, \dfrac{0.4}{x_3}, \dfrac{0.7}{x_4}\}$，则根据定义有

$$\underline{CF}(A) = \left\{\frac{0.3}{x_1}, \frac{0.3}{x_2}, \frac{0.4}{x_3}, \frac{0.4}{x_4}\right\}, \quad \overline{CF}(A) = \left\{\frac{0.5}{x_1}, \frac{0.5}{x_2}, \frac{0.7}{x_3}, \frac{0.7}{x_4}\right\}$$

$$\underline{CS}(A) = \left\{\frac{0.3}{x_1}, \frac{0.5}{x_2}, \frac{0.4}{x_3}, \frac{0.4}{x_4}\right\}, \quad \overline{CS}(A) = \left\{\frac{0.5}{x_1}, \frac{0.5}{x_2}, \frac{0.4}{x_3}, \frac{0.7}{x_4}\right\}$$

$$\underline{CT}(A) = \left\{\frac{0.3}{x_1}, \frac{0.4}{x_2}, \frac{0.4}{x_3}, \frac{0.4}{x_4}\right\}, \quad \overline{CT}(A) = \left\{\frac{0.5}{x_1}, \frac{0.5}{x_2}, \frac{0.5}{x_3}, \frac{0.7}{x_4}\right\}$$

显然，$\underline{CF}(A) \subseteq \underline{CT}(A) \subseteq \underline{CS}(A) \subseteq A \subseteq \overline{CS}(A) \subseteq \overline{CT}(A) \subseteq \overline{CF}(A)$。

在覆盖近似空间 (U,C) 中，当被近似概念 $A \in P(U)$ 时，即 A 为经典集合，则上述三种覆盖粗糙模糊集模型中的上、下近似都将退化为经典集合。更进一步地，当 C 为 U 上的划分时，这三种覆盖粗糙模糊集模型都将退化为 Pawlak 粗糙集模型，且有 $\underline{CF}(A) = \underline{CS}(A) = \underline{CT}(A)$，$\overline{CF}(A) = \overline{CS}(A) = \overline{CT}(A)$。

在给定覆盖近似空间中，若两个模型对所有的 $A \in F(U)$ 都有相同的上、下近

似，则称这两个模型等价。显然，当覆盖近似空间退化为 Pawlak 近似空间时，三种模型等价。即已有的两种模型在 Pawlak 近似空间下不存在前面所指出的问题，或者说已有两种模型的应用是有前提条件的。

定理 4.2　设 (U,C) 为覆盖近似空间，三种覆盖粗糙模糊集模型等价当且仅当覆盖 C 是单一的。

证明：（$\Leftarrow$）设 $x \in U$，由于覆盖 C 是单一的，则 $|\mathrm{Md}(x)|=1$，所以 $\bigcup \mathrm{Md}(x)=\bigcap \mathrm{Md}(x)$。根据定义可知 I 型覆盖粗糙模糊上、下近似和 II 型覆盖粗糙模糊上、下近似分别相等。又根据定理 4.1 可知，III 型覆盖粗糙模糊近似介于 I 型和 II 型之间。所以对于任意的 $A \subseteq F(U)$，若覆盖 C 是单一的，则三种覆盖粗糙模糊集有相同的上、下近似，也即三种模型等价。

（$\Rightarrow$）首先证明若 I 型覆盖粗糙模糊集模型和 III 型覆盖粗糙模糊集模型等价，则覆盖 C 是单一的。假设覆盖 C 不是单一的，则 $\exists_{x \in U}(|\mathrm{Md}(x)| \neq 1)$，因此 $\mathrm{Md}(x)$ 中至少有两个元素 K，K'，且 $K \neq K'$。令 $y \in K$，但 $y \notin K'$，$z \in K'$，但 $z \notin K$，则 $\exists A \subseteq F(U)$，其中 $u_A(y) < u_A(w)$，$w \in K-\{y\}$，$u_A(z) < u_A(v)$，$v \in K'-\{z\}$，且 $u_A(y) < u_A(z)$，使得 $u_{\underline{CF}(A)}(x) \leq u_A(y) < u_A(z) \leq u_{\underline{CT}(A)}(x)$，即 $\underline{CF}(A) \neq \underline{CT}(A)$。也即若覆盖 C 不是单一的，则 I 型覆盖粗糙模糊集模型和 III 型覆盖粗糙模糊集模型不等价。所以，若 I 型覆盖粗糙模糊集模型和 III 型覆盖粗糙模糊集模型等价，则覆盖 C 是单一的。

再证明若 II 型覆盖粗糙模糊集模型和 III 型覆盖粗糙模糊集模型等价，则覆盖 C 是单一的。假设覆盖 C 不是单一的，则 $\exists_{x \in U}(|\mathrm{Md}(x)| \neq 1)$。令 $K_1, K_2, \cdots, K_n \in \mathrm{Md}(x)$，则 $\exists A \subseteq F(U)$，对于 $y_i \in K_i \in \mathrm{Md}(x)$，若 $y_i \notin \mathrm{CN}(x)$，设 $u_A(y_i) < u_A(w)$，$w \in \mathrm{CN}(x)$，使得 $u_{\overline{CT}(A)}(x) < u_{\overline{CS}(A)}(x)$，即 $\overline{CT}(A) \neq \overline{CS}(A)$。也即若覆盖 C 不是单一的，则 II 型覆盖粗糙模糊集模型和 III 型覆盖粗糙模糊集模型不等价。所以，若 II 型覆盖粗糙模糊集模型和 III 型覆盖粗糙模糊集模型等价，则覆盖 C 是单一的。

所以，三种模型在给定覆盖近似空间 (U,C) 中等价，则覆盖 C 是单一的。综上，定理 4.2 成立。证毕。

从上述分析可知，在覆盖为单一的情况下，魏莱等和徐忠印等所提出的两种模型不会出现对象在下近似中不确定可分和上近似中不近似可分的问题。即这两种模型可以应用于某些特定的问题，即覆盖为单一的，这便为这两种模型的应用提供了前提条件。

4.2.3　覆盖粗糙模糊集模型在模糊决策中的应用

在信用卡审批过程中，审批者需要根据申请者的个人信息进行判断，进而对是否同意其申请，以及给申请者多少信用额度作出决策。上述问题的解决如果完全依赖于审批者的个人经验，显然不是一个很好的解决方法。能否用计算机来帮助审批者作出决策?下面借助本书所提出的理论模型对该问题进行探讨。在审批中申请者的收入水平对于审批者非常重要，但是申请者一般都不愿意公开自己的工资。为了解决上述矛盾，可以根据申请者的其他信息来预测用户的收入水平。为了简化问题，这里仅把申请者的受教育程度作为决策因素来进行预测。假设有 9 个信用卡申请者 $U = \{x_1, x_2, \cdots, x_9\}$，3 个专家 E_1、E_2 和 E_3，分别对他们的受教育程度评价如下。

E_1:

$$\text{good} = \{x_1, x_2, x_3\}, \quad \text{average} = \{x_4, x_5, x_6\}, \quad \text{poor} = \{x_7, x_8, x_9\}$$

E_2:

$$\text{good} = \{x_1, x_2\}, \quad \text{average} = \{x_3, x_4, x_5\}, \quad \text{poor} = \{x_6, x_7, x_8, x_9\}$$

E_3:

$$\text{good} = \{x_1, x_2\}, \quad \text{average} = \{x_3, x_4, x_5, x_6, x_7\}, \quad \text{poor} = \{x_8, x_9\}$$

根据申请者的受教育程度可以得到论域 U 上的一个覆盖 $C = \{\text{good}, \text{average}, \text{poor}\}$，其中 $\text{good} = \{x_1, x_2, x_3\}$，$\text{average} = \{x_3, x_4, x_5, x_6, x_7\}$，$\text{poor} = \{x_6, x_7, x_8, x_9\}$。

9 个申请者的收入情况如表 4.1 所示。

表 4.1　申请者收入表

U	x_1	x_2	x_3	x_4	x_5	x_6	x_7	x_8	x_9
Salary	5000	3800	3500	3300	2500	2000	1600	1300	900

根据图 4.1 所示的模糊隶属函数可以得到论域上的 3 个模糊集 high、middle 和 low，其中：

$$\text{high} = \left\{ \frac{1}{x_1}, \frac{0.8}{x_2}, \frac{0.5}{x_3}, \frac{0.3}{x_4}, \frac{0}{x_5}, \frac{0}{x_6}, \frac{0}{x_7}, \frac{0}{x_8}, \frac{0}{x_9} \right\}$$

$$\text{middle} = \left\{ \frac{0}{x_1}, \frac{0.2}{x_2}, \frac{0.5}{x_3}, \frac{0.7}{x_4}, \frac{1}{x_5}, \frac{1}{x_6}, \frac{0.6}{x_7}, \frac{0.3}{x_8}, \frac{0}{x_9} \right\}$$

$$\text{low} = \left\{ \frac{0}{x_1}, \frac{0}{x_2}, \frac{0}{x_3}, \frac{0}{x_4}, \frac{0}{x_5}, \frac{0}{x_6}, \frac{0.4}{x_7}, \frac{0.7}{x_8}, \frac{1}{x_9} \right\}$$

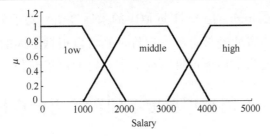

图 4.1　Salary 隶属函数

以模糊集 high 为例，根据Ⅲ型覆盖粗糙模糊集模型的定义可以计算出它的上、下近似分别是

$$\underline{\mathrm{CT}}(\text{high}) = \left\{ \frac{0.5}{x_1}, \frac{0.5}{x_2}, \frac{0.5}{x_3}, \frac{0}{x_4}, \frac{0}{x_5}, \frac{0}{x_6}, \frac{0}{x_7}, \frac{0}{x_8}, \frac{0}{x_9} \right\}$$

$$\overline{\mathrm{CT}}(\text{high}) = \left\{ \frac{1}{x_1}, \frac{1}{x_2}, \frac{0.5}{x_3}, \frac{0.5}{x_4}, \frac{0.5}{x_5}, \frac{0}{x_6}, \frac{0}{x_7}, \frac{0}{x_8}, \frac{0}{x_9} \right\}$$

记 good 隶属于 high 的最大、最小隶属度分别为 $u_{\overline{C}(\text{high})}(\text{good})$、$u_{\underline{C}(\text{high})}(\text{good})$，则

$$u_{\overline{C}(\text{high})}(\text{good}) = \sup\{u_{\text{high}}(x) \mid x \in \text{good}\} = 1$$

$$u_{\underline{C}(\text{high})}(\text{good}) = \inf\{u_{\text{high}}(x) \mid x \in \text{good}\} = 0.5$$

即当已知申请者的受教育水平是 good 时，可推测该申请者的收入水平为 high 的程度在[0.5,1]。同理可得

$$u_{\overline{C}(\text{middle})}(\text{good}) = 0.5, \quad u_{\underline{C}(\text{middle})}(\text{good}) = 0, \quad u_{\overline{C}(\text{low})}(\text{good}) = u_{\underline{C}(\text{low})}(\text{good}) = 0$$

$$u_{\overline{C}(\text{high})}(\text{average}) = 0.5, \quad u_{\underline{C}(\text{high})}(\text{average}) = 0, \quad u_{\overline{C}(\text{middle})}(\text{average}) = 1$$

$$u_{\underline{C}(\text{middle})}(\text{average}) = 0.5, \quad u_{\overline{C}(\text{low})}(\text{average}) = 0.4, \quad u_{\underline{C}(\text{low})}(\text{average}) = 0$$

$$u_{\overline{C}(\text{high})}(\text{poor}) = u_{\underline{C}(\text{high})}(\text{poor}) = 0, \quad u_{\overline{C}(\text{middle})}(\text{poor}) = 1, \quad u_{\underline{C}(\text{middle})}(\text{poor}) = 0$$

$$u_{\overline{C}(\text{low})}(\text{poor}) = 1, \quad u_{\underline{C}(\text{low})}(\text{poor}) = 0$$

对象 x_3 隶属于 high 的最大、最小隶属度分别记为 $u_{\overline{C}(\text{high})}(x_3)$、$u_{\underline{C}(\text{high})}(x_3)$，由于 x_3 既属于 good 也属于 average，则

$$u_{\overline{C}(\text{high})}(x_3) = \inf\{u_{\overline{C}(\text{high})}(\text{good}), \quad u_{\overline{C}(\text{high})}(\text{average})\} = 0.5$$

$$u_{\underline{C}(\text{high})}(x_3) = \sup\{u_{\underline{C}(\text{high})}(\text{good}), \quad u_{\underline{C}(\text{high})}(\text{average})\} = 0.5$$

这正是对象 x_3 在 high 的上、下近似中的隶属度值。对于新的信用卡申请者，若已知专家对该申请者的受教育程度评价，则可以根据上述的推理方法对其收入水平进行预测，这便为信用卡审批者提供了一定的决策支持。

4.3 不同知识粒度下的覆盖粗糙模糊集

本节以Ⅲ型覆盖粗糙模糊集为例，探讨两个覆盖生成相同覆盖粗糙模糊集的充要条件、覆盖粗糙模糊集的不确定性度量及其在不完备信息系统中的应用研究。

4.3.1 两个覆盖生成相同覆盖粗糙模糊集的充要条件

定义 4.4 设 C_1，C_2 为论域 U 上的两个覆盖。$x \in U$，若任意的 $K \in \mathrm{Md}_{C_1}(x)$，都存在 $L \in \mathrm{Md}_{C_2}(x)$，使得 $L \subseteq K$，则称覆盖 C_2 较覆盖 C_1 细，记为 $C_2 \preceq C_1$。

并且，如果 $C_1 \preceq C_2$，且 $C_2 \preceq C_1$，则称 C_1 与 C_2 相等，记为 $C_1 = C_2$，否则 C_1 与 C_2 不等，记为 $C_1 \neq C_2$。如果 $C_2 \preceq C_1$，且 $C_2 \neq C_1$，则称 C_2 较 C_1 严格细，记为 $C_2 \prec C_1$。

例 4.2 设 $U = \{x_1, x_2, x_3, x_4\}$，$C_1 = \{K_1, K_4\}$，$C_2 = \{K_1, K_2, K_3\}$ 为 U 上的两个覆盖。其中，$K_1 = \{x_1, x_2\}$，$K_2 = \{x_2, x_3\}$，$K_3 = \{x_3, x_4\}$，$K_4 = \{x_2, x_3, x_4\}$。

根据定义有

$$\mathrm{Md}_{C_1}(x_1) = \{K_1\}, \quad \mathrm{Md}_{C_2}(x_1) = \{K_1\}$$

$$\mathrm{Md}_{C_1}(x_2) = \{K_1, K_4\}, \quad \mathrm{Md}_{C_2}(x_2) = \{K_1, K_2\}$$

$$\mathrm{Md}_{C_1}(x_3) = \{K_4\}, \quad \mathrm{Md}_{C_2}(x_3) = \{K_2, K_3\}$$

$$\mathrm{Md}_{C_1}(x_4) = \{K_4\}, \quad \mathrm{Md}_{C_2}(x_4) = \{K_3\}$$

对于 x_1，有 $\mathrm{Md}_{C_1}(x_1) = \mathrm{Md}_{C_2}(x_1)$，即任意的 $K \in \mathrm{Md}_{C_1}(x_1)$ 都存在 $L \in \mathrm{Md}_{C_2}(x_1)$ 使得 $L \subseteq K$；反之，任意的 $L \in \mathrm{Md}_{C_2}(x_1)$ 都存在 $K \in \mathrm{Md}_{C_1}(x_1)$ 使得 $K \subseteq L$。

对于 x_2，由于 $K_4 \in \mathrm{Md}_{C_1}(x_2)$，$K_2 \in \mathrm{Md}_{C_2}(x_2)$，有 $K_2 \subseteq K_4$，则任意的 $K \in \mathrm{Md}_{C_1}(x_2)$ 都存在 $L \in \mathrm{Md}_{C_2}(x_2)$ 使得 $L \subseteq K$，但任意的 $L \in \mathrm{Md}_{C_2}(x_2)$ 不一定存在 $K \in \mathrm{Md}_{C_1}(x_1)$ 有 $K \subseteq L$。

对于 x_3，由于 $K_4 \in \mathrm{Md}_{C_1}(x_3)$，$K_2 \in \mathrm{Md}_{C_2}(x_3)$，$K_3 \in \mathrm{Md}_{C_2}(x_3)$，有 $K_2 \subseteq K_4$ 和 $K_3 \subseteq K_4$。则任意的 $K \in \mathrm{Md}_{C_1}(x_3)$ 都存在 $L \in \mathrm{Md}_{C_2}(x_3)$ 使得 $L \subseteq K$，但任意的 $L \in \mathrm{Md}_{C_2}(x_2)$ 不一定存在 $K \in \mathrm{Md}_{C_1}(x_1)$ 有 $K \subseteq L$。

对于 x_4，有 $\mathrm{Md}_{C_1}(x_4) = \mathrm{Md}_{C_2}(x_4)$，即任意的 $K \in \mathrm{Md}_{C_1}(x_4)$ 都存在 $L \in \mathrm{Md}_{C_2}(x_4)$ 使得 $L \subseteq K$；反之，任意的 $L \in \mathrm{Md}_{C_2}(x_4)$ 都存在 $K \in \mathrm{Md}_{C_1}(x_4)$ 使得 $K \subseteq L$。

所以，根据定义 4.4 有 $C_2 \preceq C_1$，但 $C_1 \preceq C_2$ 不成立，从而有 $C_1 \prec C_2$。

可以证明，定义 4.4 所定义的较细关系是覆盖上的一个偏序关系。因此，一般也称较细关系为偏序较细关系。

定理 4.3　设 C_1，C_2 为论域 U 上的两个覆盖，A 为 U 上的一个模糊集。若 $C_1 \preceq C_2$，则 $\underline{\mathrm{CT}}_{C_2}(A) \subseteq \underline{\mathrm{CT}}_{C_1}(A) \subseteq A \subseteq \overline{\mathrm{CT}}_{C_1}(A) \subseteq \overline{\mathrm{CT}}_{C_2}(A)$。

证明：根据下近似的收缩性和上近似的扩张性有

$$\underline{\mathrm{CT}}_{C_1}(A) \subseteq A \subseteq \overline{\mathrm{CT}}_{C_1}(A)$$

$$\underline{\mathrm{CT}}_{C_2}(A) \subseteq A \subseteq \overline{\mathrm{CT}}_{C_2}(A)$$

设 $x \in U$，根据定义有

$$u_{\underline{\mathrm{CT}}_{C_1}(A)}(x) = \sup_{K \in \mathrm{Md}_{C_1}(x)} \{\inf_{y \in K}\{u_A(y)\}\}$$

$$u_{\underline{\mathrm{CT}}_{C_2}(A)}(x) = \sup_{K' \in \mathrm{Md}_{C_2}(x)} \{\inf_{y \in K'}\{u_A(y)\}\}$$

由于 $C_1 \preceq C_2$，则对于任意的 $K' \in \mathrm{Md}_{C_2}(x)$，存在 $K \in \mathrm{Md}_{C_1}(x)$，使得 $K \subseteq K'$。所以 $\inf_{y \in K}\{u_A(y)\} \geqslant \inf_{y \in K'}\{u_A(y)\}$。因此，

$$\sup_{K \in \mathrm{Md}_{C_1}(x)} \{\inf_{y \in K}\{u_A(y)\}\} \geqslant \sup_{K' \in \mathrm{Md}_{C_2}(x)} \{\inf_{y \in K'}\{u_A(y)\}\}$$

即 $u_{\underline{\mathrm{CT}}_{C_1}(A)}(x) \geqslant u_{\underline{\mathrm{CT}}_{C_2}(A)}(x)$，也即 $\underline{\mathrm{CT}}_{C_1}(A) \supseteq \underline{\mathrm{CT}}_{C_2}(A)$。根据上述结论有 $\underline{\mathrm{CT}}_{C_1}(\sim A) \supseteq \underline{\mathrm{CT}}_{C_2}(\sim A)$，再根据上、下近似的对偶性可得 $\sim \overline{\mathrm{CT}}_{C_1}(A) \supseteq \sim \overline{\mathrm{CT}}_{C_2}(A)$，进而有 $\overline{\mathrm{CT}}_{C_1}(A) \subseteq \overline{\mathrm{CT}}_{C_2}(A)$。

所以，$\underline{\mathrm{CT}}_{C_2}(A) \subseteq \underline{\mathrm{CT}}_{C_1}(A) \subseteq A \subseteq \overline{\mathrm{CT}}_{C_1}(A) \subseteq \overline{\mathrm{CT}}_{C_2}(A)$。证毕。

定理 4.4　设 (U,C) 为覆盖近似空间，$\mathrm{Red}(C)$ 为 C 的约简，则任意的 $A \subseteq F(U)$ 在 (U,C) 和 $(U,\mathrm{Red}(C))$ 中有相同的 III 型覆盖粗糙模糊集。

证明：已知 $C = \mathrm{Red}(C)$，即 $C \preceq \mathrm{Red}(C)$，且 $\mathrm{Red}(C) \preceq C$。由于 $C \preceq \mathrm{Red}(C)$，则根据定理 4.3 有 $\underline{\mathrm{CT}}_C(A) \supseteq \underline{\mathrm{CT}}_{\mathrm{Red}(C)}(A)$。又由于 $\mathrm{Red}(C) \preceq C$，同理可得 $\underline{\mathrm{CT}}_{\mathrm{Red}(C)}(A) \supseteq \underline{\mathrm{CT}}_C(A)$。所以，$\underline{\mathrm{CT}}_C(A) = \underline{\mathrm{CT}}_{\mathrm{Red}(C)}(A)$。根据上、下近似的对偶性有 $\overline{\mathrm{CT}}_C(A) = \overline{\mathrm{CT}}_{\mathrm{Red}(C)}(A)$。因此定理 4.4 成立。证毕。

一般而言，上、下近似越逼近概念本身，则说明近似空间对概念的刻画能力越强。因此，定理 4.3 说明覆盖的知识粒度越细，则其对概念的刻画能力越强。定理 4.4 则说明由于覆盖及其约简在知识粒度上相等，因此它们对概念的刻画能力也相等。

两个覆盖 C_1 和 C_2，若 $\forall_{K \subseteq U}(K \in C_1 \Leftrightarrow K \in C_2)$，称 C_1 与 C_2 恒等，记为 $C_1 \equiv C_2$。

定理 4.5　设 C_1，C_2 是 U 上的两个覆盖，则任意的 $A \subseteq F(U)$ 在 (U,C_1) 和 (U,C_2) 中有相同的III型覆盖粗糙模糊集当且仅当 $\mathrm{Red}(C_1) \equiv \mathrm{Red}(C_2)$。

证明：（$\Leftarrow$）由于 $\mathrm{Red}(C_1) \equiv \mathrm{Red}(C_2)$，则任意的 $A \subseteq F(U)$ 在 $(U,\mathrm{Red}(C_1))$ 和 $(U,\mathrm{Red}(C_2))$ 中有相同的III型覆盖粗糙模糊上、下近似。根据定理 4.4，任意的 $A \subseteq F(U)$ 在覆盖及其覆盖约简中有相同的III型覆盖粗糙模糊上、下近似，所以任意的 $A \subseteq F(U)$ 在 (U,C_1) 和 (U,C_2) 中也有相同的III型覆盖粗糙模糊上、下近似。

（$\Rightarrow$）由于上、下近似具有对偶性，因此这里只证若任意的 $A \subseteq F(U)$ 在 (U,C_1) 和 (U,C_2) 中有相同的III型覆盖粗糙模糊下近似，则 $\mathrm{Red}(C_1) \equiv \mathrm{Red}(C_2)$。假设 $\mathrm{Red}(C_1) \equiv \mathrm{Red}(C_2)$ 不成立。令 $K \in \mathrm{Red}(C_1)$，$K \notin \mathrm{Red}(C_2)$，则在 $(U,\mathrm{Red}(C_1))$ 中有 $\underline{\mathrm{CT}}_{\mathrm{Red}(C_1)}(K) = K$。根据定理 4.4，若任意的 $A \subseteq F(U)$ 在 (U,C_1) 和 (U,C_2) 中有相同的III型覆盖粗糙模糊下近似，则 A 在 $(U,\mathrm{Red}(C_1))$ 和 $(U,\mathrm{Red}(C_2))$ 中也有相同的III型覆盖粗糙模糊下近似，所以在 $(U,\mathrm{Red}(C_2))$ 中也有 $\underline{\mathrm{CT}}_{\mathrm{Red}(C_2)}(K) = K$。由于 $K \notin \mathrm{Red}(C_2)$，则存在 $k_1, k_2, \cdots, k_n \in \mathrm{Red}(C_2)$，使得 $K = \bigcup\limits_{1 \leq i \leq n} k_i$。反之，任意 $k_i \in \mathrm{Red}(C_2)$，存在 $k_{i1}, k_{i2}, \cdots, k_{im_i} \in \mathrm{Red}(C_1)$，使得 $k_i = \bigcup\limits_{1 \leq j \leq m_i} k_{ij}$。所以，$K = \bigcup\limits_{1 \leq i \leq n} \bigcup\limits_{1 \leq j \leq m_i} k_{ij}$，即在 $\mathrm{Red}(C_1)$ 中 K 是可约的，与 $\mathrm{Red}(C_1)$ 为 C_1 的覆盖约简矛盾。所以，若任意的 $A \subseteq F(U)$ 在 (U,C_1) 和 (U,C_2) 中有相同的III型覆盖粗糙模糊下近似，则 $\mathrm{Red}(C_1) \equiv \mathrm{Red}(C_2)$。证毕。

定理 4.5 说明，如果两个不同的覆盖对所有的 $A \subseteq F(U)$ 都生成相同的III型覆盖粗糙模糊集当且仅当它们的约简恒等，即有相同约简的两个覆盖也有相同的知识分辨能力。这为判断两个不同覆盖近似空间的知识分辨能力是否相等提供了理论依据。

4.3.2　覆盖粗糙模糊集的不确定性度量

在一个给定的近似空间中，粗糙集用上、下近似给出了目标概念的两个边界。当上近似与下近似相等时，目标概念是精确的、可定义的，不存在不确定性。当上近似与下近似不等时，目标概念是不精确的、不可定义的。如何对目标概念的不确定性进行量化呢？为此，人们针对经典粗糙集提出了粗糙度[21]。Yao 指出粗糙度实质上是上近似与下近似的距离度量[22]。本小节基于这一思想研究III型覆盖粗糙模糊集的不确定性度量。

覆盖粗糙模糊集用一对模糊集（上、下近似）来近似目标概念。因此，度量覆盖粗糙模糊集的不确定性就是要度量这一对模糊集间的距离。对于模糊集的距离度量，人们已经提出了一些方法。这里对几种主要的度量方法进行讨论。

模糊集的距离度量一般基于隶属函数进行定义。其中一种方法[23]是，设

$A, B \in F(U)$，那么 A 和 B 之间的距离为

$$d_n(A, B) = \sup_{x \in U} |A(x) - B(x)|$$

另外一种方法也基于相同的想法[24]。设 $S(x, r)$ 是以 x 为中心，直径为 r 的邻域，则

$$g_x^{A,B}(\alpha) = \inf\{|A(z) - B(y)|; z, y \in S(x, f_x(\alpha))\}$$

称为 x 的距离函数。进而，A 和 B 之间的距离为

$$d_j(A, B) = \sup_{x \in U}(g_x^{A,B}(\alpha))$$

显然，当对于所有的 x，f_x 都为 0 时，$d_j(A, B)$ 等价于 $d_n(A, B)$。

豪斯多夫距离最初用于测量度量空间中两个子集间的距离，Puri 和 Ralescu 将其拓展到模糊集[25]，定义了一个类豪斯多夫距离：

$$d_h(A, B) = \sup_{0 \leqslant \alpha \leqslant 1} \left(\sup_{A(x) \geqslant \alpha} \inf_{B(x) \geqslant \alpha} |y - x| \vee \sup_{B(x) \geqslant \alpha} \inf_{A(x) \geqslant \alpha} |x - y| \right)$$

如果将模糊集理解为空间中的点，那么对应点的闵可夫斯基距离可视为一种模糊集之间的距离。归一化的闵可夫斯基距离为

$$d_m(A, B) = \frac{1}{|U|^k} \left(\sum_{x \in U} |A(v) - B(x)|^{\frac{1}{k}} \right)^k, \quad 0 < k \leqslant 1$$

众所周知，当 $k = 0.5$ 时，闵可夫斯基距离为欧氏距离 $d_m^{0.5}(A, B)$；当 $k = 1$ 时，闵可夫斯基距离则为汉明距离 $d_m^1(A, B)$。

除了上述距离定义以外，在文献中还可以找到其他关于模糊距离的定义。例如，Fan[26] 以及 Chaudhuri 和 Rosenfeld[27] 提出了类豪斯多夫距离的两种变形。Szmidt 和 Kacprzyk[28] 研究了直觉模糊集之间的距离。Li 和 Liu[29] 给出了模糊向量之间的距离。

那么，这些距离定义都可以用来度量覆盖广义粗糙模糊集的粗糙度吗？接下来通过一个例子来对之前提到的距离定义进行分析。

例 4.3　设 $U = \{x_1, x_2, x_3, x_4\}$，$A = \{0.3/x_1, 0.9/x_2, 0.4/x_3, 0.7/x_4\}$，当 $C_1 = \{K_1, K_2, K_3\}$，其中 $K_1 = \{x_1, x_2\}$，$K_2 = \{x_2, x_3\}$，$K_3 = \{x_3, x_4\}$ 时，可以得出：

$$\overline{C_1}(A) = \{0.9/x_1, 0.9/x_2, 0.7/x_3, 0.7/x_4\}$$

$$\underline{C_1}(A) = \{0.3/x_1, 0.4/x_2, 0.4/x_3, 0.4/x_4\}$$

当 $C_2 = \{K_1, K_2, K_3\}$，其中 $K_1 = \{x_1, x_2\}$，$K_2 = \{x_3\}$，$K_3 = \{x_4\}$ 时，可以得出：

$$\overline{C_2}(A) = \{0.9/x_1, 0.9/x_2, 0.4/x_3, 0.7/x_4\}$$

$$\underline{C_2}(A)=\{0.3/x_1, 0.3/x_2, 0.4/x_3, 0.7/x_4\}$$

在该例中，(U,C_2) 比 (U,C_1) 的粒度更细，A 在 (U,C_2) 中的近似也较在 (U,C_1) 中的近似更精确。因此，A 在 (U,C_2) 中的不确定程度应该比在 (U,C_1) 中的不确定程度更低。

根据第一种距离可得 $d_n(\overline{C_1}(A),\underline{C_1}(A)) = d_n(\overline{C_2}(A),\underline{C_2}(A)) = 0.6$。也就是说，$A$ 在 (U,C_2) 和 (U,C_1) 中的不确定度是相同的。这一结果与我们的分析相矛盾。由于当对于所有的 x，f_x 都为 0 时，$d_j(A,B)$ 等价于 $d_n(A,B)$，因此 $d_j(A,B)$ 与 $d_n(A,B)$ 有同样的问题。

当使用类豪斯多夫距离时，需要首先设置一组 α，然后得到一组上、下近似的 α 截集，进而可以基于这一组 α 截集来计算距离。然而，α 截集间的距离取决于如何测量对象之间的距离，但这并不总是行得通。例如，这个例子中如果不提供更多的信息是很难定义对象间的距离的。

为了简单起见，当使用闵可夫斯基距离时，只考虑两种特殊情况。当 $k = 0.5$ 时，$d_m^{0.5}(\overline{C_1}(A),\underline{C_1}(A)) \approx 0.444$，$d_m^{0.5}(\overline{C_2}(A),\underline{C_2}(A)) \approx 0.424$。当 $k = 1$ 时，$d_m^1(\overline{C_1}(A),\underline{C_1}(A))=0.425$，$d_m^1(\overline{C_2}(A),\underline{C_2}(A))=0.3$。显然，无论 k 取多少，都有 A 在 (U,C_1) 中的不确定程度高于 A 在 (U,C_2) 中的不确定程度，这与覆盖粒度的变化相一致。

基于以上讨论，可以发现模糊集的距离定义并不一定都能用来度量覆盖粗糙模糊集的粗糙度。它们有些不能反映不确定性和粒度之间的联系，还有一些并不总是可计算的。

定义 4.5　设 (U,C) 是一个覆盖近似空间。对于 $A \in F(U)$，A 在 (U,C) 上的粗糙度 $\delta_C(A)$ 定义为

$$\delta_C(A)=d_m(\mu_{\overline{C}(A)}(x),\mu_{\underline{C}(A)}(x))$$

特别地，当使用汉明距离时，粗糙度的指数称为粗糙度 $g_C^l(A)$ 的线性指数，当使用欧氏距离时，则称为粗糙度 $g_C^q(A)$ 的二次指数。

定理 4.6　在一个覆盖近似空间 (U,C) 中，$A \in F(U)$，以下性质成立：

(1) $0 \leqslant \delta_C(A) \leqslant 1$；

(2) $\delta_C(A)=0$ 当且仅当 A 在 (U,C) 上是可定义的；

(3) $\delta_C(A)=1$ 当且仅当 A 在 (U,C) 上是全不可定义的。

定理 4.6 表明，当 A 在 (U,C) 上可定义时，粗糙度取最小值，当 A 在 (U,C) 上全不可定义时，粗糙度取最大值。

定理 4.7　在一个覆盖近似空间 (U,C) 中，$A \in F(U)$，$\sim A$ 是 A 在 U 上的补集，则 $\delta_C(A) = \delta_C(\sim A)$。

证明：由对偶性可得，$\underline{C}(\sim A)=\sim \overline{C}(A)$，$\overline{C}(\sim A)=\sim \underline{C}(A)$，也就是说，$\mu_{\underline{C}(\sim A)}(x)=1-\mu_{\overline{C}(A)}(x)$，$\mu_{\overline{C}(\sim A)}(x)=1-\mu_{\underline{C}(A)}(x)$。那么，

$$\delta_C(\sim A) = \frac{1}{|U|^k}\left(\sum_{x\in U}\left|\mu_{\overline{C}(\sim A)}(x)-\mu_{\underline{C}(\sim A)}(x)\right|^{\frac{1}{k}}\right)^k$$

$$= \frac{1}{|U|^k}\left(\sum_{x\in U}\left|(1-\mu_{\underline{C}(\sim A)}(x))-(1-\mu_{\overline{C}(\sim A)}(x))\right|^{\frac{1}{k}}\right)^k$$

$$= \frac{1}{|U|^k}\left(\sum_{x\in U}\left|\mu_{\overline{C}(A)}(x)-\mu_{\underline{C}(A)}(x)\right|^{\frac{1}{k}}\right)^k$$

$$= \delta_C(A)$$

因此定理成立。

根据定理 4.7 可知，一个模糊集及其补集在覆盖近似空间中具有相同的不确定性。

定理 4.8　在一个覆盖近似空间 (U,C) 中，$A,B\in F(U)$，有：

(1) 如果 $A\approx B$，那么 $\delta_C(A)=\delta_C(B)$；

(2) 如果 $A\overline{\sim}B$，那么 $\delta_C(A\bigcap B)\leqslant \min\{\delta_C(A),\delta_C(B)\}$；

(3) 如果 $A\underset{\sim}{}B$，那么 $\delta_C(A\bigcup B)\leqslant \min\{\delta_C(A),\delta_C(B)\}$。

证明：（1）由 $A\approx B$ 可得，$\underline{C}(A)=\underline{C}(B)$，$\overline{C}(A)=\overline{C}(B)$，即 $\forall_{x\in U}(\mu_{\underline{C}(A)}(x)=\mu_{\underline{C}(B)}(x)\wedge \mu_{\overline{C}(A)}(x)=\mu_{\overline{C}(B)}(x))$。因此，

$$\delta_C(A) = \frac{1}{|U|^k}\left(\sum_{x\in U}\left|\mu_{\overline{C}(A)}(x)-\mu_{\underline{C}(A)}(x)\right|^{\frac{1}{k}}\right)^k$$

$$= \frac{1}{|U|^k}\left(\sum_{x\in U}\left|\mu_{\overline{C}(B)}(x)-\mu_{\underline{C}(B)}(x)\right|^{\frac{1}{k}}\right)^k$$

$$= \delta_C(B)$$

（2）由于 $A\overline{\sim}B$，有 $\underline{C}(A)=\underline{C}(B)$，即 $\forall_{x\in U}(\mu_{\underline{C}(A)}(x)=\mu_{\underline{C}(B)}(x))$。一方面，

$$\mu_{\underline{C}(A\bigcap B)}(x) = \sup_{K\in \mathrm{Md}(x)}\{\inf_{y\in K}\{\min(\mu_A(y),\mu_B(y))\}\}$$

$$= \min(\sup_{K\in \mathrm{Md}(x)}\{\inf_{y\in K}\{\mu_A(y)\}\},\sup_{K\in \mathrm{Md}(x)}\{\inf_{y\in K}\{\mu_B(y)\}\})$$

$$= \min(\mu_{\underline{C}(A)}(x),\mu_{\underline{C}(B)}(x))$$

$$= \mu_{\underline{C}(A)}(x)$$

另一方面，

$$
\begin{aligned}
\mu_{\overline{C(A\cap B)}}(x) &= \inf_{K\in \mathrm{Md}(x)}\{\sup_{y\in K}\{\min(\mu_A(y),\mu_B(y))\}\} \\
&\leqslant \inf_{K\in \mathrm{Md}(x)}\{\sup_{y\in K}\{\mu_A(y)\}\} = \mu_{\overline{C(A)}}(x)
\end{aligned}
$$

因此，

$$
\begin{aligned}
\delta_C(A\cap B) &= \frac{1}{|U|^k}\left(\sum_{x\in U}\left|\mu_{\overline{C(A\cap B)}}(x)-\mu_{\underline{C(A\cap B)}}(x)\right|^{\frac{1}{k}}\right)^k \\
&\leqslant \frac{1}{|U|^k}\left(\sum_{x\in U}\left|\mu_{\overline{C(A)}}(x)-\mu_{\underline{C(A)}}(x)\right|^{\frac{1}{k}}\right)^k = \delta_C(A)
\end{aligned}
$$

同理可证 $\delta_C(A\cap B)\leqslant\delta_C(B)$。综上所述，$\delta_C(A\cap B)\leqslant\min\{\delta_C(A),\delta_C(B)\}$。

(3)证明方法与(2)相同。

定理 4.9 设 C 是一个覆盖，$\mathrm{red}(C)$ 是 C 的约简，$A\in F(U)$，则 $\delta_C(A)=\delta_{\mathrm{red}(C)}(A)$。

证明：由于 C 和 $\mathrm{red}(C)$ 对 A 有相同的覆盖上、下近似集，则 $\mu_{\underline{C(A)}}(x)=\mu_{\underline{\mathrm{red}(C)(A)}}(x)$，$\mu_{\overline{C(A)}}(x)=\mu_{\overline{\mathrm{red}(C)(A)}}(x)$，因此，

$$
\begin{aligned}
\delta_C(A) &= \frac{1}{|U|^k}\left(\sum_{x\in U}\left|\mu_{\overline{C(A)}}(x)-\mu_{\underline{C(A)}}(x)\right|^{\frac{1}{k}}\right)^k \\
&= \frac{1}{|U|^k}\left(\sum_{x\in U}\left|\mu_{\overline{\mathrm{red}(C)(A)}}(x)-\mu_{\underline{\mathrm{red}(C)(A)}}(x)\right|^{\frac{1}{k}}\right)^k \\
&= \delta_{\mathrm{red}(C)}(A)
\end{aligned}
$$

定理成立。

由定理 4.9 可知，不确定性不随覆盖的约简而变化。因此，粗糙度可以作为覆盖近似空间中元素是否可约的判据。

定理 4.10 设 C_1 和 C_2 是 U 上的两个覆盖且 $C_1\preceq C_2$，$A\in F(U)$，则 $\delta_{C_1}(A)\leqslant\delta_{C_2}(A)$。

证明：由 $C_1\preceq C_2$ 可得 $\underline{C_1}(A)\supseteq\underline{C_2}(A)$，$\overline{C_1}(A)\subseteq\overline{C_2}(A)$，即 $\mu_{\underline{C_1(A)}}(x)\geqslant\mu_{\underline{C_2(A)}}(x)$，$\mu_{\overline{C_1(A)}}(x)\leqslant\mu_{\overline{C_2(A)}}(x)$。因此，

$$
\begin{aligned}
\delta_{C_1}(A) &= \frac{1}{|U|^k}\left(\sum_{x\in U}\left|\mu_{\overline{C_1(A)}}(x)-\mu_{\underline{C_1(A)}}(x)\right|^{\frac{1}{k}}\right)^k \\
&= \frac{1}{|U|^k}\left(\sum_{x\in U}\left|\mu_{\overline{C_2(A)}}(x)-\mu_{\underline{C_2(A)}}(x)\right|^{\frac{1}{k}}\right)^k \\
&= \delta_{C_2}(A)
\end{aligned}
$$

定理成立。

由定理 4.10 可知，覆盖的粒度越细，不确定性越小。

4.3.3　不完备信息系统的模糊决策

这里通过一个例子说明不确定性度量方法在具有模糊决策的不完备信息系统中的应用。不完备信息系统如表 4.2 所示，其中 $x_1, \cdots, x_5$ 是 5 个职工，Degree、Sex 和 Experience 是 3 个条件属性，Salary 是决策属性，*表示未知的属性值。

表 4.2　不完备信息系统

Employee	Degree	Sex	Experience (n)	Salary
x_1	Bachelor	M	$0 < n \leqslant 2$	3200
x_2	Bachelor	*	*	4800
x_3	*	*	$2 < n \leqslant 5$	4000
x_4	Master	F	*	2400
x_5	PhD	*	$n > 5$	5600

令 $c(x)$ 表示对象 x 在属性 c 上的取值，(c, v_c) 表示所有取值为 v_c 或在属性 c 上值未知的对象集。对于属性 Degree，其中有 1 个未知值，所以根据属性 Degree 有

$$(\text{Degree}, \text{Bachelor}) = \{x_1, x_2, x_3\}$$

$$(\text{Degree}, \text{Master}) = \{x_3, x_4\}$$

$$(\text{Degree}, \text{PhD}) = \{x_3, x_5\}$$

对于属性 Sex，其中有 3 个未知值。所以根据属性 Sex 有

$$(\text{Sex}, \text{M}) = \{x_1, x_2, x_3, x_5\}$$

$$(\text{Sex}, \text{F}) = \{x_2, x_3, x_4, x_5\}$$

对于属性 Experience，其中有 2 个未知值。所以根据属性 Experience 有

$$(\text{Experience}, 0 < n \leqslant 2) = \{x_1, x_2, x_4\}$$

$$(\text{Experience}, 2 < n \leqslant 5) = \{x_2, x_3, x_4\}$$

$$(\text{Experience}, n > 5) = \{x_2, x_4, x_5\}$$

因此，根据条件属性集 $\{\text{Degree}, \text{Sex}, \text{Experience}\}$ 得到论域上的一个覆盖：

$$C_{\text{DSE}} = \{(\text{Degree}, \text{Bachelor}), (\text{Degree}, \text{Master}), (\text{Degree}, \text{PhD}), (\text{Sex}, \text{M}), (\text{Sex}, \text{F}),$$

$$(\text{Experience}, 0 < n \leqslant 2), (\text{Experience}, 2 < n \leqslant 5), (\text{Experience}, n > 5)\}$$

另外，决策属性 Salary 关于模糊分类 Low 和 High 的模糊隶属函数如图 4.2 所示。根据模糊隶属函数可以得到论域上的一个模糊划分，其隶属度如表 4.3 所示。

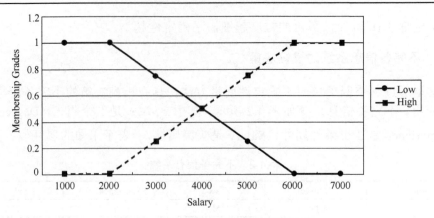

图 4.2　关于 Salary 的模糊隶属函数

表 4.3　基于 Salary 的模糊划分

Salary	x_1	x_2	x_3	x_4	x_5
Low	0.7	0.3	0.5	0.9	0.1
High	0.3	0.7	0.5	0.1	0.9

于是，基于不完备信息系统的模糊决策转换为覆盖近似空间中的模糊概念近似问题。模糊分类 Low 和 High 在覆盖近似空间 (U, C_{DSE}) 中的近似结果如表 4.4 所示。

表 4.4　Low 和 High 在覆盖近似空间 (U, C_{DSE}) 中的上、下近似

Approximations	x_1	x_2	x_3	x_4	x_5
$\overline{C_{\mathrm{DSE}}}(\mathrm{Low})$	0.7	0.7	0.5	0.9	0.5
$\underline{C_{\mathrm{DSE}}}(\mathrm{Low})$	0.3	0.3	0.5	0.5	0.1
$\overline{C_{\mathrm{DSE}}}(\mathrm{High})$	0.7	0.7	0.5	0.5	0.9
$\underline{C_{\mathrm{DSE}}}(\mathrm{High})$	0.3	0.3	0.5	0.1	0.5

于是，

$$\delta^l_{C_{\mathrm{DSE}}}(\mathrm{Low}) = \delta^l_{C_{\mathrm{DSE}}}(\mathrm{High}) = (0.4 + 0.4 + 0 + 0.4 + 0.4) / 5 = 0.32$$

$$\delta^q_{C_{\mathrm{DSE}}}(\mathrm{Low}) = \delta^q_{C_{\mathrm{DSE}}}(\mathrm{High}) = (0.4^2 + 0.4^2 + 0^2 + 0.4^2 + 0.4^2)^{1/2} / 5^{1/2} \approx 0.36$$

如果删除不完备信息系统条件属性中的 Sex，根据剩余的条件属性{Degree，Experience}可得覆盖 C_{DE}。模糊分类 Low 和 High 在覆盖近似空间 (U, C_{DE}) 中的近似结果如表 4.5 所示。

表 4.5　Low 和 High 在覆盖近似空间 (U, C_{DE}) 中的上、下近似

Approximations	x_1	x_2	x_3	x_4	x_5
$\overline{C_{DE}}(\text{Low})$	0.7	0.7	0.5	0.9	0.5
$\underline{C_{DE}}(\text{Low})$	0.3	0.3	0.5	0.5	0.1
$\overline{C_{DE}}(\text{High})$	0.7	0.7	0.5	0.5	0.9
$\underline{C_{DE}}(\text{High})$	0.3	0.3	0.5	0.1	0.5

于是，

$$\delta^l_{C_{DE}}(\text{Low}) = \delta^l_{C_{DE}}(\text{High}) = (0.4 + 0.4 + 0 + 0.4 + 0.4) / 5 = 0.32$$

$$\delta^q_{C_{DE}}(\text{Low}) = \delta^q_{C_{DE}}(\text{High}) = (0.4^2 + 0.4^2 + 0^2 + 0.4^2 + 0.4^2)^{1/2} / 5^{1/2} \approx 0.36$$

结果表明，删除属性 Sex 后 Low 和 High 的不确定性都没有变化。进一步，如果删除条件属性 Experience 或者 Degree，可以分别得到两个覆盖 C_D 和 C_E。模糊分类 Low 和 High 在覆盖近似空间 (U, C_D) 和 (U, C_E) 中的近似结果如表 4.6 和表 4.7 所示。

表 4.6　Low 和 High 在覆盖近似空间 (U, C_D) 中的上、下近似

Approximations	x_1	x_2	x_3	x_4	x_5
$\overline{C_D}(\text{Low})$	0.7	0.7	0.5	0.9	0.5
$\underline{C_D}(\text{Low})$	0.3	0.3	0.5	0.5	0.1
$\overline{C_D}(\text{High})$	0.7	0.7	0.5	0.5	0.9
$\underline{C_D}(\text{High})$	0.3	0.3	0.5	0.1	0.5

表 4.7　Low 和 High 在覆盖近似空间 (U, C_E) 中的上、下近似

Approximations	x_1	x_2	x_3	x_4	x_5
$\overline{C_E}(\text{Low})$	0.9	0.9	0.9	0.9	0.9
$\underline{C_E}(\text{Low})$	0.3	0.1	0.3	0.1	0.1
$\overline{C_E}(\text{High})$	0.7	0.9	0.7	0.9	0.9
$\underline{C_E}(\text{High})$	0.1	0.1	0.1	0.1	0.1

因此，

$$\delta^l_{C_D}(\text{Low}) = \delta^l_{C_D}(\text{High}) = 0.32$$

$$\delta^q_{C_D}(\text{Low}) = \delta^q_{C_D}(\text{High}) \approx 0.36$$

$$\delta^l_{C_E}(\text{Low}) = \delta^l_{C_E}(\text{High}) = 0.72$$

$$\delta^q_{C_E}(\text{Low}) = \delta^q_{C_E}(\text{High}) \approx 0.73$$

结果表明，Low 和 High 在覆盖近似空间 (U, C_D) 的不确定性与覆盖近似空间 (U, C_{DSE}) 中的不确定性相等，而 Low 和 High 在覆盖近似空间 (U, C_E) 的不确定性较在覆盖近似空间 (U, C_{DSE}) 的不确定性大。因此，属性 Sex 和 Experience 是可约的，而属性 Degree 是不可约的。

4.4　本章小结

本章从定性和定量两个角度研究了覆盖近似空间中模糊概念的近似。首先，给出了三种覆盖粗糙模糊集的定义，以及它们的重要性质，分析了三种粗糙模糊集之间的关系，并通过实例说明了覆盖粗糙模糊集在模糊决策中的应用。然后，分析了不同知识粒度下的覆盖粗糙模糊集，给出了两个覆盖生成相同覆盖粗糙模糊集的充要条件。最后，讨论了覆盖粗糙模糊集的不确定性度量，以及在不完备信息系统模糊决策中的应用。

参 考 文 献

[1] Zadeh L A. Fuzzy sets[J]. Information and Control, 1965, 8(3): 338-353.

[2] Pawlak Z. Rough sets[J]. International Journal of Computer and Information Sciences, 1982, 11(5): 341-356.

[3] Dubois D, Prade H. Rough fuzzy sets and fuzzy rough sets[J]. International Journal of General Systems, 1990, 17: 191-208.

[4] Morsi N N, Yakout M M. Axiomatics for fuzzy rough sets[J]. Fuzzy Sets and Systems, 1998, 100(1-3): 327-342.

[5] Wu W Z, Mi J S, Zhang W X. Generalized fuzzy rough sets[J]. Information Sciences, 2003, 151: 263-282.

[6] Yeung D S, Chen D G, Tsang E C C, et al. On the generalization of fuzzy rough sets[J]. IEEE Transactions on Fuzzy Systems, 2005, 13(3): 343-361.

[7] Mi J S, Leung Y, Zhao H Y, et al. Generalized fuzzy rough sets determined by a triangular norm[J]. Information Sciences, 2008, 178(16): 3203-3213.

[8] Kuncheva L I. Fuzzy rough sets: Application to feature selection[J]. Fuzzy Sets and Systems, 1992, 51: 147-153.

[9]　Jensen R, Shen Q. Fuzzy-rough attribute reduction with application to web categorization[J]. Fuzzy Sets and Systems, 2004, 141(3): 469-485.

[10]　韩冰, 高新波, 姬红兵. 基于模糊粗糙集的新闻视频镜头边界检测方法[J]. 电子学报, 2006, 34(6): 1085-1089.

[11]　Hu Q H, Xie Z X, Yu D R. Hybrid attribute reduction based on a novel fuzzy-rough model and information granulation[J]. Pattern Recognition, 2007, 40: 3509-3521.

[12]　Hu Q H, Yu D R, Xie Z X. Information-preserving hybrid data reduction based on fuzzy-rough techniques[J]. Pattern Recognition Letters, 2006, 27: 414-423.

[13]　Jensen R, Shen Q. Fuzzy-rough sets assisted attribute selection[J]. IEEE Transactions on Fuzzy Systems, 2007, 15(1): 73-89.

[14]　Chen D G, Wang C Z, Hu Q H. A new approach to attribute reduction of consistent and inconsistent covering decision systems with covering rough sets[J]. Information Sciences, 2007, 177(17): 3500-3518.

[15]　Li F, Yin Y Q. Approaches to knowledge reduction of covering decision systems based on information theory[J]. Information Sciences, 2009, 179: 1694-1704.

[16]　Feng T, Mi J S, Wu W Z. Covering-based generalized rough fuzzy sets[C]. The First International Conference Rough Sets and Knowledge Technology, Chongqing, 2006: 208-215.

[17]　Zhu W. A class of covering-based fuzzy rough sets[C].The Fourth International Conference on Fuzzy Systems and Knowledge Discovery, Haikou, 2007: 7-11.

[18]　魏莱, 苗夺谦, 徐菲菲, 等. 基于覆盖的粗糙模糊集模型研究[J]. 计算机研究与发展, 2006, 43(10): 1719-1723.

[19]　徐忠印, 廖家奇. 基于覆盖的模糊粗糙集模型[J]. 模糊系统与数学, 2006, 20(3): 141-144.

[20]　胡军, 王国胤, 张清华. 一种覆盖粗糙模糊集模型[J]. 软件学报, 2010, 21(5): 968-977.

[21]　Pawlak Z. Rough Sets: Theoretical Aspects of Reasoning about Data[M]. Boston: Kluwer Academic Publishers, 1991.

[22]　Yao Y Y. Information granulation and rough set approximation[J]. International Journal of Intelligent Systems, 2001, 16(1): 87-104.

[23]　Nowakowska M. Methodological problems of measurement of fuzzy concepts in the social sciences[J]. Systems Research & Behavioral Science, 2010, 22(2): 107-115.

[24]　Janis V, Montes S. Distance between fuzzy sets as a fuzzy quantity[J]. Acta Universitatis Matthiae Belii, Series Mathematics, 2007, 14: 41-49.

[25]　Puri M L, Ralescu D A . Differentials of fuzzy functions[J]. Journal of Mathematical Analysis & Applications, 1983, 91(2): 552-558.

[26] Fan J L. Note on Hausdorff-like metrics for fuzzy sets[J]. Pattern Recognition Letters, 1998, 19(9): 793-796.

[27] Chaudhuri B B, Rosenfeld A. A modified hausdorff distance between fuzzy sets[J]. Information Sciences An International Journal, 1999, 118(1-4): 159-171.

[28] Szmidt E, Kacprzyk J. Distances between intuitionistic fuzzy sets[J]. Fuzzy Sets & Systems, 2000, 114(3): 505-518.

[29] Li X, Liu B. On distance between fuzzy variables[J]. Journal of Intelligent & Fuzzy Systems, 2008, 19(3): 197-204.

第5章 覆盖决策粗糙集

5.1 引 言

在经典的 Pawlak 粗糙集理论中,其核心概念上近似与下近似是通过条件等价类与决策等价类的两种代数包含关系给出的:下近似完全包含于决策类,上近似与决策类交集非空,即部分包含于决策类。从集合之间包含关系成立的条件概率来看,这两种代数包含关系可以视为"集合 A 包含于 B 的条件概率大于 0"和"集合 A 包含于 B 的条件概率等于 1"两个特例。Pawlak 代数粗糙集模型对上近似与下近似的定义仅限于这两种特殊的条件概率,而对条件概率介于 0 和 1 之间的情形未作区别,这使得代数粗糙集模型在应用于分类决策时缺乏容错能力。而且,Pawlak 粗糙集模型定义的正域要求条件等价类严格包含于决策类,由此导出的正域和负域对象偏少,而边界域对象相对较多,不利于对论域中确定性概念的描述。

在 Pawlak 代数粗糙集模型中,只有那些能完全包含于某个决策类的等价类才能被判定为确定属于该决策类,而对于包含度介于 0 和 1 之间的所有对象均被划归于边界域。然而,实际问题中由于噪声等因素的存在,条件等价类通常部分包含于决策类,而完全包含于决策类的条件等价类较少。因此,实际问题中采用定量的概率包含关系来度量对象对于决策概念的隶属度(条件概率)是很有必要的。根据这一思想,人们考虑在判断对象是否属于正域时允许出现可容忍的错误,在此基础上,提出了具有参数可调的多种粗糙集扩展模型。例如,Yao 提出了基于贝叶斯风险分析的决策粗糙集模型[1],Wong 等对概率近似分类与模糊集作了比较研究[2],Pawlak 等提出了 0.5-概率粗糙集模型[3],Ziarko 提出了可变精度粗糙集模型[4],Skowron 等提出了参数化粗糙集模型[5],Ślęzak 研究了贝叶斯粗糙集模型[6]。

然而,这些粗糙集扩展模型在实际应用中存在以下 3 个问题[7]:

(1)阈值 α 和 β 的解释与计算;

(2)条件概率 $\Pr(X \mid [x])$ 的估计;

(3)概率正、负及边界域的解释与应用。

针对这些问题,Yao 提出了决策粗糙集模型,并且发现概率粗糙集模型可视为决策粗糙集模型的特例,概率粗糙集模型的若干概念和性质可在决策粗糙集模型中找到相应解释[8]。决策粗糙集模型的贡献在于它不仅给出了概率正、负和边界域，更重要的是给出了解决这 3 个问题的合理方案。例如，基于贝叶斯决策论可以通过决策风险最小化获得阈值的计算和解释；通过朴素贝叶斯模型可以估计条件概率；3 个区域可以看作三支决策理论的应用。因此，决策粗糙集是一个有坚实理论基础同时又非常实用的理论模型。

本章从决策粗糙集模型出发，介绍其基础概念，然后将这一方法引入覆盖决策粗糙集，给出了一种覆盖决策粗糙集模型。然后，针对覆盖概率决策信息系统，基于覆盖决策粗糙集，给出了约简的定义，并通过实例进行了说明。

5.2　决策粗糙集基础

作为粗糙集模型的一种推广，决策粗糙集的基础工作主要由 Yao 等完成。文献[8]和[9]阐述了决策粗糙集提出的原因，即在经典 Pawlak 粗糙集模型中，论域可表示为决策类的正域和边界域两者的并集，而决策类的负域恒为空集，这是因为每个决策类的负域必定可以划分到互补决策类的正域中，从而造成决策类负域为空。这说明经典 Pawlak 粗糙集模型对决策类的描述具有不完整性，即无法描述决策类的负域。为了解决该问题，须将经典 Pawlak 粗糙集模型中的代数包含关系拓展为可调的概率包含关系，使得决策类的负域为非空，从而整个论域可表示为决策类的正域、边界域和负域三者的并集，以实现决策类描述的完整性[10]。

设 $\Omega = \{\omega_1, \omega_2, \cdots, \omega_s\}$ 表示 s 个状态的集合；$A = \{a_1, a_2, \cdots, a_m\}$ 表示 m 个可能的决策；x 为论域中的对象；$\tilde{x}$ 表示 x 的某种描述(例如，x 关于某个属性集的等价类可以看作 x 的一种描述)；$P(w_j|\tilde{x})$ 表示在 $\tilde{x}$ 描述下的对象 x 具有状态 w_j 的条件概率；$\lambda(a_i|w_j)$ 表示在状态 w_j 的情况下作出决策 a_i 的风险代价。对具有 $\tilde{x}$ 描述的对象 x 而言，假设采取了决策 a_i，则可以计算出执行决策 a_i 的期望风险为

$$R(a_i|\tilde{x}) = \sum_{j=1}^{s} \lambda(a_i|w_j)P(w_j|\tilde{x})$$

一般而言，决策规则可以看作对象描述 $\tilde{x}$ 的函数 $\tau(\tilde{x})$，即每种描述 $\tilde{x}$ 均对应某一确定的决策 $\tau(\tilde{x})$。因此，决策规则的风险代价即决策函数 $\tau(\tilde{x})$ 的期望风险代价：

$$R = \sum_{x} R(\tau(\tilde{x})|\tilde{x})P(\tilde{x})$$

为了简化问题，考虑只具有 2 种状态的状态集合 $\Omega = \{X, \neg X\}$，该集合中具有互补的 2 种状态 X 和 $\neg X$。给定决策集 A 为 $A = \{a_P, a_N, a_B\}$，其中 a_P, a_N, a_B 分别表

示决策为正域 $POS(X)$、负域 $NEG(X)$ 和边界域 $BND(X)$ 3 种决策。$\lambda_{PP}, \lambda_{BP}, \lambda_{NP}$ 分别表示当 x 属于概念 X 时，作出 a_P, a_N, a_B 3 种决策所对应的代价函数值。$\lambda_{PN}, \lambda_{BN}, \lambda_{NN}$ 分别表示当 x 不属于概念 X 时，作出 a_P, a_N, a_B 3 种决策所对应的代价函数值。那么，3 种决策的期望风险分别为

$$R(a_P \mid [x]_R) = \lambda_{PP} P(X \mid [x]_R) + \lambda_{PN} P(\neg X \mid [x]_R)$$

$$R(a_N \mid [x]_R) = \lambda_{NP} P(X \mid [x]_R) + \lambda_{NN} P(\neg X \mid [x]_R)$$

$$R(a_B \mid [x]_R) = \lambda_{BP} P(X \mid [x]_R) + \lambda_{BN} P(\neg X \mid [x]_R)$$

根据贝叶斯最小风险决策原则，可以得到如下形式的决策规则：

IF $R(a_P \mid [x]_R) \leqslant R(a_N \mid [x]_R)$ and $R(a_P \mid [x]_R) \leqslant R(a_B \mid [x]_R)$，decidePOS$(X)$

IF $R(a_N \mid [x]_R) \leqslant R(a_P \mid [x]_R)$ and $R(a_N \mid [x]_R) \leqslant R(a_B \mid [x]_R)$，decideNEG$(X)$

IF $R(a_B \mid [x]_R) \leqslant R(a_P \mid [x]_R)$ and $R(a_B \mid [x]_R) \leqslant R(a_N \mid [x]_R)$，decideBND$(X)$

对于决策代价函数值的大小，一般有 $\lambda_{PP} \leqslant \lambda_{BP} \leqslant \lambda_{NP}, \lambda_{NN} \leqslant \lambda_{BN} \leqslant \lambda_{PN}$。另外，根据状态集合由互补的 X 和 $\neg X$ 组成可得 $P(X \mid [x]_R) + P(\neg X \mid [x]_R) = 1$，则决策规则可以简化为

IF $P(X \mid [x]_R) \geqslant \gamma$ and $P(X \mid [x]_R) \geqslant \alpha$，decidePOS$(X)$

IF $P(X \mid [x]_R) \geqslant \beta$ and $P(X \mid [x]_R) \geqslant \gamma$，decideNEG$(X)$

IF $P(X \mid [x]_R) \geqslant \beta$ and $P(X \mid [x]_R) \geqslant \alpha$，decideBND$(X)$

其中，

$$\alpha = \frac{\lambda_{PN} - \lambda_{BN}}{(\lambda_{PN} - \lambda_{BN}) + (\lambda_{BP} - \lambda_{PP})}$$

$$\gamma = \frac{\lambda_{PN} - \lambda_{NN}}{(\lambda_{PN} - \lambda_{NN}) + (\lambda_{NP} - \lambda_{PP})}$$

$$\beta = \frac{\lambda_{BN} - \lambda_{NN}}{(\lambda_{BN} - \lambda_{NN}) + (\lambda_{NP} - \lambda_{BP})}$$

当 $(\lambda_{PN} - \lambda_{BN})(\lambda_{NP} - \lambda_{BP}) > (\lambda_{BP} - \lambda_{PP})(\lambda_{BN} - \lambda_{NN})$ 成立时，可得 $\alpha > \beta$，进一步有

$$\frac{\lambda_{PN} - \lambda_{BN}}{(\lambda_{PN} - \lambda_{BN}) + (\lambda_{BP} - \lambda_{PP})} > \frac{\lambda_{PN} - \lambda_{BN} + \lambda_{BN} - \lambda_{NN}}{(\lambda_{PN} - \lambda_{BN}) + (\lambda_{BP} - \lambda_{PP}) + (\lambda_{BN} - \lambda_{NN}) + (\lambda_{NP} - \lambda_{BP})}$$

$$= \frac{\lambda_{PN} - \lambda_{NN}}{(\lambda_{PN} - \lambda_{NN}) + (\lambda_{NP} - \lambda_{PP})} > \frac{\lambda_{BN} - \lambda_{NN}}{(\lambda_{BN} - \lambda_{NN}) + (\lambda_{NP} - \lambda_{BP})}$$

即 $\alpha > \gamma > \beta$ ，此时可以仅用阈值 α 与 β 得到如下简化形式的决策规则：

$$\text{IF } P(X\,|\,[x]_R) \geqslant \alpha \text{ , decide POS}(X)$$

$$\text{IF } P(X\,|\,[x]_R) \leqslant \beta \text{ , decide NEG}(X)$$

$$\text{IF } \beta < P(X\,|\,[x]_R) < \alpha \text{ , decide BND}(X)$$

决策粗糙集不仅引入了决策的概率统计描述，而且为确定阈值给出了一种可理解的计算方法。并且，概率粗糙集模型可看作决策粗糙集模型的特例，可由决策粗糙集模型导出。例如，可变精度粗糙集模型[4]中引入了包含度阈值 β ，用以界定上下近似集。用户根据决策偏好等具体情况选定阈值 β ，将条件等价类相对于决策概念的隶属度大于 β 的对象划分为决策概念的下近似集中，而将等价类相对于决策概念的隶属度大于 $1-\beta$ 的对象划分为决策概念的上近似集中，并给出可变精度粗糙集的 β 下近似集和 β 上近似集定义：

$$\underline{\text{apr}}_\beta(X) = \{x\,|\,x \in U\,|\,P(X\,|\,[x]_R) \geqslant \beta\}$$

$$\overline{\text{apr}}_\beta(X) = \{x\,|\,x \in U\,|\,P(X\,|\,[x]_R) > 1-\beta\}$$

从上、下近似集的定义可以看出，可变精度粗糙集模型是决策粗糙集模型在 $\alpha + \beta = 1$ ， $\alpha > 0.5$ 且 $\alpha > \beta$ 时的一个结果。然而，在可变精度粗糙集模型中，阈值 β 为模型中的可变参数，通常需要用户主观选定，或者采用试凑的方法选定，缺乏理论基础和实际意义[10]。

5.3　覆盖决策粗糙集模型

有序对 (U,C) 称为覆盖近似空间，其中 U 是有限非空论域， C 是 U 上的一个覆盖。 x 为 U 中的一个对象， $x \in K$ 且 $K \in C$ ，则称 K 为 x 在 C 中的一个邻域。 x 在 (U,C) 中的描述集为 $\text{Ad}_C(x) = \{K \in C\,|\,x \in K\}$ ，并且称 $x_C = \bigcap\{K\,|\,K \in \text{Ad}_C(x)\}$ 为 x 在 C 中的不可分辨集。为简化，在覆盖已知的情况下符号中的下标可省略。

定义 5.1[11]　设 (U,C) 为覆盖近似空间，对于任意集合 $X \subseteq U$ ， X 关于 (U,C) 的下近似与上近似分别定义为

$$L_C(X) = \{x \in U\,|\,x_C \subseteq X\}$$

$$H_C(X) = \{x \in U\,|\,x_C \bigcap X \neq \varnothing\}$$

如果 $L_C(X) = H_C(X)$ ，则称 X 关于 (U,C) 是可定义的，否则称 X 关于 (U,C) 是不可定义的。特别地，当 C 是论域上的划分时， $L_C(X)$ 和 $H_C(X)$ 便退化为经典

的 Pawlak 粗糙集中的下近似和上近似。X 关于 (U,C) 的正域、边界域和负域分别为

$$\text{POS}(X) = L_C(X)$$

$$\text{BND}(X) = H_C(X) - L_C(X)$$

$$\text{NEG}(X) = U - H_C(X)$$

上述定义基于严格的集合包含与相交关系，不适合处理带有噪声的数据。因此，这里引入概率测度得到覆盖概率近似空间 (U,C,P)，其中集函数 $P: 2^U \to [0,1]$ 是 U 上的概率测度，$A, B \subseteq U$ 且 $P(B) > 0$，称

$$P(A \mid B) = \frac{P(A \bigcap B)}{P(B)}$$

为在事件 B 发生的条件下事件 A 发生的条件概率。

定义 5.2　设 (U,C,P) 为覆盖概率近似空间，对于任意集合 $X \subseteq U$，X 关于 (U,C,P) 依参数 α 和 β 的下近似和上近似分别定义为

$$L_C^{\alpha}(X) = \{x \in U \mid P(X \mid x_C) \geqslant \alpha\}$$

$$H_C^{\beta}(X) = \{x \in U \mid P(X \mid x_C) > \beta\}$$

进而，X 关于 (U,C,P) 依参数 α 和 β 的正域、边界域和负域分别为

$$\text{POS}_C^{\alpha,\beta}(X) = L_C^{\alpha}(X)$$

$$\text{BND}_C^{\alpha,\beta}(X) = H_C^{\beta}(X) - L_C^{\alpha}(X)$$

$$\text{NEG}_C^{\alpha,\beta}(X) = U - H_C^{\beta}(X)$$

在上述定义中，参数 α 和 β 的引入使得上、下近似的运算可以允许数据中存在噪声。特别地，当 $\alpha = 1$ 且 $\beta = 0$ 时，定义 5.2 将与定义 5.1 等价，即覆盖决策粗糙集模型退化为一般的覆盖粗糙集模型。

令 $A = \{a_\text{P}, a_\text{N}, a_\text{B}\}$ 是由 3 个可能决策行为构成的集合，其中 a_P、a_N 和 a_B 分别表示将一个对象划分到正域、负域和边界域。λ_PP、λ_BP 和 λ_NP 分别表示当一个对象属于 X 时选择决策 a_P、a_B 和 a_N 的风险，λ_PN、λ_BN 和 λ_NN 分别表示当一个对象不属于 X 时选择决策 a_P、a_B 和 a_N 的风险。由全概率公式得

$$R(a_\text{P} \mid x_C) = \lambda_\text{PP} P(X \mid x_C) + \lambda_\text{PN} P(\sim X \mid x_C)$$

$$R(a_\text{N} \mid x_C) = \lambda_\text{NP} P(X \mid x_C) + \lambda_\text{NN} P(\sim X \mid x_C)$$

$$R(a_\text{B} \mid x_C) = \lambda_\text{BP} P(X \mid x_C) + \lambda_\text{BN} P(\sim X \mid x_C)$$

其中，$R(a_P \mid x_C)$、$R(a_N \mid x_C)$ 和 $R(a_B \mid x_C)$ 表示对 x 分别采取决策行为 a_P、a_N 和 a_B 的风险。依据贝叶斯决策的最小风险原理：

$$\text{IF } R(a_P \mid x_C) \leqslant R(a_N \mid x_C) \text{ and } R(a_P \mid x_C) \leqslant R(a_B \mid x_C)\text{，decide } a_P；$$

$$\text{IF } R(a_N \mid x_C) \leqslant R(a_P \mid x_C) \text{ and } R(a_N \mid x_C) \leqslant R(a_B \mid x_C)\text{，decide } a_N；$$

$$\text{IF } R(a_B \mid x_C) \leqslant R(a_P \mid x_C) \text{ and } R(a_B \mid x_C) \leqslant R(a_N \mid x_C)\text{，decide } a_B。$$

在实际问题中，一般有 $\lambda_{PP} \leqslant \lambda_{BP} < \lambda_{NP}$、$\lambda_{NN} \leqslant \lambda_{BN} < \lambda_{PN}$，且 $(\lambda_{PN} - \lambda_{BN})(\lambda_{NP} - \lambda_{BP}) > (\lambda_{BP} - \lambda_{PP})(\lambda_{BN} - \lambda_{NN})$，可得

$$\alpha = \frac{\lambda_{PN} - \lambda_{BN}}{(\lambda_{PN} - \lambda_{BN}) + (\lambda_{BP} - \lambda_{PP})}$$

$$\beta = \frac{\lambda_{BN} - \lambda_{NN}}{(\lambda_{BN} - \lambda_{NN}) + (\lambda_{NP} - \lambda_{BP})}$$

综上，通过将概率方法引入覆盖粗糙集模型，即通过调节参数 α 和 β 能较好地处理数据中的噪声，并且基于最小风险决策原理可得到参数的计算方法。

5.4　覆盖决策粗糙集的约简

约简是粗糙集理论的基本问题之一，通过约简能有效简化系统，达到降低计算复杂性，以及提高知识泛化能力的作用。本节先介绍决策粗糙集的约简理论，然后详述覆盖信息表和覆盖概率决策信息系统的约简方法。

5.4.1　覆盖的约简

定义 5.3[12]　设 C 是论域 U 上的一个覆盖，C 中的任意元素 K，若存在 $K_1, K_2, \cdots,$ $K_m \in C - \{K\}$，使得 $K = \bigcup\limits_{1 \leqslant j \leqslant m} K_j$，则称 K 是 C 可约的，否则是 C 不可约的。

若 C 中的每个元素都是不可约的，则称 C 是不可约的，否则是可约的。任意的 $K \in C$，若 K 是 C 可约的，则将 K 从 C 中去掉，直到 C 不可约，则得到 C 的唯一约简，记为 $\text{red}(C)$。

定理 5.1　设 (U, C, P) 为覆盖概率近似空间，$\text{red}(C)$ 为 C 的约简，则任意集合 $X \subseteq U$ 在 (U, C, P) 和 $(U, \text{red}(C), P)$ 中有相同的上、下近似。

证明：设 $x \in U$，$K \in \text{Ad}_C(x)$，若 K 是 C 可约的，则 $\exists_{K' \in \text{Ad}_C(x)}(K' \subseteq K)$。那么，$x_C = x_{C - \{K\}}$，即去掉覆盖中的可约元素不改变论域中对象在覆盖中的不可分辨集。进而，$x_C = x_{\text{red}(C)}$。所以，

$$P(X \mid x_C) = \frac{\mid X \bigcap x_C \mid}{\mid x_C \mid}$$

$$= \frac{\mid X \bigcap x_{\mathrm{red}(C)} \mid}{\mid x_{\mathrm{red}(C)} \mid} = P(X \mid x_{\mathrm{red}(C)})$$

根据定义，X 在 (U, C, P) 和 $(U, \mathrm{red}(C), P)$ 中有相同的上、下近似。

定理 5.1 说明去掉覆盖中的可约元素不改变近似空间对任意概念的描述，也就是说，覆盖的约简和覆盖本身具有相同的近似能力。

5.4.2　覆盖概率决策信息系统的约简

在实际问题中，系统的知识可能由一组覆盖表示，其中每个覆盖为一个知识源。设 $\Delta = \{C_1, C_2, \cdots, C_m\}$ 是论域 U 上的一组覆盖，D 是论域 U 上的一个决策划分，称 (U, Δ, D, P) 为覆盖概率决策系统。$x_\Delta = \bigcap \{x_{C_i} \mid C_i \in \Delta\}$ 为 x 在 Δ 中的不可分辨集。在覆盖概率决策系统 (U, Δ, D, P) 中，任意 $d_i \in D$ 依参数 α 和 β 的下近似和上近似分别定义为

$$L_\Delta^\alpha(d_i) = \{x \in U \mid P(d_i \mid x_\Delta) \geqslant \alpha\}$$

$$H_\Delta^\beta(d_i) = \{x \in U \mid P(d_i \mid x_\Delta) > \beta\}$$

并且，D 相对 Δ 的正域、边界域和负域定义如下：

$$\mathrm{POS}_\Delta(D) = \bigcup_{d_i \in D} \mathrm{POS}_\Delta^{\alpha, \beta}(d_i)$$

$$\mathrm{BND}_\Delta(D) = \bigcup_{d_i \in D} \mathrm{BND}_\Delta^{\alpha, \beta}(d_i)$$

$$\mathrm{NEG}_\Delta(D) = U - \mathrm{POS}_\Delta(D) \bigcup \mathrm{BN}_\Delta(D)$$

其中，$\mathrm{POS}_\Delta(D)$ 表示在给定知识 Δ 下可确定分类的所有对象集；$\mathrm{BND}_\Delta(D)$ 表示在给定知识 Δ 下可近似分类的所有对象集；$\mathrm{NEG}_\Delta(D)$ 表示在给定知识 Δ 下不能分类的所有对象集。一般，$\mathrm{POS}_\Delta(D)$ 中对象越多，则认为知识 Δ 的分类能力越强。设 Δ' 是 Δ 的子集，根据不可分辨集的定义有 $x_\Delta \subseteq x_{\Delta'}$，可见覆盖决策系统中的知识源越多，则知识的粒度越细。

如图 5.1 所示，设 $Q = Q_1 \bigcup Q_2$ 且 $P(X \mid Q_2) < P(X \mid Q) < P(X \mid Q_1)$，有下列两种情况：

(1) 若 $P(X \mid Q) \geqslant \alpha$，$P(X \mid Q_1) \geqslant \alpha$ 且 $P(X \mid Q_2) < \alpha$，则 Q 分割成 Q_1 和 Q_2 后，正域中对象将减少；

(2) 若 $P(X \mid Q) < \alpha$，$P(X \mid Q_1) \geqslant \alpha$ 且 $P(X \mid Q_2) < \alpha$，则 Q 分割成 Q_1 和 Q_2 后，正域中对象将增加。

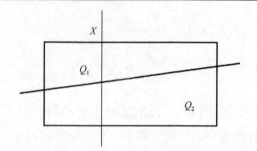

图 5.1　知识粒度与分类能力

上面的分析表明，由于噪声数据的存在，知识的粒度细化不一定增加知识的分类能力。这也就是说，利用较少的知识源有可能获得相同，甚至更强的分类能力。这和经典粗糙集理论中知识源越多，分类能力越强的结论是不一样的。因此，有必要重新定义粗糙集理论中约简的约束条件。

定义 5.4　设 (U,Δ,D,P) 为覆盖概率决策系统，Δ 的子集 Δ' 是 Δ 的一个约简当且仅当它满足以下两个条件：

(1) $\mathrm{POS}_{\Delta}(D) \subseteq \mathrm{POS}_{\Delta'}(D)$；

(2) $\forall_{\Delta'' \subset \Delta'}(\mathrm{POS}_{\Delta''}(D) \subset \mathrm{POS}_{\Delta'}(D))$。

定义 5.4 中的第 (1) 个条件保证约简后系统的分类能力不降低，第 (2) 个条件要求去掉约简中的任何一个覆盖都将导致系统的分类能力下降。

5.5　实例分析

设有覆盖概率决策系统 (U,Δ,D,P)，其中 $U = \{x_1,x_2,x_3,x_4,x_5,x_6,x_7\}$，$D = \{\{x_1,x_2,x_3\},\{x_4,x_5,x_6,x_7\}\}$，$\Delta = \{C_1,C_2\}$，且 $C_1 = \{\{x_1,x_4,x_5\},\{x_2,x_5,x_6\},\{x_3,x_7\}\}$，$C_2 = \{\{x_1,x_2,x_3,x_4\},\{x_5,x_6\},\{x_2,x_3,x_6,x_7\}\}$。根据定义

$$(x_1)_{\Delta} = \{x_1,x_4\}$$

$$(x_2)_{\Delta} = \{x_2\}$$

$$(x_3)_{\Delta} = \{x_3\}$$

$$(x_4)_{\Delta} = \{x_1,x_4\}$$

$$(x_5)_{\Delta} = \{x_5\}$$

$$(x_6)_{\Delta} = \{x_6\}$$

$$(x_7)_{\Delta} = \{x_3,x_7\}$$

设 $\lambda_{PP}=0.4$，$\lambda_{BP}=0.6$，$\lambda_{NP}=0.9$，$\lambda_{PN}=0.8$，$\lambda_{BN}=0.2$，$\lambda_{NN}=0$，根据参数 α 和 β 的计算公式可得 $\alpha=0.75$，$\beta=0.4$。于是

$$\mathrm{POS}_{\Delta}(D)=\{x_2,x_3,x_5,x_6\}$$

$$\mathrm{BND}_{\Delta}(D)=\{x_1,x_4,x_7\}$$

$$\mathrm{NEG}_{\Delta}(D)=\varnothing$$

同理，根据 C_1 计算得到

$$\mathrm{POS}_{\{C_1\}}(D)=\{x_5\}$$

$$\mathrm{BND}_{\{C_1\}}(D)=\{x_1,x_2,x_3,x_4,x_6,x_7\}$$

$$\mathrm{NEG}_{\{C_1\}}(D)=\varnothing$$

另外，根据 C_2 计算得到

$$\mathrm{POS}_{\{C_2\}}(D)=\{x_1,x_2,x_3,x_4,x_5,x_6\}$$

$$\mathrm{BND}_{\{C_2\}}(D)=\{x_7\}$$

$$\mathrm{NEG}_{\{C_2\}}(D)=\varnothing$$

可见，

$$\mathrm{POS}_{\{C_1\}}(D)\subset\mathrm{POS}_{\Delta}(D)\subset\mathrm{POS}_{\{C_2\}}(D)$$

即仅依赖 $\{C_2\}$ 可获得较 Δ 更强的分类能力，且不存在 $\{C_2\}$ 的子集能获得更强的分类能力。所以，根据定义 5.4 知 $\{C_2\}$ 是覆盖概率决策系统 (U,Δ,D,P) 的一个约简。

5.6　本　章　小　结

本章通过将概率方法引入覆盖粗糙集模型,提出了一种覆盖概率粗糙集模型。通过调节参数 α 和 β，该模型能较好地处理数据中的噪声，并且基于最小风险决策原理可得到参数的计算方法。分析发现覆盖约简前后可以得到相同的覆盖概率粗糙集，并且覆盖概率粗糙集依赖较少的知识源可以获得相同甚至更强的分类能力，基于此给出了覆盖概率决策系统的约简条件，并通过实例对约简进行了说明。

参 考 文 献

[1]　Yao Y Y. Probabilistic approaches to rough sets[J]. Expert Systems, 2003, 20(5): 287-297.

[2]　Wong S K M, Ziarko W. Comparison of the probabilistic approximate classification and the fuzzy set model[J]. Fuzzy Sets & Systems, 1987, 21(3): 357-362.

[3]　Pawlak Z, Wong S K M, Ziarko W. Rough sets: Probabilistic versus deterministic approach[J]. International Journal of Man-Machine Studies, 1990, 29(1): 81-95.

[4]　Ziarko W. Variable precision rough set model[J]. Journal of Computer & System Sciences, 1993, 46(1): 39-59.

[5]　Skowron A, Stepaniuk J. Tolerance approximation spaces[J]. Fundamenta Informaticae, 1996, 27: 245-253.

[6]　Ślęzak D. Rough sets and Bayes factor[J]. Transactions on Rough Sets III, 2005, 3400: 202-229.

[7]　李华雄, 周献中, 李天瑞, 等. 决策粗糙集理论及其研究进展[M]. 北京: 科学出版社, 2011.

[8]　Yao Y. Decision-Theoretic Rough Set Models[M]. Berlin: Springer, 2007: 1-12.

[9]　Yao Y Y, Wong S K. A decision theoretic framework for approximating concepts[J]. International Journal of Man-Machine Studies, 1992, 37(6): 793-809.

[10]　李华雄, 刘盾, 周献中. 决策粗糙集模型研究综述[J]. 重庆邮电大学学报(自然科学版), 2010, 22(5): 624-630.

[11]　Chen D, Wang C, Hu Q. A new approach to attribute reduction of consistent and inconsistent covering decision systems with covering rough sets[J]. Information Sciences, 2007, 177(17): 3500-3518.

[12]　Zhu W, Wang F Y. Reduction and axiomization of covering generalized rough sets[J]. Information Sciences, 2003, 152(1): 217-230.

第6章 多粒度覆盖粗糙集

在实际问题求解过程中，人们往往会从多个视角、多个层次出发，以求尽可能获得解决问题的合理、满意的答案。近年发展起来的多粒度粗糙集模型就是这样一种能够模拟人类从多粒度分析、解决问题的粗糙集模型。本章在对覆盖近似空间进行粒化形成粒空间后，基于元素在相应粒空间的最大和最小描述提出了四种多粒度粗糙集模型。

6.1 引 言

Pawlak 粗糙集模型[1,2]是基于等价关系提出来的，而在现实生活中，人们遇到的问题往往不能简单地通过使用等价关系来进行描述。为了突破这一局限，扩大粗糙集理论的应用范围，国内、外许多学者对经典粗糙集模型进行了有意义的拓展，如 Yao 等[3]提出的程度粗糙集模型，Ziarko[4]提出的变精度粗糙集模型，Kryszkiewicz[5]提出的基于相容关系的粗糙集模型，Dubois 等[6]提出的粗糙模糊集模型和模糊粗糙集模型等。从 Zadeh[7]提出的粒计算观点来看，已有的这些粗糙集模型都是基于单个粒空间的，也即目标概念都是由单个关系(等价关系、相容关系等)诱导出的粒空间中的信息粒来近似表示的。当遇到以下 3 种情况[8]，人们往往需要考虑引入多个二元关系来对论域中的目标概念进行描述。

(1)在数据分析中，同一个对象在不同决策者下的分类情况存在矛盾或不一致的情况，这个时候，它们的商集不能进行交运算，因而目标概念不能用商集的交运算来近似。

(2)当决策者的决策或观点相互独立时，任何两个商集的交运算是冗余的。

(3)在特定背景下，如针对分布式信息系统进行数据分析，没有必要进行交运算。

为了在上述 3 种情形下使用粗糙集和拓展粗糙集的应用范围，Qian 等[8]于 2010 年提出了基于等价关系的多粒度粗糙集模型。单粒度粗糙集模型与多粒度粗糙集模型最大的区别是在多粒度粗糙集模型中，目标概念是通过多个二元关系的粒化信息来进行近似的。自多粒度粗糙集模型提出以来，受到了人们的广泛关注。Yang 等[9]深入探讨了不完备多粒度粗糙集模型的性质，为人们深入理解不完备多粒度粗糙集模型提供了参考。Xu 等[10]构造了模糊近似空间下的多粒度粗糙集模型。

She 等[11]研究了多粒度粗糙集模型的拓扑结构和多粒度粗糙集模型中的可定义集的格结构。Lin 等[12]提出了两种基于邻域的多粒度粗糙模型。Xu 等[13]构建了序信息系统下的多粒度粗糙集模型。

本章的目的是构建在覆盖近似空间下的多粒度粗糙集模型。本章结构如下：6.2 节介绍覆盖粗糙集模型和多粒度粗糙集模型的一些基本概念和性质，为后面研究奠定基础。6.3 节基于元素的最大和最小描述构建四种多粒度覆盖粗糙集模型，对四种模型的基本性质进行分析，给出对同一目标概念在不同模型下生成相同上、下近似的条件。6.4 节对提出的四种多粒度覆盖粗糙集模型的关系进行研究，发现同一目标概念在这四种模型下的上、下近似可以构成一个格。6.5 节是多粒度覆盖粗糙集在银行信用卡审批过程中的应用。最后，6.6 节对本章进行小结。

6.2　基本概念及性质

在这一节，介绍覆盖粗糙集模型与多粒度粗糙集模型的一些基本概念和性质。相关概念和性质的详细描述可参见相关文献。

6.2.1　Pawlak 粗糙集模型的基本性质

设 U 是论域，$X \subseteq U$，$\sim X = U - X$，Pawlak 粗糙集模型上、下近似算子满足下列性质。

$(L1)\ \underline{R}(X) \subseteq X$　　　　　　　　$(U1)\ X \subseteq \overline{R}(X)$

$(L2)\ \underline{R}(\varnothing) = \varnothing$　　　　　　　$(U2)\ \overline{R}(\varnothing) = \varnothing$

$(L3)\ \underline{R}(U) = U$　　　　　　　　$(U3)\ \overline{R}(U) = U$

$(L4)\ \underline{R}(X \cap Y) = \underline{R}(X) \cap \underline{R}(Y)$　　$(U4)\ \overline{R}(X \cup Y) = \overline{R}(X) \cup \overline{R}(Y)$

$(L5)\ X \subseteq Y \Rightarrow \underline{R}(X) \subseteq \underline{R}(Y)$　　$(U5)\ X \subseteq Y \Rightarrow \overline{R}(X) \subseteq \overline{R}(Y)$

$(L6)\ \underline{R}(X \cup Y) \supseteq \underline{R}(X) \cup \underline{R}(Y)$　　$(U6)\ \overline{R}(X \cap Y) \subseteq \overline{R}(X) \cap \overline{R}(Y)$

$(L7)\ \underline{R}(\sim X) = \sim \overline{R}(X)$　　　　$(U7)\ \overline{R}(\sim X) = \sim \underline{R}(X)$

$(L8)\ \underline{R}(\underline{R}(X)) = \underline{R}(X)$　　　　$(U8)\ \overline{R}(\overline{R}(X)) = \overline{R}(X)$

$(L9)\ \forall K \in U/R \Rightarrow \underline{R}(K) = K$　　$(U9)\ \forall K \in U/R \Rightarrow \overline{R}(X) = K$

6.2.2　覆盖粗糙集模型

设 C 是由 U 的子集组成的集合。如果 $\bigcup C = U$，则称 C 是 U 的一个覆盖。显然，U 的一个划分也是 U 的一个覆盖。

定义 6.1　称偶对 (U, C) 是一个覆盖近似空间，其中 U 是论域，C 是 U 的一个覆盖。

定义 6.2　设 (U, C) 是一个覆盖近似空间，其中 $C = \{C_1, C_2, \cdots, C_p\}$。对任意给定 $X \subseteq U$，概念 X 在覆盖 C 上的下近似和上近似定义为

$$\underline{C}(X) = \bigcup\{C_i \subset X, i \in \{1, 2, \cdots, p\}\} \tag{6.1}$$

$$\overline{C}(X) = \bigcup\{C_i \bigcap X \neq \varnothing, i \in \{1, 2, \cdots, p\}\} \tag{6.2}$$

定义 6.3　给定一个覆盖近似空间 (U, C)，对任意给定的 $x \in U$，集合 $\mathrm{md}_C(x)$ 和集合 $\mathrm{MD}_C(x)$ 分别称为 x 的最小描述和最大描述，其中

$$\mathrm{md}_C(x) = \{K \in C \,\big|\, x \in K \wedge (\forall S \in C \wedge x \in S \wedge S \subseteq K \Rightarrow K = S)\} \tag{6.3}$$

$$\mathrm{MD}_C(x) = \{K \in C \,\big|\, x \in K \wedge (\forall S \in C \wedge x \in S \wedge S \supseteq K \Rightarrow K = S)\} \tag{6.4}$$

定义 6.4　设 C 是 U 的一个覆盖，$K \in C$。如果 K 是 $C - \{K\}$ 中某些元素的并，则称 K 是 C 的一个可约去元素，否则称 K 是 C 的一个不可约去元素。把 C 中所有的可约去元素删除后剩下的部分称为 C 在 U 上的约简，记为 $\mathrm{reduct}(C)$。

根据定义 6.3 和定义 6.4，可以证明对 U 上任意元素 x，它在 C 上的最小描述算子 $\mathrm{md}_C(x)$ 和它在 $\mathrm{reduct}(C)$ 上的最小描述算子 $\mathrm{md}_{\mathrm{reduct}(C)}(x)$ 是相等的，但它在 C 上的最大描述算子 $\mathrm{MD}_C(x)$ 和它在 $\mathrm{reduct}(C)$ 上的最大描述算子 $\mathrm{MD}_{\mathrm{reduct}(C)}(x)$ 却不一定相等。

6.2.3　多粒度粗糙集模型

本小节介绍乐观多粒度粗糙集模型和悲观多粒度粗糙集模型的上、下近似算子的定义及其基本性质。为了简单起见，本章只考虑由 2 个二元关系诱导的模型。

定义 6.5　设 $K = (U, \mathbf{R})$ 是一知识库，其中 $\mathbf{R}$ 是 U 上等价关系的集合。设 $A, B \in \mathbf{R}$，对任意给定 $X \subseteq U$，X 在关系 A 和 B 下的乐观多粒度下近似和乐观多粒度上近似分别定义为

$$\underline{A + B}^O X = \{x \in U \,\big|\, [x]_P \subseteq X \text{ 或 } [x]_Q \subseteq X\} \tag{6.5}$$

$$\overline{A + B}^O X = \sim \underline{A + B}^O(\sim X) \tag{6.6}$$

称 $(\underline{A+B}^O(X), \overline{A+B}^O(X))$ 为目标概念 X 在 A 和 B 下的乐观多粒度粗糙集。由式(6.5)和式(6.6)可以看到，乐观多粒度粗糙集中目标概念的上、下近似是通过多个独立的等价关系导出的等价类来表示的，而传统的粗糙集上、下近似则是通过单个等价关系导出的等价类来表示。

　　定义 **6.6**　设 $K=(U,\mathbf{R})$ 是一知识库，其中 $\mathbf{R}$ 是 U 上等价关系的集合。设 $A, B \in \mathbf{R}$，对任意给定 $X \subseteq U$，X 在关系 A 和 B 下的悲观多粒度下近似和悲观多粒度上近似分别定义为

$$\underline{A+B}^P X = \{x \in U \big| [x]_P \subseteq X \text{ 或 } [x]_Q \subseteq X\} \tag{6.7}$$

$$\overline{A+B}^P X = \sim \underline{A+B}^P (\sim X) \tag{6.8}$$

称 $(\underline{A+B}^P(X), \overline{A+B}^P(X))$ 为目标概念 X 在 A 和 B 下的悲观多粒度粗糙集。

6.3　多粒度覆盖粗糙集模型

　　在这一节，首先使用元素的最大描述和最小描述构建了四种覆盖近似空间下的多粒度粗糙集模型。在此基础上，详细探讨了模型的基本性质。最后给出了对同一目标概念在不同模型下生成相同上、下近似的条件。

6.3.1　四种多粒度覆盖粗糙集模型的定义

　　定义 (U,C) 是一覆盖近似空间，其中 U 是论域，C 是 U 上覆盖的集合，这和定义 6.1 所指的覆盖近似空间略有不同。下面先给出利用元素的最小描述定义的两种覆盖近似空间下的多粒度粗糙集模型。

　　定义 **6.7**　设 (U,C) 是一覆盖近似空间，$C_1, C_2 \in C$，$X \subseteq U$，X 在 C_1 和 C_2 下的第 I 种多粒度覆盖下近似和第 I 种多粒度覆盖上近似分别定义如下

$$\underline{\mathrm{FR}}_{C_1+C_2}(X) = \{x \in U \big| \bigcap \mathrm{md}_{C_1}(x) \subseteq X \text{ 或 } \bigcap \mathrm{md}_{C_2}(x) \subseteq X\} \tag{6.9}$$

$$\overline{\mathrm{FR}}_{C_1+C_2}(X) = \{x \in U \big| (\bigcap \mathrm{md}_{C_1}(x)) \bigcap X \neq \varnothing \text{ 且 } (\bigcap \mathrm{md}_{C_2}(x)) \bigcap X \neq \varnothing\} \tag{6.10}$$

　　如果 $\underline{\mathrm{FR}}_{C_1+C_2}(X) \neq \overline{\mathrm{FR}}_{C_1+C_2}(X)$，则称 X 是在 C_1 和 C_2 下的第 I 种多粒度覆盖粗糙集，否则称 X 是在 C_1 和 C_2 下的第 I 种可定义集。

　　根据定义 6.7 可以看到，对 $X \subseteq U$ 和 $x \in U$，X 在 C_1 和 C_2 下的第 I 种多粒度覆盖下近似和第 I 种多粒度覆盖上近似是利用元素的最小描述的交定义的，也就是说，$\bigcap \mathrm{md}_{C_1}(x)$ 和 $\bigcap \mathrm{md}_{C_2}(x)$ 只要有其中之一是目标概念的子集，则对应的 x 就属于目标概念的下近似，而只有 $\bigcap \mathrm{md}_{C_1}(x)$ 和 $\bigcap \mathrm{md}_{C_2}(x)$ 与目标概念的交都不为空，对

应的 x 才属于目标概念的上近似。和定义 6.2 定义的覆盖粗糙集相比较可以看到，定义 6.7 定义的覆盖粗糙集是基于 2 个粒度上的。

定义 6.8　设 (U,C) 是一覆盖近似空间，$C_1,C_2 \in C$，$X \subseteq U$。X 在 C_1 和 C_2 下的第 II 种多粒度覆盖下近似和第 II 种多粒度覆盖上近似分别定义如下

$$\underline{\mathrm{SR}}_{C_1+C_2}(X) = \{x \in U \,|\, \bigcup \mathrm{md}_{C_1}(x) \subseteq X \ \text{或} \ \bigcup \mathrm{md}_{C_2}(x) \subseteq X\} \tag{6.11}$$

$$\overline{\mathrm{SR}}_{C_1+C_2}(X) = \{x \in U \,|\, (\bigcup \mathrm{md}_{C_1}(x)) \bigcap X \neq \varnothing \ \text{且} \ (\bigcup \mathrm{md}_{C_2}(x)) \bigcap X \neq \varnothing\} \tag{6.12}$$

如果 $\underline{\mathrm{SR}}_{C_1+C_2}(X) \neq \overline{\mathrm{SR}}_{C_1+C_2}(X)$，则称 X 是在 C_1 和 C_2 下的第 II 种多粒度覆盖粗糙集，否则称 X 是在 C_1 和 C_2 下的第 II 种可定义集。

根据定义 6.8 可以看到，对 $X \subseteq U$ 和 $x \in U$，X 在 C_1 和 C_2 下的第 II 种多粒度覆盖下近似和第 II 种多粒度覆盖上近似是利用元素的最小描述的并定义的，也就是说，$\bigcup \mathrm{md}_{C_1}(x)$ 和 $\bigcup \mathrm{md}_{C_2}(x)$ 只要有其中之一包含于目标概念，则对应的 x 就属于目标概念的下近似，而只有 $\bigcup \mathrm{md}_{C_1}(x)$ 和 $\bigcup \mathrm{md}_{C_2}(x)$ 与目标概念的交都不为空，对应的 x 才属于目标概念的上近似。

定义 6.7 和定义 6.8 都是利用元素的最小描述对上、下近似进行定义的。然而正如 Yao 等[14]指出，在同一覆盖近似空间下，元素的最大描述和元素的最小描述是同等重要的，二者包含的信息量是相等的。基于这一观点，下面定义两种基于元素最大描述的多粒度覆盖粗糙集模型。

定义 6.9　设 (U,C) 是一覆盖近似空间，$C_1,C_2 \in C$，$X \subseteq U$。X 在 C_1 和 C_2 下的第 III 种多粒度覆盖下近似和第 III 种多粒度覆盖上近似分别定义如下

$$\underline{\mathrm{TR}}_{C_1+C_2}(X) = \{x \in U \,|\, \bigcap \mathrm{MD}_{C_1}(x) \subseteq X \ \text{或} \ \bigcap \mathrm{MD}_{C_2}(x) \subseteq X\} \tag{6.13}$$

$$\overline{\mathrm{TR}}_{C_1+C_2}(X) = \{x \in U \,|\, (\bigcap \mathrm{MD}_{C_1}(x)) \bigcap X \neq \varnothing \ \text{且} \ (\bigcap \mathrm{MD}_{C_2}(x)) \bigcap X \neq \varnothing\} \tag{6.14}$$

如果 $\underline{\mathrm{TR}}_{C_1+C_2}(X) \neq \overline{\mathrm{TR}}_{C_1+C_2}(X)$，则称 X 是在 C_1 和 C_2 下的第 III 种多粒度覆盖粗糙集，否则称 X 是在 C_1 和 C_2 下的第 III 种可定义集。

根据定义 6.9 可以看到，对 $X \subseteq U$ 和 $x \in U$，X 在 C_1 和 C_2 下的第 III 种多粒度覆盖下近似和第 III 种多粒度覆盖上近似是利用元素的最大描述的交定义的，也就是说，$\bigcap \mathrm{MD}_{C_1}(x)$ 和 $\bigcap \mathrm{MD}_{C_2}(x)$ 只要其中之一是目标概念的子集，则对应的 x 就属于目标概念的下近似，而只有 $\bigcap \mathrm{MD}_{C_1}(x)$ 和 $\bigcap \mathrm{MD}_{C_2}(x)$ 与目标概念的交都不为空，对应的 x 才属于目标概念的上近似。

定义 6.10　设 (U,C) 是一覆盖近似空间，$C_1,C_2 \in C$，$X \subseteq U$。X 在 C_1 和 C_2 下的第 IV 种多粒度覆盖下近似和第 IV 种多粒度覆盖上近似分别定义如下

$$\underline{\text{LR}}_{C_1+C_2}(X) = \{x \in U \mid \bigcup \text{MD}_{C_1}(x) \subseteq X \text{ 或 } \bigcup \text{MD}_{C_2}(x) \subseteq X\} \tag{6.15}$$

$$\overline{\text{LR}}_{C_1+C_2}(X) = \{x \in U \mid (\bigcup \text{MD}_{C_1}(x)) \bigcap X \neq \varnothing \text{ 且 } (\bigcup \text{MD}_{C_2}(x)) \bigcap X \neq \varnothing\} \tag{6.16}$$

如果 $\underline{\text{LR}}_{C_1+C_2}(X) \neq \overline{\text{LR}}_{C_1+C_2}(X)$，则称 X 是在 C_1 和 C_2 下的第Ⅳ种多粒度覆盖粗糙集，否则称 X 是在 C_1 和 C_2 下的第Ⅳ种可定义集。

根据定义 6.10 可以看到，对 $X \subseteq U$ 和 $x \in U$，X 在 C_1 和 C_2 下的第Ⅳ种多粒度覆盖下近似和第Ⅳ类多粒度覆盖上近似是利用元素的最大描述的并定义的，也就是说，$\bigcup \text{MD}_{C_1}(x)$ 和 $\bigcup \text{MD}_{C_2}(x)$ 只要其中之一包含于目标概念，则对应的 x 就属于目标概念的下近似，而只有 $\bigcup \text{MD}_{C_1}(x)$ 和 $\bigcup \text{MD}_{C_2}(x)$ 与目标概念的交都不为空，对应的 x 才属于目标概念的上近似。

很显然，当 C 是一簇等价关系的集合时，定义 6.7～定义 6.10 所定义的多粒度覆盖粗糙集模型都退化为定义 6.5 定义的多粒度粗糙集模型。因而，定义 6.7～定义 6.10 所定义的每一个模型都是经典多粒度粗糙集模型的一个拓展模型。显然，定义 6.7～定义 6.10 所定义的每一个模型也是 Pawlak 粗糙集模型的拓展模型。

下面通过一个例子来说明上述模型的区别。

例 6.1　设 (U,C) 是一覆盖近似空间，$C_1, C_2 \in C$，其中 $U = \{a,b,c,d\}$，$C_1 = \{\{a,b\}, \{b,c,d\}, \{c,d\}\}$，$C_2 = \{\{a,c\}, \{b,d\}, \{a,b,d\}, \{d\}\}$。

给定 $X = \{a,d\} \subseteq U$，根据定义 6.7～定义 6.10，有

$$\underline{\text{FR}}_{C_1+C_2}(X) = \{a,d\}, \quad \overline{\text{FR}}_{C_1+C_2}(X) = \{a,c,d\}$$

$$\underline{\text{SR}}_{C_1+C_2}(X) = \{d\}, \quad \overline{\text{SR}}_{C_1+C_2}(X) = \{a,b,c,d\}$$

$$\underline{\text{TR}}_{C_1+C_2}(X) = \{a\}, \quad \overline{\text{TR}}_{C_1+C_2}(X) = \{a,c,d\}$$

$$\underline{\text{LR}}_{C_1+C_2}(X) = \varnothing, \quad \overline{\text{LR}}_{C_1+C_2}(X) = \{a,b,c,d\}$$

从例 6.1 可以看到，给定目标概念 $X = \{a,d\}$，它的四种类型的上、下近似是相互不同的，也就是说，定义 6.7～定义 6.10 所定义的四种多粒度覆盖粗糙集模型是互相不同的。

定理 6.1　设 (U,C) 是一覆盖近似空间，$C_1, C_2 \in C$，对任意给定的 $X \subseteq U$，有以下性质：

(1) $\underline{\text{FR}}_{C_1+C_2}(\sim X) = \sim \overline{\text{FR}}_{C_1+C_2}(X)$，$\overline{\text{FR}}_{C_1+C_2}(\sim X) = \sim \underline{\text{FR}}_{C_1+C_2}(X)$；

(2) $\underline{\text{SR}}_{C_1+C_2}(\sim X) = \sim \overline{\text{SR}}_{C_1+C_2}(X)$，$\overline{\text{SR}}_{C_1+C_2}(\sim X) = \sim \underline{\text{SR}}_{C_1+C_2}(X)$；

(3) $\underline{\mathrm{TR}_{C_1+C_2}}(\sim X) = \sim \overline{\mathrm{TR}_{C_1+C_2}}(X)$，$\overline{\mathrm{TR}_{C_1+C_2}}(\sim X) = \sim \underline{\mathrm{TR}_{C_1+C_2}}(X)$；

(4) $\underline{\mathrm{LR}_{C_1+C_2}}(\sim X) = \sim \overline{\mathrm{LR}_{C_1+C_2}}(X)$，$\overline{\mathrm{LR}_{C_1+C_2}}(\sim X) = \sim \underline{\mathrm{LR}_{C_1+C_2}}(X)$。

证明：只证明(1)，其余可以类似证之。

(1) 根据定义 6.7，有

$$\underline{\mathrm{FR}_{C_1+C_2}}(\sim X) = \{x \in U \mid \cap \mathrm{md}_{C_1}(x) \subseteq \sim X \text{ 或 } \cap \mathrm{md}_{C_2}(x) \subseteq \sim X\}$$

$$= \{x \in U \mid (\cap \mathrm{md}_{C_1}(x)) \cap X = \varnothing \text{ 或 } (\cap \mathrm{md}_{C_2}(x)) \cap X = \varnothing\}$$

$$= \sim \{x \in U \mid (\cap \mathrm{md}_{C_1}(x)) \cap X \neq \varnothing \text{ 且 } (\cap \mathrm{md}_{C_2}(x)) \cap X \neq \varnothing\}$$

$$= \sim \overline{\mathrm{FR}_{C_1+C_2}}(X)$$

$$\overline{\mathrm{FR}_{C_1+C_2}}(\sim X) = \{x \in U \mid (\cap \mathrm{md}_{C_1}(x)) \cap \sim X \neq \varnothing \text{ 且 } (\cap \mathrm{md}_{C_2}(x)) \cap \sim X \neq \varnothing\}$$

$$= \sim \{x \in U \mid (\cap \mathrm{md}_{C_1}(x)) \cap \sim X = \varnothing \text{ 或 } (\cap \mathrm{md}_{C_2}(x)) \cap \sim X = \varnothing\}$$

$$= \sim \{x \in U \mid \cap \mathrm{md}_{C_1}(x) \subseteq X \text{ 或 } \cap \mathrm{md}_{C_2}(x) \subseteq X\}$$

$$= \sim \underline{\mathrm{FR}_{C_1+C_2}}(X)$$

从定理 6.1 可以看到，四种多粒度覆盖粗糙集模型的上、下近似算子都满足对偶性，即目标概念 $\sim X$ 的上近似可以通过 X 的下近似来定义，而目标概念 $\sim X$ 的下近似也可以通过 X 的上近似来定义。

6.3.2　四种多粒度覆盖粗糙集模型的性质

给定 U 上的下近似算子 $\underline{\mathrm{FR}_{C_1+C_2}}(X)$、$\underline{\mathrm{SR}_{C_1+C_2}}(X)$、$\underline{\mathrm{TR}_{C_1+C_2}}(X)$、$\underline{\mathrm{LR}_{C_1+C_2}}(X)$ 和上近似算子 $\overline{\mathrm{FR}_{C_1+C_2}}(X)$、$\overline{\mathrm{SR}_{C_1+C_2}}(X)$、$\overline{\mathrm{TR}_{C_1+C_2}}(X)$、$\overline{\mathrm{LR}_{C_1+C_2}}(X)$，表 6.1 显示了这八个近似算子对性质 $(L1) \sim (L9)$ 和 $(U1) \sim (U9)$ 的满足情况，其中"√"表示满足，"×"表示不满足。

表 6.1　多粒度覆盖粗糙集上、下近似算子的性质

性质	$\underline{\mathrm{FR}}$	$\underline{\mathrm{SR}}$	$\underline{\mathrm{TR}}$	$\underline{\mathrm{LR}}$	性质	$\overline{\mathrm{FR}}$	$\overline{\mathrm{SR}}$	$\overline{\mathrm{TR}}$	$\overline{\mathrm{LR}}$
$(L1)$	√	√	√	√	$(U1)$	√	√	√	√
$(L2)$	√	√	√	√	$(U2)$	√	√	√	√
$(L3)$	√	√	√	√	$(U3)$	√	√	√	√
$(L4)$	×	×	×	×	$(U4)$	×	×	×	×
$(L5)$	√	√	√	√	$(U5)$	√	√	√	√
$(L6)$	√	√	√	√	$(U6)$	√	√	√	√
$(L7)$	√	√	√	√	$(U7)$	√	√	√	√
$(L8)$	√	√	√	√	$(U8)$	√	√	√	√
$(L9)$	√	√	√	√	$(U9)$	×	×	×	×

从表 6.1 可以看到，除了性质 $(L4)$、$(U4)$ 和 $(U9)$ 外，以上八个近似算子满足其他所有性质。下面给出表 6.1 中部分性质的证明，并通过一些例子加以解释。以下若无特别说明，约定用 T 代表 FR、SR、TR 或 LR。

性质 6.1 设 (U,C) 是一覆盖近似空间，$C_1, C_2 \in C$。对任意给定的 $X \subseteq U$，下近似算子满足性质 $(L8)$，上近似算子满足性质 $(U8)$，即有：

(1) $\underline{T_{C_1+C_2}}(\underline{T_{C_1+C_2}}(X)) = \underline{T_{C_1+C_2}}(X)$；

(2) $\overline{T_{C_1+C_2}}(\overline{T_{C_1+C_2}}(X)) = \overline{T_{C_1+C_2}}(X)$。

证明：(1) 从表 6.1 的性质 $(L1)$，有 $\underline{T_{C_1+C_2}}(\underline{T_{C_1+C_2}}(X)) \subseteq \underline{T_{C_1+C_2}}(X)$。再根据文献[8]中定理 2 的 (4)，有

$$
\begin{aligned}
\underline{T_{C_1+C_2}}(\underline{T_{C_1+C_2}}(X)) &= \underline{T_{C_1}}(\underline{T_{C_1+C_2}}(X)) \bigcup \underline{T_{C_2}}(\underline{T_{C_1+C_2}}(X)) \\
&= \underline{T_{C_1}}(\underline{T_{C_1}}(X) \bigcup \underline{T_{C_2}}(X)) \bigcup \underline{T_{C_2}}(\underline{T_{C_1}}(X) \bigcup \underline{T_{C_2}}(X)) \\
&\supseteq \underline{T_{C_1}}(\underline{T_{C_1}}(X)) \bigcup \underline{T_{C_2}}(\underline{T_{C_2}}(X)) \\
&= \underline{T_{C_1}}(X) \bigcup \underline{T_{C_2}}(X) \\
&= \underline{T_{C_1+C_2}}(X)
\end{aligned}
$$

因此，有 $\underline{T_{C_1+C_2}}(\underline{T_{C_1+C_2}}(X)) = \underline{T_{C_1+C_2}}(X)$ 成立。

(2) 从表 6.1 的性质 $(U1)$，有 $\overline{T_{C_1+C_2}}(X) \subseteq \overline{T_{C_1+C_2}}(\overline{T_{C_1+C_2}}(X))$。再根据文献[8]中定理 2 的 (5)，有

$$
\begin{aligned}
\overline{T_{C_1+C_2}}(\overline{T_{C_1+C_2}}(X)) &= \overline{T_{C_1}}(\overline{T_{C_1+C_2}}(X)) \bigcap \overline{T_{C_2}}(\overline{T_{C_1+C_2}}(X)) \\
&= \overline{T_{C_1}}(\overline{T_{C_1}}(X) \bigcap \overline{T_{C_2}}(X)) \bigcap \overline{T_{C_2}}(\overline{T_{C_1}}(X) \bigcap \overline{T_{C_2}}(X)) \\
&\subseteq \overline{T_{C_1}}(\overline{T_{C_1}}(X)) \bigcap \overline{T_{C_2}}(\overline{T_{C_2}}(X)) \\
&= \overline{T_{C_1}}(X) \bigcap \overline{T_{C_2}}(X) \\
&= \overline{T_{C_1+C_2}}(X)
\end{aligned}
$$

因此，有 $\overline{T_{C_1+C_2}}(\overline{T_{C_1+C_2}}(X)) = \overline{T_{C_1+C_2}}(X)$ 成立。

性质 6.1 说明四种多粒度覆盖粗糙集模型的上、下近似算子满足等幂性。

注 6.1 $\underline{T_{C_1+C_2}}(\underline{T_{C_1+C_2}}(\sim X)) = \sim \overline{T_{C_1+C_2}}(X)$ 和 $\overline{T_{C_1+C_2}}(\overline{T_{C_1+C_2}}(\sim X)) = \sim \underline{T_{C_1+C_2}}(X)$ 不一定成立。

证明：根据定理 6.1 和性质 6.1，有

$$\underline{T_{C_1+C_2}}(\underline{T_{C_1+C_2}}(\sim X)) = \underline{T_{C_1+C_2}}(\sim \overline{T_{C_1+C_2}}(X))$$

$$=\sim \overline{T_{C_1+C_2}}(\overline{T_{C_1+C_2}}(X))$$

$$=\sim \overline{T_{C_1+C_2}}(X)$$

$$\overline{T_{C_1+C_2}}(\overline{T_{C_1+C_2}}(\sim X)) = \overline{T_{C_1+C_2}}(\sim \underline{T_{C_1+C_2}}(X))$$

$$=\sim \underline{T_{C_1+C_2}}(\underline{T_{C_1+C_2}}(X))$$

$$=\sim \underline{T_{C_1+C_2}}(X)$$

需要说明的是，当 X 是可定义集时，注 6.1 中的等式成立。

例 6.2（续例 6.1）　因为 $X=\{a,d\}$，则 $\sim X=\{b,c\}$。根据定义 6.7～定义 6.10，有以下计算结果。

（1）$\underline{\mathrm{FR}_{C_1+C_2}}(\sim X)=\{b\}$，$\underline{\mathrm{FR}_{C_1+C_2}}(\underline{\mathrm{FR}_{C_1+C_2}}(\sim X))=\{b\}$，而根据例 6.1，有 $\sim \underline{\mathrm{FR}_{C_1+C_2}}(X)=\{b,c\}$，因此

$$\underline{\mathrm{FR}_{C_1+C_2}}(\underline{\mathrm{FR}_{C_1+C_2}}(\sim X)) = \{b\} \neq \sim \underline{\mathrm{FR}_{C_1+C_2}}(X) = \{b,c\}$$

$$\overline{\mathrm{FR}_{C_1+C_2}}(\sim X)=\{b,c\}，\quad \overline{\mathrm{FR}_{C_1+C_2}}(\overline{\mathrm{FR}_{C_1+C_2}}(\sim X))=\{b,c\}$$

而根据例 6.1，有 $\sim \overline{\mathrm{FR}_{C_1+C_2}}(X)=\{b\}$，因此

$$\overline{\mathrm{FR}_{C_1+C_2}}(\overline{\mathrm{FR}_{C_1+C_2}}(\sim X)) = \{b,c\} \neq \sim \overline{\mathrm{FR}_{C_1+C_2}}(X) = \{b\}$$

（2）$\underline{\mathrm{SR}_{C_1+C_2}}(\sim X)=\varnothing$，$\underline{\mathrm{SR}_{C_1+C_2}}(\underline{\mathrm{SR}_{C_1+C_2}}(\sim X))=\varnothing$，而根据例 6.1，有 $\sim \underline{\mathrm{SR}_{C_1+C_2}}(X)=\{a,b,c\}$，因此

$$\underline{\mathrm{SR}_{C_1+C_2}}(\underline{\mathrm{SR}_{C_1+C_2}}(\sim X)) = \varnothing \neq \sim \underline{\mathrm{SR}_{C_1+C_2}}(X) = \{a,b,c\}$$

$$\overline{\mathrm{SR}_{C_1+C_2}}(\sim X)=\{a,b,c\}，\quad \overline{\mathrm{SR}_{C_1+C_2}}(\overline{\mathrm{SR}_{C_1+C_2}}(\sim X))=\{a,b,c\}$$

而根据例 6.1，有 $\sim \overline{\mathrm{SR}_{C_1+C_2}}(X)=\varnothing$，因此

$$\overline{\mathrm{SR}_{C_1+C_2}}(\overline{\mathrm{SR}_{C_1+C_2}}(\sim X)) = \{a,b,c\} \neq \sim \overline{\mathrm{SR}_{C_1+C_2}}(X) = \varnothing$$

（3）$\underline{\mathrm{TR}_{C_1+C_2}}(\sim X)=\{b\}$，$\underline{\mathrm{TR}_{C_1+C_2}}(\underline{\mathrm{TR}_{C_1+C_2}}(\sim X))=\{b\}$，而根据例 6.1，有 $\sim \underline{\mathrm{TR}_{C_1+C_2}}(X)=\{b,c,d\}$，因此

$$\underline{\mathrm{TR}_{C_1+C_2}}(\underline{\mathrm{TR}_{C_1+C_2}}(\sim X)) = \{b\} \neq \sim \underline{\mathrm{TR}_{C_1+C_2}}(X) = \{b,c,d\}$$

$$\overline{\mathrm{TR}_{C_1+C_2}}(\sim X)=\{b,c,d\}，\quad \overline{\mathrm{TR}_{C_1+C_2}}(\overline{\mathrm{TR}_{C_1+C_2}}(\sim X))=\{b,c,d\}$$

而根据例 6.1，有 $\sim \overline{\mathrm{TR}_{C_1+C_2}}(X)=\{b\}$，因此

$$\overline{\mathrm{TR}_{C_1+C_2}}(\overline{\mathrm{TR}_{C_1+C_2}}(\sim X))=\{b,c,d\}\neq\sim\overline{\mathrm{TR}_{C_1+C_2}}(X)=\{b\}$$

（4）$\underline{\mathrm{LR}_{C_1+C_2}}(\sim X)=\varnothing$，$\underline{\mathrm{LR}_{C_1+C_2}}(\underline{\mathrm{LR}_{C_1+C_2}}(\sim X))=\varnothing$，而根据例 6.1，有 $\sim\underline{\mathrm{LR}_{C_1+C_2}}(X)=\{a,b,c,d\}$，因此

$$\underline{\mathrm{LR}_{C_1+C_2}}(\underline{\mathrm{LR}_{C_1+C_2}}(\sim X))=\varnothing\neq\sim\underline{\mathrm{LR}_{C_1+C_2}}(X)=\{a,b,c,d\}$$

$$\overline{\mathrm{LR}_{C_1+C_2}}(\sim X)=\{a,b,c,d\},\quad \overline{\mathrm{LR}_{C_1+C_2}}(\overline{\mathrm{LR}_{C_1+C_2}}(\sim X))=\{a,b,c,d\}$$

而根据例 6.1，有 $\sim\overline{\mathrm{LR}_{C_1+C_2}}(X)=\varnothing$，因此

$$\overline{\mathrm{LR}_{C_1+C_2}}(\overline{\mathrm{LR}_{C_1+C_2}}(\sim X))=\{a,b,c,d\}\neq\sim\overline{\mathrm{LR}_{C_1+C_2}}(X)=\varnothing$$

根据例 6.2，我们看到给定一个目标概念 $X=\{a,d\}$，它不是可定义集，因此有 $\underline{T_{C_1+C_2}}(\underline{T_{C_1+C_2}}(\sim X))\neq\sim\underline{T_{C_1+C_2}}(X)$ 和 $\overline{T_{C_1+C_2}}(\overline{T_{C_1+C_2}}(\sim X))\neq\sim\overline{T_{C_1+C_2}}(X)$，这个结论和注 6.1 相吻合。

性质 6.2　设 (U,C) 是一覆盖近似空间，$C_1,C_2\in C$，对任意给定的 $X,Y\subseteq U$，有以下性质：

（1）若 $X\subseteq Y$，则有 $\underline{T_{C_1+C_2}}(X)\subseteq\underline{T_{C_1+C_2}}(Y)$；

（2）若 $X\subseteq Y$，则有 $\overline{T_{C_1+C_2}}(X)\subseteq\overline{T_{C_1+C_2}}(Y)$；

（3）$\underline{T_{C_1+C_2}}(X\cap Y)\subseteq\underline{T_{C_1+C_2}}(X)\cap\underline{T_{C_1+C_2}}(Y)$；

（4）$\underline{T_{C_1+C_2}}(X\cup Y)\supseteq\underline{T_{C_1+C_2}}(X)\cup\underline{T_{C_1+C_2}}(Y)$；

（5）$\overline{T_{C_1+C_2}}(X\cup Y)\supseteq\overline{T_{C_1+C_2}}(X)\cup\overline{T_{C_1+C_2}}(Y)$；

（6）$\overline{T_{C_1+C_2}}(X\cap Y)\subseteq\overline{T_{C_1+C_2}}(X)\cap\overline{T_{C_1+C_2}}(Y)$。

证明：性质（3）～（6）可以通过（1）或（2）来进行证明，因此只证明（1）和（2）。

（1）根据定义 6.7，有

$$\underline{\mathrm{FR}_{C_1+C_2}}(X)=\{x\in U\,|\,\bigcap\mathrm{md}_{C_1}(x)\subseteq X\text{ 或 }\bigcap\mathrm{md}_{C_2}(x)\subseteq X\}$$

若 $X\subseteq Y$，则有 $\bigcap\mathrm{md}_{C_1}(x)\subseteq X\subseteq Y$ 或 $\bigcap\mathrm{md}_{C_2}(x)\subseteq X\subseteq Y$，因此

$$\underline{\mathrm{FR}_{C_1+C_2}}(X)\subseteq\underline{\mathrm{FR}_{C_1+C_2}}(Y)$$

同理，可证第 Ⅱ、Ⅲ 和 Ⅳ 种多粒度粗糙集模型的下近似的情形。

（2）根据定义 6.7，有

$$\overline{\mathrm{FR}_{C_1+C_2}}(X)=\{x\in U\,|\,(\bigcap\mathrm{md}_{C_1}(x))\cap X\neq\varnothing\text{ 且 }(\bigcap\mathrm{md}_{C_2}(x))\cap X\neq\varnothing\}$$

若 $X \subseteq Y$，则有 $(\bigcap \mathrm{md}_{C_1}(x)) \bigcap Y \neq \varnothing$ 且 $(\bigcap \mathrm{md}_{C_2}(x)) \bigcap Y \neq \varnothing$，因此

$$\overline{\mathrm{FR}_{C_1+C_2}}(X) \subseteq \overline{\mathrm{FR}_{C_1+C_2}}(Y)$$

同理，可证第 II、III 和 IV 种模型的情形。

性质 6.2 中的 (1) 和 (2) 揭示了多粒度覆盖粗糙集模型的上、下近似的单调性，而 (3)~(6) 给出了目标概念 $X \bigcap Y$（或 $X \bigcup Y$）的上、下近似与目标概念 X 和 Y 的上、下近似的联系。

例 6.3（续例 6.1） 设 $Y = \{a,b\}$，则有 $X \bigcap Y = \{a\}$，$X \bigcup Y = \{a,b,d\}$。根据定义 6.7~定义 6.10，有以下计算结果。

(1) 根据定义 6.7，有

$$\underline{\mathrm{FR}_{C_1+C_2}}(X \bigcap Y) = \{a\}, \quad \overline{\mathrm{FR}_{C_1+C_2}}(X \bigcap Y) = \{a\}$$

$$\underline{\mathrm{FR}_{C_1+C_2}}(X \bigcup Y) = \{a,b,d\}, \quad \overline{\mathrm{FR}_{C_1+C_2}}(X \bigcup Y) = \{a,b,c,d\}$$

$$\underline{\mathrm{FR}_{C_1+C_2}}(Y) = \{a,b\}, \quad \overline{\mathrm{FR}_{C_1+C_2}}(Y) = \{a,b\}$$

因此

$$\underline{\mathrm{FR}_{C_1+C_2}}(Y) = \{a,b\} \subset \underline{\mathrm{FR}_{C_1+C_2}}(X \bigcup Y) = \{a,b,d\}$$

$$\overline{\mathrm{FR}_{C_1+C_2}}(Y) = \{a,b\} \subset \overline{\mathrm{FR}_{C_1+C_2}}(X \bigcup Y) = \{a,b,c,d\}$$

$$\underline{\mathrm{FR}_{C_1+C_2}}(X \bigcup Y) = \{a,b,d\} \supseteq \underline{\mathrm{FR}_{C_1+C_2}}(X) \bigcup \underline{\mathrm{FR}_{C_1+C_2}}(Y) = \{a,b,d\}$$

$$\overline{\mathrm{FR}_{C_1+C_2}}(X \bigcap Y) = \{a\} \subseteq \overline{\mathrm{FR}_{C_1+C_2}}(X) \bigcap \overline{\mathrm{FR}_{C_1+C_2}}(Y) = \{a\}$$

$$\underline{\mathrm{FR}_{C_1+C_2}}(X \bigcap Y) = \{a\} \subseteq \underline{\mathrm{FR}_{C_1+C_2}}(X) \bigcap \underline{\mathrm{FR}_{C_1+C_2}}(Y) = \{a\}$$

$$\overline{\mathrm{FR}_{C_1+C_2}}(X \bigcup Y) = \{a,b,c,d\} \supseteq \overline{\mathrm{FR}_{C_1+C_2}}(X) \bigcup \overline{\mathrm{FR}_{C_1+C_2}}(Y) = \{a,b,c,d\}$$

(2) 根据定义 6.8，有

$$\underline{\mathrm{SR}_{C_1+C_2}}(X \bigcap Y) = \varnothing, \quad \overline{\mathrm{SR}_{C_1+C_2}}(X \bigcap Y) = \{a\}$$

$$\underline{\mathrm{SR}_{C_1+C_2}}(X \bigcup Y) = \{a,b,d\}, \quad \overline{\mathrm{SR}_{C_1+C_2}}(X \bigcup Y) = \{a,b,c,d\}$$

$$\underline{\mathrm{SR}_{C_1+C_2}}(Y) = \{a\}, \quad \overline{\mathrm{SR}_{C_1+C_2}}(Y) = \{a,b\}$$

因此

$$\underline{SR}_{C_1+C_2}(Y) = \{a\} \subset \underline{SR}_{C_1+C_2}(X \cup Y) = \{a,b,d\}$$

$$\overline{SR}_{C_1+C_2}(Y) = \{a,b\} \subset \overline{SR}_{C_1+C_2}(X \cup Y) = \{a,b,c,d\}$$

$$\underline{SR}_{C_1+C_2}(X \cup Y) = \{a,b,d\} \supset \underline{SR}_{C_1+C_2}(X) \cup \underline{SR}_{C_1+C_2}(Y) = \{a\}$$

$$\overline{SR}_{C_1+C_2}(X \cap Y) = \{a\} \subset \overline{SR}_{C_1+C_2}(X) \cap \overline{SR}_{C_1+C_2}(Y) = \{a,b\}$$

$$\underline{SR}_{C_1+C_2}(X \cap Y) = \varnothing \subseteq \underline{SR}_{C_1+C_2}(X) \cap \underline{SR}_{C_1+C_2}(Y) = \varnothing$$

$$\overline{SR}_{C_1+C_2}(X \cup Y) = \{a,b,c,d\} \supseteq \overline{SR}_{C_1+C_2}(X) \cup \overline{SR}_{C_1+C_2}(Y) = \{a,b,c,d\}$$

(3) 根据定义 6.9，有

$$\underline{TR}_{C_1+C_2}(X \cap Y) = \{a\}, \quad \overline{TR}_{C_1+C_2}(X \cap Y) = \{a\}$$

$$\underline{TR}_{C_1+C_2}(X \cup Y) = \{a,b,d\}, \quad \overline{TR}_{C_1+C_2}(X \cup Y) = \{a,b,c,d\}$$

$$\underline{TR}_{C_1+C_2}(Y) = \{a,b\}, \quad \overline{TR}_{C_1+C_2}(Y) = \{a,b,c,d\}$$

因此

$$\underline{TR}_{C_1+C_2}(Y) = \{a,b\} \subset \underline{TR}_{C_1+C_2}(X \cup Y) = \{a,b,d\}$$

$$\overline{TR}_{C_1+C_2}(Y) = \{a,b,c,d\} \subseteq \overline{TR}_{C_1+C_2}(X \cup Y) = \{a,b,c,d\}$$

$$\underline{TR}_{C_1+C_2}(X \cup Y) = \{a,b,d\} \supset \underline{TR}_{C_1+C_2}(X) \cup \underline{TR}_{C_1+C_2}(Y) = \{a,b\}$$

$$\overline{TR}_{C_1+C_2}(X \cap Y) = \{a\} \subseteq \overline{TR}_{C_1+C_2}(X) \cap \overline{TR}_{C_1+C_2}(Y) = \{a\}$$

$$\underline{TR}_{C_1+C_2}(X \cap Y) = \{a\} \subseteq \underline{TR}_{C_1+C_2}(X) \cap \underline{TR}_{C_1+C_2}(Y) = \{a\}$$

$$\overline{TR}_{C_1+C_2}(X \cup Y) = \{a,b,c,d\} \supseteq \overline{TR}_{C_1+C_2}(X) \cup \overline{TR}_{C_1+C_2}(Y) = \{a,b,c,d\}$$

(4) 根据定义 6.10，有

$$\underline{LR}_{C_1+C_2}(X \cap Y) = \varnothing, \quad \overline{LR}_{C_1+C_2}(X \cap Y) = \{a,b\}$$

$$\underline{LR}_{C_1+C_2}(X \cup Y) = \{a,b,d\}, \quad \overline{LR}_{C_1+C_2}(X \cup Y) = \{a,b,c,d\}$$

$$\underline{LR}_{C_1+C_2}(Y) = \{a\}, \quad \overline{LR}_{C_1+C_2}(Y) = \{a,b,c,d\}$$

因此

$$\underline{\mathrm{LR}}_{C_1+C_2}(Y)=\{a\}\subset\underline{\mathrm{LR}}_{C_1+C_2}(X\bigcup Y)=\{a,b,d\}$$

$$\overline{\mathrm{LR}}_{C_1+C_2}(Y)=\{a,b,c,d\}\subseteq\overline{\mathrm{LR}}_{C_1+C_2}(X\bigcup Y)=\{a,b,c,d\}$$

$$\underline{\mathrm{LR}}_{C_1+C_2}(X\bigcup Y)=\{a,b,d\}\supset\underline{\mathrm{LR}}_{C_1+C_2}(X)\bigcup\underline{\mathrm{LR}}_{C_1+C_2}(Y)=\{a\}$$

$$\overline{\mathrm{LR}}_{C_1+C_2}(X\bigcap Y)=\{a,b\}\subset\overline{\mathrm{LR}}_{C_1+C_2}(X)\bigcap\overline{\mathrm{LR}}_{C_1+C_2}(Y)=\{a,b,c,d\}$$

$$\underline{\mathrm{LR}}_{C_1+C_2}(X\bigcap Y)=\varnothing\subseteq\underline{\mathrm{LR}}_{C_1+C_2}(X)\bigcap\underline{\mathrm{LR}}_{C_1+C_2}(Y)=\varnothing$$

$$\overline{\mathrm{LR}}_{C_1+C_2}(X\bigcup Y)=\{a,b,c,d\}\supseteq\overline{\mathrm{LR}}_{C_1+C_2}(X)\bigcup\overline{\mathrm{LR}}_{C_1+C_2}(Y)=\{a,b,c,d\}$$

例 6.3 的计算结果和性质 6.2 相吻合。

性质 6.3　设 (U,C) 是一覆盖近似空间，$C_1,C_2\in C$，对任意给定的 $X,Y\subseteq U$，其中 $C_1=\{C_{11},C_{12},\cdots,C_{1n}\}$，$C_2=\{C_{21},C_{22},\cdots,C_{2m}\}$。对任意的 $C_i\in C_1$ 或 $C_i\in C_2$，其中 $i\in\{11,12,\cdots,1n,21,22,\cdots,2m\}$，有 $\underline{T}_{C_1+C_2}(C_i)=C_i$。

证明：根据多粒度覆盖粗糙集模型的定义容易证明。

性质 6.3 揭示，对覆盖粒空间中的任何元素，它的下近似是它本身，而上近似却不一定。

注 6.2　$\overline{T}_{C_1+C_2}(C_i)=C_i$ 不一定成立。

例 6.4（续例 6.3）　根据例 6.3，$X\bigcup Y=\{a,b,d\}$ 是覆盖 C_2 中的一个元素，但是根据例 6.3 的计算结果，有

$$\overline{\mathrm{FR}}_{C_1+C_2}(X\bigcup Y)=\{a,b,c,d\}\neq X\bigcup Y=\{a,b,d\}$$

$$\overline{\mathrm{SR}}_{C_1+C_2}(X\bigcup Y)=\{a,b,c,d\}\neq X\bigcup Y=\{a,b,d\}$$

$$\overline{\mathrm{TR}}_{C_1+C_2}(X\bigcup Y)=\{a,b,c,d\}\neq X\bigcup Y=\{a,b,d\}$$

$$\overline{\mathrm{LR}}_{C_1+C_2}(X\bigcup Y)=\{a,b,c,d\}\neq X\bigcup Y=\{a,b,d\}$$

定义 6.11　设 (U,C) 是一覆盖近似空间，$C_1,C_2\in C$，且 $\mathrm{reduct}(C_1)=\{C_{11},C_{12},\cdots,C_{1p}\}$，$\mathrm{reduct}(C_2)=\{C_{21},C_{22},\cdots,C_{2q}\}$。如果对任何 $C_{1i}\in\mathrm{reduct}(C_1)$，$1\leqslant i\leqslant p$，都存在 $C_{2j}\in\mathrm{reduct}(C_2)$，$1\leqslant j\leqslant q$，使得 $C_{1i}\subseteq C_{2j}$，则称 C_1 比 C_2 细，记为 $C_1\preceq C_2$。

显然，如果 $C_1\preceq C_2$，则对任意的 $x\in U$，有 $\mathrm{md}_{C_1}(x)\subseteq\mathrm{md}_{C_2}(x)$ 和 $\mathrm{MD}_{C_1}(x)\subseteq\mathrm{MD}_{C_2}(x)$ 成立。

定理 6.2　设 (U,C) 是一覆盖近似空间，$C_1,C_2\in C$。对任意 $X\subseteq U$，如果有 $C_1\preceq C_2$，则有 $\underline{T}_{C_1+C_2}(X)=\underline{T}_{C_1}(X)$ 和 $\overline{T}_{C_1+C_2}(X)=\overline{T}_{C_1}(X)$。

证明：对任意 $X \subseteq U$，如果有 $C_1 \preceq C_2$，根据定义 6.11，有

$$\underline{\mathrm{FR}}_{C_1+C_2}(X) = \{x \in U \mid \bigcap \mathrm{md}_{C_1}(x) \subseteq X \ \text{或} \ \bigcap \mathrm{md}_{C_2}(x) \subseteq X\}$$

$$= \{x \in U \mid \bigcap \mathrm{md}_{C_1}(x) \subseteq X\}$$

$$= \underline{\mathrm{FR}}_{C_1}(X)$$

$$\overline{\mathrm{FR}}_{C_1+C_2}(X) = \{x \in U \mid (\bigcap \mathrm{md}_{C_1}(x)) \bigcap X \neq \varnothing \ \text{且} \ (\bigcap \mathrm{md}_{C_2}(x)) \bigcap X \neq \varnothing\}$$

$$= \{x \in U \mid (\bigcap \mathrm{md}_{C_1}(x)) \bigcap X \neq \varnothing\}$$

$$= \overline{\mathrm{FR}}_{C_1}(X)$$

同理，可证第 II、III 和 IV 种多粒度覆盖粗糙集模型的情形。

定理 6.2 告诉我们对任意目标概念 $X \subseteq U$，它的多粒度覆盖上、下近似等于其在最细覆盖粒空间下的上、下近似。

6.3.3　在覆盖粒空间及其约简上生成的上、下近似的关系

定理 6.3　设 (U, C) 是一覆盖近似空间，$C_1, C_2 \in C$，而 $\mathrm{reduct}(C_1)$ 和 $\mathrm{reduct}(C_2)$ 分别是 C_1 和 C_2 在 U 上的约简，则对任意目标概念 $X \subseteq U$，有：

(1) $\underline{\mathrm{FR}}_{C_1+C_2}(X) = \underline{\mathrm{FR}}_{\mathrm{reduct}(C_1)+\mathrm{reduct}(C_2)}(X)$；

(2) $\overline{\mathrm{FR}}_{C_1+C_2}(X) = \overline{\mathrm{FR}}_{\mathrm{reduct}(C_1)+\mathrm{reduct}(C_2)}(X)$；

(3) $\underline{\mathrm{SR}}_{C_1+C_2}(X) = \underline{\mathrm{SR}}_{\mathrm{reduct}(C_1)+\mathrm{reduct}(C_2)}(X)$；

(4) $\overline{\mathrm{SR}}_{C_1+C_2}(X) = \overline{\mathrm{SR}}_{\mathrm{reduct}(C_1)+\mathrm{reduct}(C_2)}(X)$。

证明：对任意 $x \in U$，C 和 $\mathrm{reduct}(C)$ 有相同的 $\mathrm{md}(x)$，因而根据定义 6.7 和定义 6.8，定理 6.3 成立。

注 6.3　设 (U, C) 是一覆盖近似空间，$C_1, C_2 \in C$，而 $\mathrm{reduct}(C_1)$ 和 $\mathrm{reduct}(C_2)$ 分别是 C_1 和 C_2 在 U 上的约简，则对任意目标概念 $X \subseteq U$，以下等式不一定成立：

(1) $\underline{\mathrm{TR}}_{C_1+C_2}(X) = \underline{\mathrm{TR}}_{\mathrm{reduct}(C_1)+\mathrm{reduct}(C_2)}(X)$；

(2) $\overline{\mathrm{TR}}_{C_1+C_2}(X) = \overline{\mathrm{TR}}_{\mathrm{reduct}(C_1)+\mathrm{reduct}(C_2)}(X)$；

(3) $\underline{\mathrm{LR}}_{C_1+C_2}(X) = \underline{\mathrm{LR}}_{\mathrm{reduct}(C_1)+\mathrm{reduct}(C_2)}(X)$；

(4) $\overline{\mathrm{LR}}_{C_1+C_2}(X) = \overline{\mathrm{LR}}_{\mathrm{reduct}(C_1)+\mathrm{reduct}(C_2)}(X)$。

证明：对任意 $x \in U$，C 和 $\mathrm{reduct}(C)$ 不一定有相同的 $\mathrm{MD}(x)$，即 C 和 $\mathrm{reduct}(C)$ 可能生成不同的最大描述，根据定义 6.9 和定义 6.10，注 6.3 得证。

定义 6.12　设 C 是 U 的一个覆盖，$K \in C$，如果存在 $K' \in C$，使得 $K \subset K'$，则称 K 是 C 的一个内元（immured element）。

定义 6.13　设 C 是 U 的一个覆盖，如果把 C 中所有内元去除后，C 剩下的部分仍然是 U 的一个覆盖，称这个新覆盖为 C 的排斥集(exclusion)，记为 exclusion(C)。

定理 6.4　设 (U,C) 是一覆盖近似空间，$C_1,C_2,C_3,C_4 \in C$，而 reduct(C_1)、reduct(C_2)、reduct(C_3)、reduct(C_4) 分别是 C_1、C_2、C_3、C_4 在 U 上的约简。若 $T_{C_1+C_2}$ 和 $T_{C_3+C_4}$ 满足下列条件之一，则对任意 $X \subseteq U$ 有 $\underline{T_{C_1+C_2}}(X) = \underline{T_{C_3+C_4}}(X)$。

(1) reduct(C_1) = reduct(C_3) 且 exclusion(C_1) = exclusion(C_3)；

(2) reduct(C_1) = reduct(C_4) 且 exclusion(C_1) = exclusion(C_4)；

(3) reduct(C_2) = reduct(C_3) 且 exclusion(C_2) = exclusion(C_3)；

(4) reduct(C_2) = reduct(C_4) 且 exclusion(C_2) = exclusion(C_4)。

证明：根据相关定义易证。

定理 6.4 实际上给出了两个不同多粒度覆盖粗糙集模型生成相同下近似的充分条件。

注 6.4　定理 6.4 的逆定理不一定成立，即 $\underline{T_{C_1+C_2}}(X) = \underline{T_{C_3+C_4}}(X)$ 成立，但相应的约简或排斥集不一定相等。

定理 6.5　设 (U,C) 是一覆盖近似空间，$C_1,C_2,C_3,C_4 \in C$，而 reduct(C_1)、reduct(C_2)、reduct(C_3)、reduct(C_4) 分别是 C_1、C_2、C_3、C_4 在 U 上的约简。$\text{FR}_{C_1+C_2}$ 和 $\text{FR}_{C_3+C_4}$（$\text{SR}_{C_1+C_2}$ 和 $\text{SR}_{C_3+C_4}$）若满足下列条件之一，则它们产生相同的多粒度覆盖上、下近似。

(1) reduct(C_1) = reduct(C_3) 且 reduct(C_2) = reduct(C_4)；

(2) reduct(C_1) = reduct(C_4) 且 reduct(C_2) = reduct(C_3)。

证明：只证明情形(1)，情形(2)可类似证明。

对任意 $x \in U$，C 和 reduct(C) 有相同的 md(x)。如果有 reduct(C_1) = reduct(C_3) 和 reduct(C_2) = reduct(C_4)，则 C_1 和 C_3 有相同的 md(x)，C_2 和 C_4 有相同的 md$'$(x)。那么根据定义 6.7 和定义 6.8，$\text{FR}_{C_1+C_2}$ 和 $\text{FR}_{C_3+C_4}$（$\text{SR}_{C_1+C_2}$ 和 $\text{SR}_{C_3+C_4}$）产生相同的多粒度覆盖上、下近似。

定理 6.5 给出了不同第 I 种(第 II 种)多粒度覆盖粗糙集模型产生相同上、下近似的充分条件。

注 6.5　定理 6.5 的逆定理不一定成立，即 $\text{FR}_{C_1+C_2}$ 和 $\text{FR}_{C_3+C_4}$（$\text{SR}_{C_1+C_2}$ 和 $\text{SR}_{C_3+C_4}$）产生相同的多粒度覆盖上、下近似，但它们的覆盖约简不一定相等。

例 6.5　设 (U,C) 是一覆盖近似空间，$C_1,C_2,C_3,C_4 \in C$，其中 $U = \{a,b,c\}$，$C_1 = \{\{a\},\{b\},\{c\}\}$，$C_2 = \{\{a,b\},\{a,b,c\},\{a,c\}\}$，$C_3 = \{\{a,b\},\{b,c\},\{a,c\}\}$，$C_4 = \{\{a,c\},\{a,b,c\}\}$。根据定义 6.4，有 reduct($C_1$) = $\{\{a\},\{b\},\{c\}\}$，reduct(C_2) = $\{\{a,b\},\{a,c\}\}$，reduct(C_3) = $\{\{a,b\},\{b,c\},\{a,c\}\}$ 和 reduct(C_4) = $\{\{a,c\},\{a,b,c\}\}$。

显然，有

$$\text{reduct}(C_1) \neq \text{reduct}(C_3), \quad \text{reduct}(C_1) \neq \text{reduct}(C_4)$$

$$\text{reduct}(C_2) \neq \text{reduct}(C_3), \quad \text{reduct}(C_1) \neq \text{reduct}(C_4)$$

给定 $X = \{a, c\}$ 和 $Y = \{a, b, c\}$，根据定义 6.7 和定义 6.8，有

$$\underline{\text{FR}_{C_1+C_2}}(X) = \{a, c\} = \underline{\text{FR}_{C_3+C_4}}(X)$$

$$\overline{\text{FR}_{C_1+C_2}}(X) = \{a, c\} = \overline{\text{FR}_{C_3+C_4}}(X)$$

$$\underline{\text{SR}_{C_1+C_2}}(X) = \{a, b, c\} = \underline{\text{SR}_{C_3+C_4}}(X)$$

$$\overline{\text{SR}_{C_1+C_2}}(X) = \{a, b, c\} = \overline{\text{SR}_{C_3+C_4}}(X)$$

定理 6.6 设 (U, C) 是一覆盖近似空间，$C_1, C_2, C_3, C_4 \in C$，而 $\text{reduct}(C_1)$、$\text{reduct}(C_2)$、$\text{reduct}(C_3)$、$\text{reduct}(C_4)$ 分别是 C_1、C_2、C_3、C_4 在 U 上的约简。$\text{TR}_{C_1+C_2}$ 和 $\text{TR}_{C_3+C_4}$（$\text{LR}_{C_1+C_2}$ 和 $\text{LR}_{C_3+C_4}$）若满足下列条件之一，则它们产生相同的多粒度覆盖上近似。

(1) $\text{reduct}(C_1) = \text{reduct}(C_3)$ 且 $\text{reduct}(C_2) = \text{reduct}(C_4)$；

(2) $\text{reduct}(C_1) = \text{reduct}(C_4)$ 且 $\text{reduct}(C_2) = \text{reduct}(C_3)$。

证明：可类似定理 6.5 进行证明。

定理 6.6 给出了不同第Ⅲ种（第Ⅳ种）多粒度覆盖粗糙集模型产生相同上近似的充分条件。

注 6.6 $\text{TR}_{C_1+C_2}$ 和 $\text{TR}_{C_3+C_4}$（$\text{LR}_{C_1+C_2}$ 和 $\text{LR}_{C_3+C_4}$）可能产生不同的多粒度覆盖下近似，即使它们满足下列条件之一。

(1) $\text{reduct}(C_1) = \text{reduct}(C_3)$ 且 $\text{reduct}(C_2) = \text{reduct}(C_4)$；

(2) $\text{reduct}(C_1) = \text{reduct}(C_4)$ 且 $\text{reduct}(C_2) = \text{reduct}(C_3)$。

例 6.6 设 (U, C) 是一覆盖近似空间，$C_1, C_2, C_3, C_4 \in C$，其中 $U = \{a, b, c\}$，$C_1 = \{\{a, c\}, \{b, c\}, \{a, b, c\}\}$，$C_2 = \{\{a, b\}, \{a, b, c\}, \{a, c\}\}$，$C_3 = \{\{a, c\}, \{b, c\}\}$，$C_4 = \{\{a, b\}, \{a, c\}\}$。根据定义 6.4，有 $\text{reduct}(C_1) = \{\{a, c\}, \{b, c\}\}$，$\text{reduct}(C_2) = \{\{a, b\}, \{a, c\}\}$，$\text{reduct}(C_3) = \{\{a, c\}, \{b, c\}\}$ 和 $\text{reduct}(C_4) = \{\{a, b\}, \{a, c\}\}$。

显然，有

$$\text{reduct}(C_1) = \text{reduct}(C_3), \quad \text{reduct}(C_2) = \text{reduct}(C_4)$$

给定 $X = \{a, c\}$，根据定义 6.8 和定义 6.9，有

$$\varnothing = \underline{\text{TR}_{C_1+C_2}}(X) \neq \underline{\text{TR}_{C_3+C_4}}(X) = \{a, c\}$$

$$\varnothing = \underline{\text{LR}_{C_1+C_2}}(X) \neq \underline{\text{LR}_{C_3+C_4}}(X) = \{a, c\}$$

6.4　四种多粒度覆盖粗糙集模型的关系

本节讨论四种多粒度覆盖粗糙集模型的关系。同一目标概念在这四种模型下的上、下近似集在集合包含关系下构成一个格，这个格是有界格、分配格，但不是有补格、布尔格。

6.4.1　四种多粒度覆盖粗糙集的上、下近似的关系

根据定义 6.7～定义 6.10，可以得到以下定理。

定理 6.7　设 (U,C) 是一覆盖近似空间，$C_1,C_2 \in C$。对任意给定的目标概念 $X \subseteq U$，有以下结论：

(1) $\underline{\mathrm{LR}_{C_1+C_2}}(X) \subseteq \underline{\mathrm{SR}_{C_1+C_2}}(X) \subseteq \underline{\mathrm{FR}_{C_1+C_2}}(X) \subseteq X$；

(2) $X \subseteq \overline{\mathrm{FR}_{C_1+C_2}}(X) \subseteq \overline{\mathrm{SR}_{C_1+C_2}}(X) \subseteq \overline{\mathrm{LR}_{C_1+C_2}}(X)$；

(3) $\underline{\mathrm{LR}_{C_1+C_2}}(X) \subseteq \underline{\mathrm{TR}_{C_1+C_2}}(X) \subseteq \underline{\mathrm{FR}_{C_1+C_2}}(X) \subseteq X$；

(4) $X \subseteq \overline{\mathrm{FR}_{C_1+C_2}}(X) \subseteq \overline{\mathrm{TR}_{C_1+C_2}}(X) \subseteq \overline{\mathrm{LR}_{C_1+C_2}}(X)$。

定理 6.7 的证明较简单，我们感兴趣的是对任意 $X \subseteq U$，它对应的四种多粒度覆盖粗糙集模型的上、下近似集在集合包含关系 $\subseteq$ 下，形成一个格，如图 6.1 所示，其中节点表示一个近似集或目标概念，节点之间的连线表示一个包含关系，连线下面的节点是连线上面节点的子集。

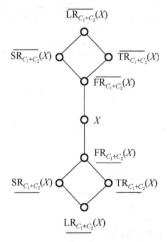

图 6.1　四种模型上、下近似的关系

根据图 6.1，有以下结论。

（1）在四对多粒度覆盖粗糙集模型上、下近似算子中，$(\underline{FR}_{C_1+C_2}(X)，\overline{FR}_{C_1+C_2}(X))$ 对目标概念进行近似描述最精确，而 $(\underline{LR}_{C_1+C_2}(X)，\overline{LR}_{C_1+C_2}(X))$ 对目标概念的近似描述最粗糙。

（2）$\underline{SR}_{C_1+C_2}(X)$ 和 $\underline{TR}_{C_1+C_2}(X)$ 既不相等，也不互相包含，$\overline{SR}_{C_1+C_2}(X)$ 和 $\overline{TR}_{C_1+C_2}(X)$ 也存在相同的情形。

根据图 6.1，可以直接得到以下定理。

定理 6.8　设 (U,C) 是一覆盖近似空间，$C_1, C_2 \in C$。对任意给定的目标概念 $X \subseteq U$，有以下结论：

（1）$\underline{SR}_{C_1+C_2}(X) \bigcup \underline{TR}_{C_1+C_2}(X) = \underline{FR}_{C_1+C_2}(X)$；

（2）$\underline{SR}_{C_1+C_2}(X) \bigcap \underline{TR}_{C_1+C_2}(X) = \underline{LR}_{C_1+C_2}(X)$；

（3）$\overline{SR}_{C_1+C_2}(X) \bigcup \overline{TR}_{C_1+C_2}(X) = \overline{LR}_{C_1+C_2}(X)$；

（4）$\overline{SR}_{C_1+C_2}(X) \bigcap \overline{TR}_{C_1+C_2}(X) = \overline{FR}_{C_1+C_2}(X)$。

定理 6.8 给出了四种多粒度覆盖粗糙集模型上、下近似算子之间的一些有意义的联系。例如，（1）告诉我们，对任意给定的目标概念 $X \subseteq U$，第Ⅰ种的下近似等于第Ⅱ种的下近似与第Ⅲ种的下近似的并。

例 6.7（续例 6.1）　设 $U = \{a,b,c,d\}$，$C_1 = \{\{a,b\},\{b,c,d\},\{c,d\}\}$，$C_2 = \{\{a,c\},\{b,d\},\{a,b,d\},\{d\}\}$，$X = \{a,d\}$。

根据定义 6.7～定义 6.10，有

$$\underline{FR}_{C_1+C_2}(X) = \{a,d\}，\quad \overline{FR}_{C_1+C_2}(X) = \{a,c,d\}$$

$$\underline{SR}_{C_1+C_2}(X) = \{d\}，\quad \overline{SR}_{C_1+C_2}(X) = \{a,b,c,d\}$$

$$\underline{TR}_{C_1+C_2}(X) = \{a\}，\quad \overline{TR}_{C_1+C_2}(X) = \{a,c,d\}$$

$$\underline{LR}_{C_1+C_2}(X) = \varnothing，\quad \overline{LR}_{C_1+C_2}(X) = \{a,b,c,d\}$$

因此，有：

（1）$\underline{LR}_{C_1+C_2}(X) \subseteq \underline{SR}_{C_1+C_2}(X) \subseteq \underline{FR}_{C_1+C_2}(X) \subseteq X$；

（2）$X \subseteq \overline{FR}_{C_1+C_2}(X) \subseteq \overline{SR}_{C_1+C_2}(X) \subseteq \overline{LR}_{C_1+C_2}(X)$；

（3）$\underline{LR}_{C_1+C_2}(X) \subseteq \underline{TR}_{C_1+C_2}(X) \subseteq \underline{FR}_{C_1+C_2}(X) \subseteq X$；

（4）$X \subseteq \overline{FR}_{C_1+C_2}(X) \subseteq \overline{TR}_{C_1+C_2}(X) \subseteq \overline{LR}_{C_1+C_2}(X)$；

(5) $\underline{\mathrm{SR}_{C_1+C_2}}(X)\bigcup\underline{\mathrm{TR}_{C_1+C_2}}(X)=\underline{\mathrm{FR}_{C_1+C_2}}(X)$；

(6) $\underline{\mathrm{SR}_{C_1+C_2}}(X)\bigcap\underline{\mathrm{TR}_{C_1+C_2}}(X)=\underline{\mathrm{LR}_{C_1+C_2}}(X)$；

(7) $\overline{\mathrm{SR}_{C_1+C_2}}(X)\bigcup\overline{\mathrm{TR}_{C_1+C_2}}(X)=\overline{\mathrm{LR}_{C_1+C_2}}(X)$；

(8) $\overline{\mathrm{SR}_{C_1+C_2}}(X)\bigcap\overline{\mathrm{TR}_{C_1+C_2}}(X)=\overline{\mathrm{FR}_{C_1+C_2}}(X)$。

6.4.2　四种多粒度覆盖粗糙集模型的格关系

下面，首先介绍一些关于格论的基本知识，为后面讨论四种多粒度覆盖粗糙集模型的格关系奠定基础。

定义 6.14[15]　如果在格 L 中对 $A,B,C\in L$，有 $A\bigcup(B\bigcap C)=(A\bigcup B)\bigcap(A\bigcup C)$ 或 $A\bigcap(B\bigcup C)=(A\bigcap B)\bigcup(A\bigcap C)$ 成立，则称格 L 为分配格。

定义 6.15[15]　设 $\langle L,\bigcup,\bigcap\rangle$ 是一个格，如果对任意 $A\in L$，都存在一个元素 1 使得 $A\bigcap 1=A$，则称 1 为格中的最大元；如果对任意 $A\in L$，都存在一个元素 0 使得 $A\bigcup 0=A$，则称 0 为格中的最小元。如果一个格 $\langle L,\bigcup,\bigcap\rangle$ 既有最大元，也有最小元，则称该格为有界格。

定义 6.16[15]　设 L 是一个有最大元 1 和最小元 0 的有界格。对任意 $A\in L$，存在一个 $B\in L$，使得 $A\bigcup B=1$ 和 $A\bigcap B=0$，则称 B 是 A 的补元。如果 L 中的每一个元素都有补元，则称 L 是一个有补格。

定义 6.17[15]　如果格 L 是一个有补格和分配格，则称 L 为布尔格。

定理 6.9　图 6.1 所示的格是一个分配格。

证明：对图 6.1 所示的格，只要证明，对任意元素 A,B,C，都有 $A\bigcup(B\bigcap C)=(A\bigcup B)\bigcap(A\bigcup C)$ 成立，就可说明它是一个分配格。下面以 $\overline{\mathrm{FR}_{C_1+C_2}}(X)$、$\underline{\mathrm{SR}_{C_1+C_2}}(X)$ 和 $\overline{\mathrm{LR}_{C_1+C_2}}(X)$ 为例进行证明，其他情况可类似证明。

一方面，有

$$\overline{\mathrm{FR}_{C_1+C_2}}(X)\bigcup(\underline{\mathrm{SR}_{C_1+C_2}}(X)\bigcap\overline{\mathrm{LR}_{C_1+C_2}}(X))$$
$$=\overline{\mathrm{FR}_{C_1+C_2}}(X)\bigcup\underline{\mathrm{SR}_{C_1+C_2}}(X)=\overline{\mathrm{FR}_{C_1+C_2}}(X)$$

另一方面，

$$(\overline{\mathrm{FR}_{C_1+C_2}}(X)\bigcup\underline{\mathrm{SR}_{C_1+C_2}}(X))\bigcap(\overline{\mathrm{FR}_{C_1+C_2}}(X)\bigcup\overline{\mathrm{LR}_{C_1+C_2}}(X))$$
$$=\overline{\mathrm{FR}_{C_1+C_2}}(X)\bigcap\overline{\mathrm{LR}_{C_1+C_2}}(X)=\overline{\mathrm{FR}_{C_1+C_2}}(X)$$

因此，

$$\overline{\mathrm{FR}_{C_1+C_2}(X)} \bigcup (\overline{\mathrm{SR}_{C_1+C_2}(X) \bigcap \mathrm{LR}_{C_1+C_2}(X)})$$
$$= (\overline{\mathrm{FR}_{C_1+C_2}(X) \bigcup \mathrm{SR}_{C_1+C_2}(X)}) \bigcap (\overline{\mathrm{FR}_{C_1+C_2}(X) \bigcup \mathrm{LR}_{C_1+C_2}(X)})$$

定理 6.10　图 6.1 所示的格是一个有界格。

证明：容易验证图 6.1 所示的格中，最大元是 $\overline{\mathrm{LR}_{C_1+C_2}(X)}$，最小元是 $\underline{\mathrm{LR}_{C_1+C_2}(X)}$。

定理 6.11　图 6.1 所示的格不是一个有补格。

证明：格中的元素 $\underline{\mathrm{SR}_{C_1+C_2}(X)}$，$\overline{\mathrm{SR}_{C_1+C_2}(X)}$，$\underline{\mathrm{TR}_{C_1+C_2}(X)}$，$\overline{\mathrm{TR}_{C_1+C_2}(X)}$ 没有补元，因此该格不是一个有补格。

定理 6.12　图 6.1 所示的格不是一个布尔格。

证明：因为该格不是一个有补格，所以也不是一个布尔格。

定义 6.18[16]　设 C 是 U 上的一个覆盖，如果对任意的 $x \in U$，有 $|\mathrm{md}(x)| = 1$，其中 $|\cdot|$ 表示集合元素的个数，则称 C 是一元的（unary）。如果对任意的 $x \in U$，有 $|\mathrm{MD}(x)| = 1$，也称 C 是一元的。

定理 6.13　设 (U,C) 是一覆盖近似空间，$C_1, C_2 \in C$。对任意给定的目标概念 $X \subseteq U$，如果 C_1 和 C_2 都是一元的，则有：

(1) $\underline{\mathrm{FR}_{C_1+C_2}(X)} = \underline{\mathrm{SR}_{C_1+C_2}(X)}$；

(2) $\overline{\mathrm{FR}_{C_1+C_2}(X)} = \overline{\mathrm{SR}_{C_1+C_2}(X)}$；

(3) $\underline{\mathrm{TR}_{C_1+C_2}(X)} = \underline{\mathrm{LR}_{C_1+C_2}(X)}$；

(4) $\overline{\mathrm{TR}_{C_1+C_2}(X)} = \overline{\mathrm{LR}_{C_1+C_2}(X)}$。

证明：只证明情形(1)和(2)，(3)和(4)的情形可类似证明。

如果 C_1 和 C_2 都是一元的，则对任意 $x \in U$，有 $|\mathrm{md}_{C_1}(x)| = 1$ 和 $|\mathrm{md}_{C_2}(x)| = 1$。因而，有 $\bigcap \mathrm{md}_{C_1}(x) = \bigcup \mathrm{md}_{C_1}(x)$ 和 $\bigcap \mathrm{md}_{C_2}(x) = \bigcup \mathrm{md}_{C_2}(x)$。那么根据定义 6.7 和定义 6.8，有 $\underline{\mathrm{FR}_{C_1+C_2}(X)} = \underline{\mathrm{SR}_{C_1+C_2}(X)}$ 和 $\overline{\mathrm{FR}_{C_1+C_2}(X)} = \overline{\mathrm{SR}_{C_1+C_2}(X)}$。

定理 6.13 给出了第 Ⅰ 种和第 Ⅱ 种（第 Ⅲ 种和第 Ⅳ 种）多粒度覆盖粗糙集模型产生相同上、下近似的充分条件，即 C_1 和 C_2 都是一元的。

注 6.7　定理 6.13 的逆定理不成立，即第 Ⅰ 种和第 Ⅱ 种（第 Ⅲ 种和第 Ⅳ 种）多粒度覆盖粗糙集模型产生相同上、下近似，但 C_1 和 C_2 不一定是一元的。

例 6.8　设 (U,C) 是一覆盖近似空间，$C_1, C_2 \in C$，其中 $U = \{a,b,c\}$，$C_1 = \{\{a,b\},\{a,c\}\}$，$C_2 = \{\{a,c\},\{b,c\}\}$。

给定 $X = \{a,c\}$，有

$$\mathrm{md}_{C_1}(a) = \{\{a,b\},\{a,c\}\}, \quad \mathrm{md}_{C_1}(b) = \{\{a,b\}\}, \quad \mathrm{md}_{C_1}(c) = \{\{a,c\}\}$$

$$\mathrm{md}_{C_2}(a)=\{\{a,c\}\},\quad \mathrm{md}_{C_2}(b)=\{\{b,c\}\},\quad \mathrm{md}_{C_2}(c)=\{\{a,c\},\{b,c\}\}$$

$$\mathrm{MD}_{C_1}(a)=\{\{a,b\},\{a,c\}\},\quad \mathrm{MD}_{C_1}(b)=\{\{a,b\}\},\quad \mathrm{MD}_{C_1}(c)=\{\{a,c\}\}$$

$$\mathrm{MD}_{C_2}(a)=\{\{a,c\}\},\quad \mathrm{MD}_{C_2}(b)=\{\{b,c\}\},\quad \mathrm{MD}_{C_2}(c)=\{\{a,c\},\{b,c\}\}$$

因此，可以计算出以下结果：

$$\bigcap \mathrm{md}_{C_1}(a)=\{a\},\quad \bigcap \mathrm{md}_{C_1}(b)=\{a,b\},\quad \bigcap \mathrm{md}_{C_1}(c)=\{a,c\}$$

$$\bigcup \mathrm{md}_{C_1}(a)=\{a,b,c\},\quad \bigcup \mathrm{md}_{C_1}(b)=\{a,b\},\quad \bigcup \mathrm{md}_{C_1}(c)=\{a,c\}$$

$$\bigcap \mathrm{md}_{C_2}(a)=\{a,c\},\quad \bigcap \mathrm{md}_{C_2}(b)=\{b,c\},\quad \bigcap \mathrm{md}_{C_2}(c)=\{c\}$$

$$\bigcup \mathrm{md}_{C_2}(a)=\{a,c\},\quad \bigcup \mathrm{md}_{C_2}(b)=\{b,c\},\quad \bigcup \mathrm{md}_{C_2}(c)=\{a,b,c\}$$

$$\bigcap \mathrm{MD}_{C_1}(a)=\{a\},\quad \bigcap \mathrm{MD}_{C_1}(b)=\{a,b\},\quad \bigcap \mathrm{MD}_{C_1}(c)=\{a,c\}$$

$$\bigcup \mathrm{MD}_{C_1}(a)=\{a,b,c\},\quad \bigcup \mathrm{MD}_{C_1}(b)=\{a,b\},\quad \bigcup \mathrm{MD}_{C_1}(c)=\{a,c\}$$

$$\bigcap \mathrm{MD}_{C_2}(a)=\{a,c\},\quad \bigcap \mathrm{MD}_{C_2}(b)=\{b,c\},\quad \bigcap \mathrm{MD}_{C_2}(c)=\{c\}$$

$$\bigcup \mathrm{MD}_{C_2}(a)=\{a,c\},\quad \bigcup \mathrm{MD}_{C_2}(b)=\{b,c\},\quad \bigcup \mathrm{MD}_{C_2}(c)=\{a,b,c\}$$

根据以上计算结果，显然 C_1 和 C_2 都不是一元的。但根据定义，有

$$\underline{\mathrm{FR}_{C_1+C_2}}(X)=\{a,c\}=\underline{\mathrm{SR}_{C_1+C_2}}(X)$$

$$\overline{\mathrm{FR}_{C_1+C_2}}(X)=\{a,b,c\}=\overline{\mathrm{SR}_{C_1+C_2}}(X)$$

$$\underline{\mathrm{TR}_{C_1+C_2}}(X)=\{a,c\}=\underline{\mathrm{LR}_{C_1+C_2}}(X)$$

$$\overline{\mathrm{TR}_{C_1+C_2}}(X)=\{a,b,c\}=\overline{\mathrm{LR}_{C_1+C_2}}(X)$$

定理 6.14　设 (U,C) 是一覆盖近似空间，$C_1,C_2 \in C$。如果 C_1 和 C_2 都是 U 的划分，那么对任意给定的 $X \subseteq U$，有：

（1）$\underline{\mathrm{FR}_{C_1+C_2}}(X)=\underline{\mathrm{SR}_{C_1+C_2}}(X)=\underline{\mathrm{TR}_{C_1+C_2}}(X)=\underline{\mathrm{LR}_{C_1+C_2}}(X)$；

（2）$\overline{\mathrm{FR}_{C_1+C_2}}(X)=\overline{\mathrm{SR}_{C_1+C_2}}(X)=\overline{\mathrm{TR}_{C_1+C_2}}(X)=\overline{\mathrm{LR}_{C_1+C_2}}(X)$。

定理 6.14 给出了本章定义的多粒度覆盖粗糙集模型与 Qian 等定义的多粒度粗糙集模型之间的联系。

6.5　多粒度覆盖粗糙集在银行信用卡审批过程中的应用

本节将提出的多粒度覆盖粗糙集模型应用于银行信用卡审批过程中，以说明所提模型的可行性和应用性。

例 6.9　设有某银行信用卡申请者 10 人，记为 $U = \{x_1, x_2, \cdots, x_{10}\}$，假设银行组织了 5 名专家来评估申请者的个人信息(如教育程度、个人收入等)。本例中假设只评估申请者的个人收入情况，其个人收入分为高、中、低 3 种情形。表 6.2 是 5 名专家(S_1，S_2，$\cdots$，S_5)给出的关于申请者的个人收入情况评价结果，其中"1"代表高收入，"2"代表中等收入，"3"代表低收入。决策(D)分为"同意申请(A)"和"不同意申请(R)"两种情况。表 6.2 中有"*"存在，这表示专家对申请者的收入拿不定主意或者弃权，也可以认为专家没有给出相关意见，假设这些缺失值可能是 1、2、3 中的任何一个。

表 6.2　评价结果表

U	S_1	S_2	S_3	S_4	S_5	D
x_1	2	1	1	2	1	A
x_2	3	1	1	2	2	A
x_3	3	3	3	3	3	R
x_4	3	3	3	3	3	R
x_5	3	3	3	3	3	R
x_6	*	2	3	2	2	A
x_7	2	2	2	2	2	R
x_8	1	2	2	1	1	A
x_9	2	1	2	1	3	A
x_{10}	3	3	*	3	2	R

根据表 6.2，对"专家 1"：
$$C_1 = \{\{x_1, x_7, x_9\}, \{x_2, x_3, x_4, x_5, x_{10}\}, \{x_1, x_2, \cdots, x_{10}\}, \{x_8\}\}$$

对"专家 2"：
$$C_2 = \{\{x_1, x_2, x_9\}, \{x_3, x_4, x_5, x_{10}\}, \{x_6, x_7, x_8\}\}$$

对"专家 3"：
$$C_3 = \{\{x_1, x_2\}, \{x_3, x_4, x_5, x_6\}, \{x_1, x_2, \cdots, x_{10}\}, \{x_7, x_8, x_9\}\}$$

对"专家 4":
$$C_4 = \{\{x_1, x_2, x_6, x_7\}, \{x_3, x_4, x_5, x_{10}\}, \{x_8, x_9\}\}$$

对"专家 5":
$$C_5 = \{\{x_1, x_8\}, \{x_2, x_6, x_7, x_{10}\}, \{x_3, x_4, x_5, x_9\}\}$$

对"决策":
$$U / \text{IND}(D) = \{\{x_1, x_2, x_6, x_8, x_9\}, \{x_3, x_4, x_5, x_7, x_{10}\}\} = \{X_1, X_2\}$$

为了获得确定的决策规则,利用定义 6.7 计算关于 5 个专家决定的 5 个粒空间 $C_1, C_2, \cdots, C_5$ 的决策 D 的下近似,可以得到:

$$\underline{\text{FR}}_{\sum_{i=1}^{5} C_i}(X_1) = \{x_1, x_2, x_8, x_9\}, \quad \underline{\text{FR}}_{\sum_{i=1}^{5} C_i}(X_1) = \{x_3, x_4, x_5, x_{10}\}$$

因此决策 D 的下近似: $\underline{D}_{\text{AT}} = \{\{x_1, x_2, x_8, x_9\}, \{x_3, x_4, x_5, x_{10}\}\}$。

而表 6.2 的属性约简集为 $\{\{S_1, S_2\}, \{S_2, S_4\}, \{S_2, S_5\}\}$,因此可以得到如下确定的决策规则:

(1) $S_1 = 1 \vee S_2 = 1 \Rightarrow D = A$, $S_2 = 3 \Rightarrow D = R$;

(2) $S_2 = 1 \vee S_4 = 1 \Rightarrow D = A$, $S_2 = 3 \Rightarrow D = R$;

(3) $S_2 = 1 \vee S_5 = 1 \Rightarrow D = A$, $S_2 = 3 \Rightarrow D = R$。

从以上规则可以得到:

(1) 若专家 S_1 或者专家 S_2 认为某申请者是高收入者,则银行可以给该申请者发信用卡。

(2) 若专家 S_2 或者专家 S_4 认为某申请者是高收入者,则银行可以给该申请者发信用卡。

(3) 若专家 S_2 或者专家 S_5 认为某申请者是高收入者,则银行可以给该申请者发信用卡。

(4) 若专家 S_2 认为某申请者是低收入者,则银行不能给该申请者发信用卡。

这样银行工作人员就可以根据以上规则对个人申请信用卡进行决策。

6.6　本 章 小 结

为了拓展多粒度粗糙集模型的应用范围,本章在覆盖近似空间下基于元素的最大和最小描述提出了四种多粒度覆盖粗糙集模型。本章研究工作主要体现在以下几个方面。

(1) 研究了四种模型的各种性质。

(2) 指出对第 I 种和第 II 种多粒度覆盖粗糙集模型,在覆盖粒空间和覆盖粒空间的约简上对同一目标概念会生成相同的上、下近似，但该结论对第Ⅲ种和第Ⅳ种多粒度覆盖粗糙集模型不一定成立。

（3）对同一种多粒度覆盖粗糙集模型，在不同覆盖条件下对同一目标概念生成相同上、下近似算子的条件进行了探索，研究结果表明，当不同覆盖之间的约简和排斥集相等时，它们会生成相同的上、下近似，但同时也指出这只是充分条件，而不是必要条件。

（4）对四种多粒度覆盖粗糙集模型之间的关系进行了分析，发现针对同一目标概念，这四种模型生成的上、下近似集在集合包含关系下形成一个格，这个格是一个分配格和有界格，但不是有补格和布尔格。

（5）指出当覆盖退化为划分时，本章定义的四种多粒度覆盖粗糙集模型退化为 Qian 等定义的多粒度粗糙集模型。

多粒度粗糙集模型的研究是粗糙集领域一个全新的方向，新的研究成果不断涌现，从模型拓展（多粒度相容粗糙集模型、多粒度模糊粗糙集模型和其他多粒度粗糙集模型）、知识发现（特征选择和规则挖掘）和拓扑分析（层次结构分析和不确定性度量）三个方面进行了研究，如图 6.2 所示。

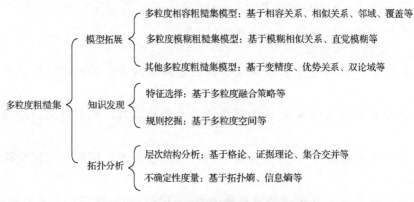

图 6.2　多粒度粗糙集模型研究现状图

上述研究表明，传统多粒度粗糙集模型主要面向简单数据，对多源异构海量复杂数据如何进行信息粒化、如何选择合适粒度层次，以及如何寻找最优的多源信息粒等研究还有待进一步展开。

参 考 文 献

[1]　Pawlak Z. Rough sets[J]. International Journal of Computer and Information Sciences, 1982, 11(5): 341-356.

[2]   Pawlak Z. Rough Sets: Theoretical Aspects of Reasoning about Data[M]. Dordrecht: Kluwer Academic Publishers, 1991.

[3]   Yao Y Y, Lin T Y. Generalization of rough sets using modal logic[J]. Intelligent Automation and Soft Computing, 1996, 2(2): 103-120.

[4]   Ziarko W. Variable precision rough set model[J]. Journal of Computer and System Sciences, 1993, 46(1): 39-59.

[5]   Kryszkiewicz M. Rough set approach to incomplete information systems[J]. Information Sciences, 1998, 112(1): 39-49.

[6]   Dubois D, Prade H. Rough fuzzy sets and fuzzy rough sets[J]. International Journal of General Systems, 1990, 17(2-3): 191-209.

[7]   Zadeh L A. Fuzzy logic = computing with words[J]. IEEE Transactions on Fuzzy Systems, 1996, 4(2): 103-111.

[8]   Qian Y H, Liang J Y, Yao Y Y, et al. MGRS: A multi-granulation rough set[J]. Information Sciences, 2010, 180(6): 949-970.

[9]   Yang X B, Song X N, Chen Z H, et al. On multigranulation rough sets in incomplete information system[J]. International Journal of Machine Learning and Cybernetics, 2012, 3(3): 223-232.

[10] Xu W H, Wang Q R,Luo S Q. Multi-granulation fuzzy rough sets[J]. Journal of Intelligent and Fuzzy Systems, 2014, 26(3): 1323-1340.

[11] She Y H, He X L. On the structure of the multigranulation rough set model [J]. Knowledge-Based Systems, 2012, 36: 81-92.

[12] Lin G P, Qian Y H, Li J J. NMGRS: Neighborhood-based multigranulation rough sets[J]. International Journal of Approximation Reasoning, 2012, 53(7): 1080-1093.

[13] Xu W H, Sun W X, Zhang X Y, et al. Multiple granulation rough set approach to ordered information systems [J]. International Journal of General Systems, 2012, 41(5): 475-501.

[14] Yao Y Y, Yao B X. Covering based rough set approximations[J]. Information Sciences, 2012, 200: 91-107.

[15] Birkhoff G. Lattice Theory[M]. Providence: American Mathematics Society, 1995.

[16] Zhu W. Relationship among basic concepts in covering-based rough sets[J]. Information Sciences, 2009, 179(14): 2478-2486.

第7章 多粒度覆盖粗糙模糊集

在第 6 章，针对清晰概念的近似问题(所谓清晰概念就是能够用 Cantor 集进行描述的概念)，提出了四种多粒度覆盖粗糙集模型，这四种模型能够很好地解决清晰目标概念近似问题。然而，在客观世界中还存在许多不能用 Cantor 的集合论进行描述的现象，例如，"胖和瘦""快和慢""美和丑"等概念。因为利用 Cantor 集不能够明确地划分它们的界限，人们称这类概念为模糊概念。本章在覆盖近似空间下，针对模糊目标概念近似问题，提出了三种多粒度覆盖粗糙模糊集模型。

7.1 引　　言

粗糙集理论和模糊集理论都是用来解决不确定性问题的重要工具。粗糙集理论中，在对问题空间粒化的基础上，使用上、下近似集来对给定目标概念进行近似刻画，由于在近似刻画目标概念时不需要任何先验知识，完全是根据所给定的数据进行分析，因此广泛地应用于人工智能、数据挖掘、模式识别等领域。与粗糙集理论不同的是，模糊集理论在对目标概念进行刻画时，往往要借助先验知识，如领域知识、专家经验等，但模糊集理论具有较强的应用性。当前，研究人员普遍接受的观点是：作为集合论的扩展理论，粗糙集理论和模糊集理论二者是具有很强互补性的两个理论。Dubois 等[1]最早将粗糙集和模糊集进行了有机结合，提出了粗糙模糊集和模糊粗糙集的概念。这一创新性工作不仅推动了经典粗糙集与模糊集结合的研究，也引发了研究人员对广义粗糙集和模糊集进行结合研究的兴趣，例如，Radzikowska 等[2]利用 T-等价关系，定义了一般意义下的模糊粗糙集，Mi 等[3]利用剩余算子 θ 及其对偶算子 δ 定义了一类新的模糊粗糙集，Yeung 等[4]基于一般模糊关系，构造了一对新的模糊粗糙上、下近似算子等。

多粒度粗糙集模型是最近兴起的一种从粒计算角度出发的 Pawlak 粗糙集模型的拓展模型。与单粒度粗糙集模型相比，多粒度粗糙集模型中的目标概念由多个粒空间中的信息粒来进行近似刻画。由于其从多个角度、多个层次出发分析问题，可获得问题更加合理、更加满意的求解，因此自提出以来，受到了人们的广泛关注。覆盖粗糙集模型是一种重要的 Pawlak 粗糙集推广模型，由于在现实生活中覆盖广泛存在，最近几年覆盖粗糙集受到了越来越多的关注，出现了大量有意义的研究成果[5-14]。在覆盖粗糙集与模糊集结合方面，魏莱等[15]在元素最小描述并集的基础上，提出了一种覆盖粗糙模糊集模型。徐忠印等[16]则在元素最小描述交集的基础上，提出了另外一种覆盖粗糙模糊集模型。胡军等[17]利用规则的置信度改进了魏莱等和徐忠印等的工作，建立了一种新的覆盖粗糙模糊集模型。

本章提出了覆盖近似空间下的多粒度粗糙模糊集模型。本章结构如下：7.2节介绍粗糙模糊集的一些基本概念和性质，为下一节奠定基础。7.3 节基于元素的最小描述，提出三种多粒度粗糙模糊集模型，对模型的基本性质进行探讨。7.4节对三种多粒度粗糙模糊集模型之间的关系进行研究。7.5节对本章进行小结。

7.2　基本概念及性质

本节介绍几种与本章相关的覆盖粗糙模糊集模型及其性质。

设 U 是一个论域，$x \in U$，U 上的一个映射 $\mu_A : U \to [0,1]$，$x \mapsto \mu_A(x)$，称 μ_A 确定了 U 上的一个模糊子集，记为 A。μ_A 称为模糊子集 A 的隶属函数，$\mu_A(x)$ 称为 x 对 A 的隶属度。为方便起见，通常将模糊子集简称为模糊集。称 U 上的模糊子集的全体为模糊幂集，记为 $F(U)$。

7.2.1　Ⅰ型覆盖粗糙模糊集模型

定义 7.1　设 (U, C) 是一覆盖近似空间，$A \in F(U)$，则 A 关于覆盖近似空间 (U, C) 的下近似隶属函数和上近似隶属函数分别定义为

$$\mu_{\underline{C}(A)}(x) = \inf\{A(y) \mid y \in \bigcap \mathrm{md}(x)\} \tag{7.1}$$

$$\mu_{\overline{C}(A)}(x) = \sup\{A(y) \mid y \in \bigcap \mathrm{md}(x)\} \tag{7.2}$$

称 $(\underline{C}(A), \overline{C}(A))$ 为 A 关于覆盖 C 的覆盖粗糙模糊集。

Ⅰ型覆盖粗糙模糊集模型是在 x 的最小描述的交集中，找出最小和最大的隶属度，来分别作为 x 的下、上近似隶属，从而求得关于 A 的一对近似模糊集。

7.2.2　Ⅱ型覆盖粗糙模糊集模型

定义 7.2　设 (U, C) 是一覆盖近似空间，$A \in F(U)$，则 A 关于覆盖近似空间 (U, C) 的下近似隶属函数和上近似隶属函数分别定义为

$$\mu_{\underline{C}(A)}(x) = \inf\{A(y) \mid y \in \bigcup \mathrm{md}(x)\} \tag{7.3}$$

$$\mu_{\overline{C}(A)}(x) = \sup\{A(y) \mid y \in \bigcup \mathrm{md}(x)\} \tag{7.4}$$

称 $(\underline{C}(A), \overline{C}(A))$ 为 A 关于覆盖 C 的 Ⅱ 型覆盖粗糙模糊集。

显然，与Ⅰ型覆盖粗糙模糊集模型不同的是，Ⅱ型覆盖粗糙模糊集模型是在 x

的最小描述的并集中，找出最小和最大的隶属度，来分别作为 x 的下、上近似隶属度，从而求得关于 A 的一对近似模糊集。

7.2.3　Ⅲ型覆盖粗糙模糊集模型

定义 7.3　设 (U,C) 是一覆盖近似空间，$A \in F(U)$，则 A 关于覆盖近似空间 (U,C) 的下近似隶属函数和上近似隶属函数分别定义为

$$\mu_{\underline{C}(A)}(x) = \sup_{K \in \mathrm{md}(x)} \{\inf_{y \in K}\{A(y)\}\} \tag{7.5}$$

$$\mu_{\overline{\mathrm{CT}(A)}}(x) = \inf_{K \in \mathrm{md}(x)} \{\sup_{y \in K}\{A(y)\}\} \tag{7.6}$$

称 $(\underline{C}(A), \overline{C}(A))$ 为 A 关于覆盖 C 的Ⅲ型覆盖粗糙模糊集。

Ⅲ型覆盖粗糙模糊集模型是通过先求出 x 最小描述的各集合中元素的最小隶属度，然后将这些最小的隶属度中那个最大的隶属度作为 x 的下近似隶属度；反之，先求出 x 最小描述的各集合中元素的最大隶属度，然后将其中最小的隶属度作为 x 的下近似隶属度。

7.3　多粒度覆盖粗糙模糊集模型及其性质

本节运用元素最大描述和元素最小描述，定义三种多粒度覆盖粗糙模糊集模型，探讨三种模型的基本性质，给出对同一目标概念在不同模型下生成相同上、下近似集的充分条件。

7.3.1　三种多粒度覆盖粗糙模糊集的定义

定义 7.4　设 (U,C) 是一覆盖近似空间，其中 U 是论域，C 是 U 上的一簇覆盖，$C_1, C_2 \in C$。对任意 $X \in F(U)$，则 X 关于 C_1 和 C_2 的下近似集和上近似集分别定义为：$\forall x \in X$

$$\underline{\mathrm{FR}_{C_1+C_2}}(X)(x) = \inf\{X(y) \mid y \in \bigcap \mathrm{md}_{C_1}(x)\} \vee \inf\{X(y) \mid y \in \bigcap \mathrm{md}_{C_2}(x)\} \tag{7.7}$$

$$\overline{\mathrm{FR}_{C_1+C_2}}(X)(x) = \sup\{X(y) \mid y \in \bigcap \mathrm{md}_{C_1}(x)\} \wedge \sup\{X(y) \mid y \in \bigcap \mathrm{md}_{C_2}(x)\} \tag{7.8}$$

如果 $\underline{\mathrm{FR}_{C_1+C_2}}(X) \neq \overline{\mathrm{FR}_{C_1+C_2}}(X)$，则称 X 是关于 C_1 和 C_2 的第Ⅰ种多粒度覆盖粗糙模糊集模型，否则称 X 是关于 C_1 和 C_2 的第Ⅰ种可定义集。

根据定义 7.4，在第Ⅰ种多粒度覆盖粗糙模糊集模型中，从元素 x 的两个最小描述的交集中，找出两个最小隶属度，然后在两个最小隶属度中找到最大者作为

下近似集的隶属度；而分别从元素 x 的两个最小描述的交集中，找出两个最大隶属度，然后在两个最大隶属度中找到最小者作为上近似集的隶属度。

定义 7.5 设 (U,C) 是一覆盖近似空间，其中 U 是论域，C 是 U 上的一簇覆盖，$C_1, C_2 \in C$。对任意 $X \in F(U)$，则 X 关于 C_1 和 C_2 的下近似集和上近似集分别定义为：$\forall x \in X$

$$\underline{\mathrm{SR}}_{C_1+C_2}(X)(x) = \inf\{X(y) \big| y \in \bigcup \mathrm{md}_{C_1}(x)\} \vee \inf\{X(y) \big| y \in \bigcup \mathrm{md}_{C_2}(x)\} \tag{7.9}$$

$$\overline{\mathrm{SR}}_{C_1+C_2}(X)(x) = \sup\{X(y) \big| y \in \bigcup \mathrm{md}_{C_1}(x)\} \wedge \sup\{X(y) \big| y \in \bigcup \mathrm{md}_{C_2}(x)\} \tag{7.10}$$

如果 $\underline{\mathrm{SR}}_{C_1+C_2}(X) \neq \overline{\mathrm{SR}}_{C_1+C_2}(X)$，则称 X 是关于 C_1 和 C_2 的第 II 种多粒度覆盖粗糙模糊集模型，否则称 X 是关于 C_1 和 C_2 的第 II 种可定义集。

根据定义 7.5，在第 II 种多粒度覆盖粗糙模糊集模型中，分别从元素 x 的两个最小描述的并集中，找出两个最小隶属度，然后在两个最小隶属度中找到最大者作为下近似集的隶属度；而分别从元素 x 的两个最小描述的并集中，找出两个最大隶属度，然后在两个最大隶属度中找到最小者作为上近似集的隶属度。

定义 7.6 设 (U,C) 是一覆盖近似空间，其中 U 是论域，C 是 U 上的一簇覆盖，$C_1, C_2 \in C$。对任意 $X \in F(U)$，则 X 关于 C_1 和 C_2 的下近似集和上近似集分别定义为：$\forall x \in X$

$$\underline{\mathrm{TR}}_{C_1+C_2}(X)(x) = \sup_{K \in \mathrm{md}_{C_1}(x)} \{\inf_{y \in K}\{X(y)\}\} \vee \sup_{K \in \mathrm{md}_{C_2}(x)} \{\inf_{y \in K}\{X(y)\}\} \tag{7.11}$$

$$\overline{\mathrm{TR}}_{C_1+C_2}(X)(x) = \inf_{K \in \mathrm{md}_{C_1}(x)} \{\sup_{y \in K}\{X(y)\}\} \wedge \inf_{K \in \mathrm{md}_{C_2}(x)} \{\sup_{y \in K}\{X(y)\}\} \tag{7.12}$$

如果 $\underline{\mathrm{TR}}_{C_1+C_2}(X) \neq \overline{\mathrm{TR}}_{C_1+C_2}(X)$，则称 X 是关于 C_1 和 C_2 的第 III 类多粒度覆盖粗糙模糊集模型，否则称 X 是关于 C_1 和 C_2 的第 III 种可定义集。

根据定义 7.6，在第 III 种多粒度覆盖粗糙模糊集模型中，先分别对元素 x 的两个最小描述的各个集合求出最小隶属度，然后分别在各个最小隶属度中找到最大者，最后将两个最大隶属度中更大者作为下近似集的隶属度。而先分别对元素 x 的两个最小描述的各个集合求出最大隶属度，然后分别在各个最大隶属度中找到最小者，最后将两个最小隶属度中更小者作为上近似集的隶属度。

下面通过一个例子来说明上述定义的三种多粒度覆盖粗糙模糊集模型是各不相同的。

例 7.1 设 (U,C) 是一覆盖近似空间，C 是 U 上的一簇覆盖，$C_1, C_2 \in C$。其中 $U = \{x_1, x_2, \cdots, x_8\}$，$C_1 = \{\{x_1, x_7\}, \{x_2, x_3, x_4, x_5, x_6\}, \{x_3, x_8\}\}$，$C_2 = \{\{x_1, x_2\}, \{x_3, x_4, x_5\}, \{x_6, x_7, x_8\}, \{x_4, x_6\}\}$。

若给定 $X = \left\{ \dfrac{0.5}{x_1}, \dfrac{0.3}{x_2}, \dfrac{0.3}{x_3}, \dfrac{0.6}{x_4}, \dfrac{0.5}{x_5}, \dfrac{0.8}{x_6}, \dfrac{1}{x_7}, \dfrac{0.9}{x_8} \right\} \in F(U)$，则有

$$\underline{FR}_{C_1+C_2}(X) = \left\{ \dfrac{0.5}{x_1}, \dfrac{0.3}{x_2}, \dfrac{0.3}{x_3}, \dfrac{0.6}{x_4}, \dfrac{0.3}{x_5}, \dfrac{0.8}{x_6}, \dfrac{0.8}{x_7}, \dfrac{0.8}{x_8} \right\}$$

$$\overline{FR}_{C_1+C_2}(X) = \left\{ \dfrac{0.5}{x_1}, \dfrac{0.5}{x_2}, \dfrac{0.3}{x_3}, \dfrac{0.6}{x_4}, \dfrac{0.6}{x_5}, \dfrac{0.8}{x_6}, \dfrac{1}{x_7}, \dfrac{0.9}{x_8} \right\}$$

$$\underline{SR}_{C_1+C_2}(X) = \left\{ \dfrac{0.5}{x_1}, \dfrac{0.3}{x_2}, \dfrac{0.3}{x_3}, \dfrac{0.3}{x_4}, \dfrac{0.3}{x_5}, \dfrac{0.6}{x_6}, \dfrac{0.8}{x_7}, \dfrac{0.8}{x_8} \right\}$$

$$\overline{SR}_{C_1+C_2}(X) = \left\{ \dfrac{0.5}{x_1}, \dfrac{0.5}{x_2}, \dfrac{0.6}{x_3}, \dfrac{0.8}{x_4}, \dfrac{0.6}{x_5}, \dfrac{0.8}{x_6}, \dfrac{1}{x_7}, \dfrac{0.9}{x_8} \right\}$$

$$\underline{TR}_{C_1+C_2}(X) = \left\{ \dfrac{0.5}{x_1}, \dfrac{0.3}{x_2}, \dfrac{0.3}{x_3}, \dfrac{0.6}{x_4}, \dfrac{0.3}{x_5}, \dfrac{0.8}{x_6}, \dfrac{0.8}{x_7}, \dfrac{0.8}{x_8} \right\}$$

$$\overline{TR}_{C_1+C_2}(X) = \left\{ \dfrac{0.5}{x_1}, \dfrac{0.5}{x_2}, \dfrac{0.6}{x_3}, \dfrac{0.6}{x_4}, \dfrac{0.6}{x_5}, \dfrac{0.8}{x_6}, \dfrac{1}{x_7}, \dfrac{0.9}{x_8} \right\}$$

从例 7.1 可以看到，对给定同一目标概念，它的上、下近似集是互不相同的，也即定义 7.1～定义 7.3 所定义的三种多粒度覆盖粗糙模糊集模型是不同的。

定理 7.1　设 (U,C) 是一覆盖近似空间，C 是 U 上的一簇覆盖，$C_1, C_2 \in C$。任意给定 $X \subseteq F(U)$，有以下等式成立：

(1) $\underline{FR}_{C_1+C_2}(\sim X) = \sim \overline{FR}_{C_1+C_2}(X)$，$\overline{FR}_{C_1+C_2}(\sim X) = \sim \underline{FR}_{C_1+C_2}(X)$；

(2) $\underline{SR}_{C_1+C_2}(\sim X) = \sim \overline{SR}_{C_1+C_2}(X)$，$\overline{SR}_{C_1+C_2}(\sim X) = \sim \underline{SR}_{C_1+C_2}(X)$；

(3) $\underline{TR}_{C_1+C_2}(\sim X) = \sim \overline{TR}_{C_1+C_2}(X)$，$\overline{TR}_{C_1+C_2}(\sim X) = \sim \underline{TR}_{C_1+C_2}(X)$。

证明：只证明情形 (1)，其余情形可类似证明。

根据定义 7.4，有

$$
\begin{aligned}
\underline{FR}_{C_1+C_2}(\sim X)(x) &= \inf\{(\sim X)(y) \,|\, y \in \bigcap \mathrm{md}_{C_1}(x)\} \vee \inf\{(\sim X)(y) \,|\, y \in \bigcap \mathrm{md}_{C_2}(x)\} \\
&= \inf\{1 - X(y) \,|\, y \in \bigcap \mathrm{md}_{C_1}(x)\} \vee \inf\{1 - X(y) \,|\, y \in \bigcap \mathrm{md}_{C_2}(x)\} \\
&= (1 - \sup\{X(y) \,|\, y \in \bigcap \mathrm{md}_{C_1}(x)\}) \vee (1 - \sup\{X(y) \,|\, y \in \bigcap \mathrm{md}_{C_2}(x)\}) \\
&= 1 - (\sup\{X(y) \,|\, y \in \bigcap \mathrm{md}_{C_1}(x)\} \wedge \sup\{X(y) \,|\, y \in \bigcap \mathrm{md}_{C_2}(x)\}) \\
&= \sim \overline{FR}_{C_1+C_2}(X)(x)
\end{aligned}
$$

$$\overline{\mathrm{FR}_{C_1+C_2}}(\sim X)(x) = \sup\{(\sim X)(y)\,|\,y \in \bigcap \mathrm{md}_{C_1}(x)\} \wedge \sup\{(\sim X)(y)\,|\,y \in \bigcap \mathrm{md}_{C_2}(x)\}$$

$$= \sup\{1 - (X)(y)\,|\,y \in \bigcap \mathrm{md}_{C_2}(x)\} \wedge \sup\{1 - (X)(y)\,|\,y \in \bigcap \mathrm{md}_{C_2}(x)\}$$

$$= (1 - \inf\{(X)(y)\,|\,y \in \bigcap \mathrm{md}_{C_2}(x)\}) \wedge (1 - \inf\{(X)(y)\,|\,y \in \bigcap \mathrm{md}_{C_2}(x)\})$$

$$= 1 - (\inf\{(X)(y)\,|\,y \in \bigcap \mathrm{md}_{C_1}(x)\} \wedge \inf\{(X)(y)\,|\,y \in \bigcap \mathrm{md}_{C_2}(x)\})$$

$$= \sim \underline{\mathrm{FR}_{C_1+C_2}}(X)(x)$$

定理 7.1 说明三种多粒度覆盖粗糙模糊集模型的上、下近似算子都满足对偶性, 即目标概念 $\sim X$ 的下近似可以通过其补集 X 的上近似来定义, 而目标概念 $\sim X$ 的上近似可以通过其补集 X 的下近似来定义。

7.3.2　三种多粒度覆盖粗糙模糊集的性质

下面讨论三种多粒度覆盖粗糙模糊集模型的一些性质。以下若无特别说明, 约定 $\mathcal{T}$ 代表 FR, SR 或 TR。

性质 7.1　设 (U,C) 是一覆盖近似空间, C 是 U 上的一簇覆盖, $C_1, C_2 \in C$。任意给定 $X \subseteq F(U)$, 有以下等式成立:

(1) $\underline{\mathcal{T}_{C_1+C_2}}(\underline{\mathcal{T}_{C_1+C_2}}(X)) = \underline{\mathcal{T}_{C_1+C_2}}(X)$;

(2) $\overline{\mathcal{T}_{C_1+C_2}}(\overline{\mathcal{T}_{C_1+C_2}}(X)) = \overline{\mathcal{T}_{C_1+C_2}}(X)$。

证明: 可类似第 4 章性质 4.1 进行证明。

性质 7.1 说明三种多粒度覆盖粗糙模糊集模型的上、下近似算子满足等幂性。

注 7.1　下列等式不一定成立。

(1) $\underline{\mathcal{T}_{C_1+C_2}}(\underline{\mathcal{T}_{C_1+C_2}}(\sim X)) = \sim \underline{\mathcal{T}_{C_1+C_2}}(X)$;

(2) $\overline{\mathcal{T}_{C_1+C_2}}(\overline{\mathcal{T}_{C_1+C_2}}(\sim X)) = \sim \overline{\mathcal{T}_{C_1+C_2}}(X)$。

证明: 根据定理 7.1 和性质 7.1, 有

(1)
$$\underline{\mathcal{T}_{C_1+C_2}}(\underline{\mathcal{T}_{C_1+C_2}}(\sim X)) = \underline{\mathcal{T}_{C_1+C_2}}(\sim \overline{\mathcal{T}_{C_1+C_2}}(X))$$
$$= \sim \overline{\mathcal{T}_{C_1+C_2}}(\overline{\mathcal{T}_{C_1+C_2}}(X))$$
$$= \sim \overline{\mathcal{T}_{C_1+C_2}}(X)$$

(2)
$$\overline{\mathcal{T}_{C_1+C_2}}(\overline{\mathcal{T}_{C_1+C_2}}(\sim X)) = \overline{\mathcal{T}_{C_1+C_2}}(\sim \underline{\mathcal{T}_{C_1+C_2}}(X))$$
$$= \sim \underline{\mathcal{T}_{C_1+C_2}}(\underline{\mathcal{T}_{C_1+C_2}}(X))$$
$$= \sim \underline{\mathcal{T}_{C_1+C_2}}(X)$$

需要特别注意的是, 当 X 是可定义集时, 注 7.1 中的等式成立。

例 7.2(续例 7.1) $\sim X = \left\{ \dfrac{0.5}{x_1}, \dfrac{0.7}{x_2}, \dfrac{0.7}{x_3}, \dfrac{0.4}{x_4}, \dfrac{0.5}{x_5}, \dfrac{0.2}{x_6}, \dfrac{0}{x_7}, \dfrac{0.1}{x_8} \right\}$，根据三种多粒度

覆盖粗糙模糊集模型上、下近似的定义，有以下计算结果。

(1)
$$\underline{\mathrm{FR}_{C_1+C_2}}(\sim X) = \left\{ \frac{0.5}{x_1}, \frac{0.5}{x_2}, \frac{0.7}{x_3}, \frac{0.4}{x_4}, \frac{0.5}{x_5}, \frac{0.2}{x_6}, \frac{0}{x_7}, \frac{0.1}{x_8} \right\}$$

$$\underline{\mathrm{FR}_{C_1+C_2}}(\mathrm{FR}_{C_1+C_2}(\sim X)) = \left\{ \frac{0.5}{x_1}, \frac{0.5}{x_2}, \frac{0.7}{x_3}, \frac{0.4}{x_4}, \frac{0.4}{x_5}, \frac{0.2}{x_6}, \frac{0}{x_7}, \frac{0.1}{x_8} \right\}$$

而根据例 7.1，有

$$\sim \underline{\mathrm{FR}_{C_1+C_2}}(X) = \left\{ \frac{0.5}{x_1}, \frac{0.7}{x_2}, \frac{0.7}{x_3}, \frac{0.4}{x_4}, \frac{0.7}{x_5}, \frac{0.2}{x_6}, \frac{0.2}{x_7}, \frac{0.2}{x_8} \right\}$$

因而有

$$\underline{\mathrm{FR}_{C_1+C_2}}(\mathrm{FR}_{C_1+C_2}(\sim X)) \neq \sim \underline{\mathrm{FR}_{C_1+C_2}}(X)$$

$$\overline{\mathrm{FR}_{C_1+C_2}}(\sim X) = \left\{ \frac{0.5}{x_1}, \frac{0.7}{x_2}, \frac{0.7}{x_3}, \frac{0.4}{x_4}, \frac{0.7}{x_5}, \frac{0.2}{x_6}, \frac{0.2}{x_7}, \frac{0.2}{x_8} \right\}$$

$$\overline{\mathrm{FR}_{C_1+C_2}}(\mathrm{FR}_{C_1+C_2}(\sim X)) = \left\{ \frac{0.5}{x_1}, \frac{0.7}{x_2}, \frac{0.7}{x_3}, \frac{0.4}{x_4}, \frac{0.7}{x_5}, \frac{0.2}{x_6}, \frac{0.2}{x_7}, \frac{0.2}{x_8} \right\}$$

而根据例 7.1，有

$$\sim \overline{\mathrm{FR}_{C_1+C_2}}(X) = \left\{ \frac{0.5}{x_1}, \frac{0.5}{x_2}, \frac{0.7}{x_3}, \frac{0.4}{x_4}, \frac{0.4}{x_5}, \frac{0.2}{x_6}, \frac{0}{x_7}, \frac{0.1}{x_8} \right\}$$

因而有

$$\overline{\mathrm{FR}_{C_1+C_2}}(\mathrm{FR}_{C_1+C_2}(\sim X)) \neq \sim \overline{\mathrm{FR}_{C_1+C_2}}(X)$$

(2)
$$\underline{\mathrm{SR}_{C_1+C_2}}(\sim X) = \left\{ \frac{0.5}{x_1}, \frac{0.5}{x_2}, \frac{0.4}{x_3}, \frac{0.2}{x_4}, \frac{0.4}{x_5}, \frac{0.2}{x_6}, \frac{0}{x_7}, \frac{0.1}{x_8} \right\}$$

$$\underline{\mathrm{SR}_{C_1+C_2}}(\mathrm{SR}_{C_1+C_2}(\sim X)) = \left\{ \frac{0.5}{x_1}, \frac{0.5}{x_2}, \frac{0.2}{x_3}, \frac{0.2}{x_4}, \frac{0.2}{x_5}, \frac{0.2}{x_6}, \frac{0}{x_7}, \frac{0.1}{x_8} \right\}$$

而根据例 7.1，有

$$\sim \underline{\mathrm{SR}_{C_1+C_2}}(X) = \left\{ \frac{0.5}{x_1}, \frac{0.7}{x_2}, \frac{0.7}{x_3}, \frac{0.7}{x_4}, \frac{0.7}{x_5}, \frac{0.4}{x_6}, \frac{0.2}{x_7}, \frac{0.2}{x_8} \right\}$$

因而有

$$\underline{\mathrm{SR}}_{C_1+C_2}\left(\overline{\mathrm{SR}}_{C_1+C_2}(\sim X)\right)\neq\sim\overline{\mathrm{SR}}_{C_1+C_2}(X)$$

$$\overline{\mathrm{SR}}_{C_1+C_2}(\sim X)=\left\{\frac{0.5}{x_1},\frac{0.7}{x_2},\frac{0.7}{x_3},\frac{0.7}{x_4},\frac{0.7}{x_5},\frac{0.4}{x_6},\frac{0.2}{x_7},\frac{0.2}{x_8}\right\}$$

$$\overline{\mathrm{SR}}_{C_1+C_2}\left(\overline{\mathrm{SR}}_{C_1+C_2}(\sim X)\right)=\left\{\frac{0.5}{x_1},\frac{0.7}{x_2},\frac{0.7}{x_3},\frac{0.7}{x_4},\frac{0.7}{x_5},\frac{0.7}{x_6},\frac{0.4}{x_7},\frac{0.4}{x_8}\right\}$$

而根据例 7.1，有

$$\sim\overline{\mathrm{SR}}_{C_1+C_2}(X)=\left\{\frac{0.5}{x_1},\frac{0.5}{x_2},\frac{0.4}{x_3},\frac{0.2}{x_4},\frac{0.4}{x_5},\frac{0.2}{x_6},\frac{0}{x_7},\frac{0.1}{x_8}\right\}$$

因而有

$$\overline{\mathrm{SR}}_{C_1+C_2}\left(\overline{\mathrm{SR}}_{C_1+C_2}(\sim X)\right)\neq\sim\overline{\mathrm{SR}}_{C_1+C_2}(X)$$

(3)
$$\underline{\mathrm{TR}}_{C_1+C_2}(\sim X)=\left\{\frac{0.5}{x_1},\frac{0.5}{x_2},\frac{0.4}{x_3},\frac{0.4}{x_4},\frac{0.4}{x_5},\frac{0.2}{x_6},\frac{0}{x_7},\frac{0.1}{x_8}\right\}$$

$$\underline{\mathrm{TR}}_{C_1+C_2}\left(\underline{\mathrm{TR}}_{C_1+C_2}(\sim X)\right)=\left\{\frac{0.5}{x_1},\frac{0.5}{x_2},\frac{0.4}{x_3},\frac{0.4}{x_4},\frac{0.4}{x_5},\frac{0.2}{x_6},\frac{0}{x_7},\frac{0.1}{x_8}\right\}$$

而根据例 7.1，有

$$\sim\underline{\mathrm{TR}}_{C_1+C_2}(X)=\left\{\frac{0.5}{x_1},\frac{0.7}{x_2},\frac{0.7}{x_3},\frac{0.4}{x_4},\frac{0.7}{x_5},\frac{0.2}{x_6},\frac{0.2}{x_7},\frac{0.2}{x_8}\right\}$$

因而有

$$\underline{\mathrm{TR}}_{C_1+C_2}\left(\underline{\mathrm{TR}}_{C_1+C_2}(\sim X)\right)\neq\sim\underline{\mathrm{TR}}_{C_1+C_2}(X)$$

$$\overline{\mathrm{TR}}_{C_1+C_2}(\sim X)=\left\{\frac{0.5}{x_1},\frac{0.7}{x_2},\frac{0.7}{x_3},\frac{0.4}{x_4},\frac{0.7}{x_5},\frac{0.2}{x_6},\frac{0.2}{x_7},\frac{0.2}{x_8}\right\}$$

$$\overline{\mathrm{TR}}_{C_1+C_2}\left(\overline{\mathrm{TR}}_{C_1+C_2}(\sim X)\right)=\left\{\frac{0.5}{x_1},\frac{0.7}{x_2},\frac{0.7}{x_3},\frac{0.4}{x_4},\frac{0.7}{x_5},\frac{0.2}{x_6},\frac{0.2}{x_7},\frac{0.2}{x_8}\right\}$$

而根据例 7.1，有

$$\sim\overline{\mathrm{TR}}_{C_1+C_2}(X)=\left\{\frac{0.5}{x_1},\frac{0.5}{x_2},\frac{0.4}{x_3},\frac{0.4}{x_4},\frac{0.4}{x_5},\frac{0.2}{x_6},\frac{0}{x_7},\frac{0.1}{x_8}\right\}$$

因而有

$$\overline{\mathrm{TR}}_{C_1+C_2}\left(\overline{\mathrm{TR}}_{C_1+C_2}(\sim X)\right)\neq\sim\overline{\mathrm{TR}}_{C_1+C_2}(X)$$

例 7.2 说明了注 7.1 的正确性。

性质 7.2　设 (U,C) 是一覆盖近似空间，C 是 U 上的一簇覆盖，$C_1,C_2\in C$。任意给定 $X,Y\subseteq F(U)$，有以下性质：

(1)若 $X \subseteq Y$，则有 $\underline{\mathcal{T}_{C_1+C_2}}(X) \subseteq \underline{\mathcal{T}_{C_1+C_2}}(Y)$；

(2)若 $X \subseteq Y$，则有 $\overline{\mathcal{T}_{C_1+C_2}}(X) \subseteq \overline{\mathcal{T}_{C_1+C_2}}(Y)$；

(3) $\underline{\mathcal{T}_{C_1+C_2}}(X \cap Y) \subseteq \underline{\mathcal{T}_{C_1+C_2}}(X) \cap \underline{\mathcal{T}_{C_1+C_2}}(Y)$；

(4) $\underline{\mathcal{T}_{C_1+C_2}}(X \cup Y) \supseteq \underline{\mathcal{T}_{C_1+C_2}}(X) \cup \underline{\mathcal{T}_{C_1+C_2}}(Y)$；

(5) $\overline{\mathcal{T}_{C_1+C_2}}(X \cup Y) \supseteq \overline{\mathcal{T}_{C_1+C_2}}(X) \cup \overline{\mathcal{T}_{C_1+C_2}}(Y)$；

(6) $\overline{\mathcal{T}_{C_1+C_2}}(X \cap Y) \subseteq \overline{\mathcal{T}_{C_1+C_2}}(X) \cap \overline{\mathcal{T}_{C_1+C_2}}(Y)$。

证明：性质(3)～(6)可以通过(1)或(2)来进行证明，
因此只证明(1)和(2)。

(1)对任意的 $x \in U$，若 $X \subseteq Y$，则有 $X(x) \leqslant Y(x)$，因而有

$$\inf\{X(y) \big| y \in \bigcap \mathrm{md}_{C_1}(x)\} \leqslant \inf\{Y(y) \big| y \in \bigcap \mathrm{md}_{C_1}(x)\}$$

$$\inf\{X(y) \big| y \in \bigcap \mathrm{md}_{C_2}(x)\} \leqslant \inf\{Y(y) \big| y \in \bigcap \mathrm{md}_{C_2}(x)\}$$

根据定义 7.4 有

$$\begin{aligned}
\underline{\mathrm{FR}_{C_1+C_2}}(X)(x) &= \inf\{X(y) \big| y \in \bigcap \mathrm{md}_{C_1}(x)\} \vee \inf\{X(y) \big| y \in \bigcap \mathrm{md}_{C_2}(x)\} \\
&\leqslant \inf\{Y(y) \big| y \in \bigcap \mathrm{md}_{C_1}(x)\} \vee \inf\{Y(y) \big| y \in \bigcap \mathrm{md}_{C_2}(x)\} \\
&= \underline{\mathrm{FR}_{C_1+C_2}}(Y)(x)
\end{aligned}$$

所以有

$$\underline{\mathrm{FR}_{C_1+C_2}}(X) \subseteq \underline{\mathrm{FR}_{C_1+C_2}}(Y)$$

同理可证 $\underline{\mathrm{SR}_{C_1+C_2}}(X) \subseteq \underline{\mathrm{SR}_{C_1+C_2}}(Y)$ 和 $\underline{\mathrm{TR}_{C_1+C_2}}(X) \subseteq \underline{\mathrm{TR}_{C_1+C_2}}(Y)$。

(2)对任意的 $x \in U$，若 $X \subseteq Y$，则有 $X(x) \leqslant Y(x)$，因而有

$$\sup\{X(y) \big| y \in \bigcap \mathrm{md}_{C_1}(x)\} \leqslant \sup\{Y(y) \big| y \in \bigcap \mathrm{md}_{C_1}(x)\}$$

$$\sup\{X(y) \big| y \in \bigcap \mathrm{md}_{C_2}(x)\} \leqslant \sup\{Y(y) \big| y \in \bigcap \mathrm{md}_{C_2}(x)\}$$

根据定义 7.4 有

$$\begin{aligned}
\overline{\mathrm{FR}_{C_1+C_2}}(X)(x) &= \sup\{X(y) \big| y \in \bigcap \mathrm{md}_{C_1}(x)\} \wedge \sup\{X(y) \big| y \in \bigcap \mathrm{md}_{C_1}(x)\} \\
&\leqslant \sup\{Y(y) \big| y \in \bigcap \mathrm{md}_{C_1}(x)\} \wedge \sup\{Y(y) \big| y \in \bigcap \mathrm{md}_{C_1}(x)\} \\
&= \overline{\mathrm{FR}_{C_1+C_2}}(Y)(x)
\end{aligned}$$

所以有

$$\overline{\mathrm{FR}_{C_1+C_2}}(X) \subseteq \overline{\mathrm{FR}_{C_1+C_2}}(Y)$$

同理可证 $\overline{\mathrm{SR}_{C_1+C_2}}(X) \subseteq \overline{\mathrm{SR}_{C_1+C_2}}(Y)$ 和 $\overline{\mathrm{TR}_{C_1+C_2}}(X) \subseteq \overline{\mathrm{TR}_{C_1+C_2}}(Y)$。

性质 7.2 中的 (1) 和 (2) 揭示了多粒度覆盖粗糙模糊集模型的上、下近似的单调性，而 (3)~(6) 给出了目标概念 $X \bigcap Y$（或 $X \bigcup Y$）的上、下近似与目标概念 X 和 Y 的上、下近似的联系。

例 7.3（续例 7.1） 设 $Y = \left\{ \dfrac{0.7}{x_1}, \dfrac{0.2}{x_2}, \dfrac{0.2}{x_3}, \dfrac{0.6}{x_4}, \dfrac{0.4}{x_5}, \dfrac{0.9}{x_6}, \dfrac{0.8}{x_7}, \dfrac{0.6}{x_8} \right\}$，则有

$$X \bigcap Y = \left\{ \frac{0.5}{x_1}, \frac{0.2}{x_2}, \frac{0.2}{x_3}, \frac{0.6}{x_4}, \frac{0.4}{x_5}, \frac{0.8}{x_6}, \frac{0.8}{x_7}, \frac{0.6}{x_8} \right\}$$

$$X \bigcup Y = \left\{ \frac{0.7}{x_1}, \frac{0.3}{x_2}, \frac{0.3}{x_3}, \frac{0.6}{x_4}, \frac{0.5}{x_5}, \frac{0.9}{x_6}, \frac{1}{x_7}, \frac{0.9}{x_8} \right\}$$

根据定义有以下计算结果。

(1) 根据定义 7.4，有

$$\underline{\mathrm{FR}_{C_1+C_2}}(Y) = \left\{ \frac{0.7}{x_1}, \frac{0.2}{x_2}, \frac{0.2}{x_3}, \frac{0.6}{x_4}, \frac{0.2}{x_5}, \frac{0.9}{x_6}, \frac{0.7}{x_7}, \frac{0.6}{x_8} \right\}$$

$$\overline{\mathrm{FR}_{C_1+C_2}}(Y) = \left\{ \frac{0.7}{x_1}, \frac{0.7}{x_2}, \frac{0.2}{x_3}, \frac{0.6}{x_4}, \frac{0.6}{x_5}, \frac{0.9}{x_6}, \frac{0.8}{x_7}, \frac{0.6}{x_8} \right\}$$

$$\underline{\mathrm{FR}_{C_1+C_2}}(X \bigcap Y) = \left\{ \frac{0.5}{x_1}, \frac{0.2}{x_2}, \frac{0.2}{x_3}, \frac{0.6}{x_4}, \frac{0.2}{x_5}, \frac{0.8}{x_6}, \frac{0.6}{x_7}, \frac{0.6}{x_8} \right\}$$

$$\overline{\mathrm{FR}_{C_1+C_2}}(X \bigcap Y) = \left\{ \frac{0.5}{x_1}, \frac{0.5}{x_2}, \frac{0.2}{x_3}, \frac{0.6}{x_4}, \frac{0.6}{x_5}, \frac{0.8}{x_6}, \frac{0.8}{x_7}, \frac{0.6}{x_8} \right\}$$

$$\underline{\mathrm{FR}_{C_1+C_2}}(X \bigcup Y) = \left\{ \frac{0.7}{x_1}, \frac{0.3}{x_2}, \frac{0.3}{x_3}, \frac{0.6}{x_4}, \frac{0.3}{x_5}, \frac{0.9}{x_6}, \frac{0.9}{x_7}, \frac{0.9}{x_8} \right\}$$

$$\overline{\mathrm{FR}_{C_1+C_2}}(X \bigcup Y) = \left\{ \frac{0.7}{x_1}, \frac{0.7}{x_2}, \frac{0.3}{x_3}, \frac{0.6}{x_4}, \frac{0.6}{x_5}, \frac{0.9}{x_6}, \frac{1}{x_7}, \frac{0.9}{x_8} \right\}$$

显然，有

$$Y = \left\{ \frac{0.7}{x_1}, \frac{0.2}{x_2}, \frac{0.2}{x_3}, \frac{0.6}{x_4}, \frac{0.4}{x_5}, \frac{0.9}{x_6}, \frac{0.8}{x_7}, \frac{0.6}{x_8} \right\}$$

$$\subset X \bigcup Y = \left\{ \frac{0.7}{x_1}, \frac{0.3}{x_2}, \frac{0.3}{x_3}, \frac{0.6}{x_4}, \frac{0.5}{x_5}, \frac{0.9}{x_6}, \frac{1}{x_7}, \frac{0.9}{x_8} \right\}$$

则

$$\underline{FR_{C_1+C_2}}(Y) = \left\{ \frac{0.7}{x_1}, \frac{0.2}{x_2}, \frac{0.2}{x_3}, \frac{0.6}{x_4}, \frac{0.2}{x_5}, \frac{0.9}{x_6}, \frac{0.7}{x_7}, \frac{0.6}{x_8} \right\}$$

$$\subset \underline{FR_{C_1+C_2}}(X \cup Y) = \left\{ \frac{0.7}{x_1}, \frac{0.3}{x_2}, \frac{0.3}{x_3}, \frac{0.6}{x_4}, \frac{0.3}{x_5}, \frac{0.9}{x_6}, \frac{0.9}{x_7}, \frac{0.9}{x_8} \right\}$$

$$\overline{FR_{C_1+C_2}}(Y) = \left\{ \frac{0.7}{x_1}, \frac{0.7}{x_2}, \frac{0.2}{x_3}, \frac{0.6}{x_4}, \frac{0.6}{x_5}, \frac{0.9}{x_6}, \frac{0.8}{x_7}, \frac{0.6}{x_8} \right\}$$

$$\subset \overline{FR_{C_1+C_2}}(X \cup Y) = \left\{ \frac{0.7}{x_1}, \frac{0.7}{x_2}, \frac{0.3}{x_3}, \frac{0.6}{x_4}, \frac{0.6}{x_5}, \frac{0.9}{x_6}, \frac{1}{x_7}, \frac{0.9}{x_8} \right\}$$

$$\underline{FR_{C_1+C_2}}(X \cap Y) = \left\{ \frac{0.5}{x_1}, \frac{0.2}{x_2}, \frac{0.2}{x_3}, \frac{0.6}{x_4}, \frac{0.2}{x_5}, \frac{0.8}{x_6}, \frac{0.6}{x_7}, \frac{0.6}{x_8} \right\}$$

$$\subset \underline{FR_{C_1+C_2}}(X) \cap \underline{FR_{C_1+C_2}}(Y)$$

$$= \left\{ \frac{0.7}{x_1}, \frac{0.2}{x_2}, \frac{0.2}{x_3}, \frac{0.6}{x_4}, \frac{0.2}{x_5}, \frac{0.8}{x_6}, \frac{0.7}{x_7}, \frac{0.6}{x_8} \right\}$$

$$\underline{FR_{C_1+C_2}}(X \cup Y) = \left\{ \frac{0.7}{x_1}, \frac{0.3}{x_2}, \frac{0.3}{x_3}, \frac{0.6}{x_4}, \frac{0.3}{x_5}, \frac{0.9}{x_6}, \frac{0.9}{x_7}, \frac{0.9}{x_8} \right\}$$

$$\supset \underline{FR_{C_1+C_2}}(X) \cup \underline{FR_{C_1+C_2}}(Y)$$

$$= \left\{ \frac{0.7}{x_1}, \frac{0.3}{x_2}, \frac{0.3}{x_3}, \frac{0.6}{x_4}, \frac{0.3}{x_5}, \frac{0.9}{x_6}, \frac{0.8}{x_7}, \frac{0.8}{x_8} \right\}$$

$$\overline{FR_{C_1+C_2}}(X \cup Y) = \left\{ \frac{0.7}{x_1}, \frac{0.7}{x_2}, \frac{0.3}{x_3}, \frac{0.6}{x_4}, \frac{0.6}{x_5}, \frac{0.9}{x_6}, \frac{1}{x_7}, \frac{0.9}{x_8} \right\}$$

$$\supseteq \overline{FR_{C_1+C_2}}(X) \cup \overline{FR_{C_1+C_2}}(Y)$$

$$= \left\{ \frac{0.7}{x_1}, \frac{0.7}{x_2}, \frac{0.3}{x_3}, \frac{0.6}{x_4}, \frac{0.6}{x_5}, \frac{0.9}{x_6}, \frac{1}{x_7}, \frac{0.9}{x_8} \right\}$$

$$\overline{FR_{C_1+C_2}}(X \cap Y) = \left\{ \frac{0.5}{x_1}, \frac{0.5}{x_2}, \frac{0.2}{x_3}, \frac{0.6}{x_4}, \frac{0.6}{x_5}, \frac{0.8}{x_6}, \frac{0.8}{x_7}, \frac{0.6}{x_8} \right\}$$

$$\subseteq \overline{FR_{C_1+C_2}}(X) \cap \overline{FR_{C_1+C_2}}(Y)$$

$$= \left\{ \frac{0.5}{x_1}, \frac{0.5}{x_2}, \frac{0.2}{x_3}, \frac{0.6}{x_4}, \frac{0.6}{x_5}, \frac{0.8}{x_6}, \frac{0.8}{x_7}, \frac{0.6}{x_8} \right\}$$

(2) 根据定义 7.5，有

$$\underline{SR_{C_1+C_2}}(Y) = \left\{ \frac{0.7}{x_1}, \frac{0.2}{x_2}, \frac{0.2}{x_3}, \frac{0.2}{x_4}, \frac{0.2}{x_5}, \frac{0.6}{x_6}, \frac{0.7}{x_7}, \frac{0.6}{x_8} \right\}$$

$$\overline{\mathrm{SR}_{C_1+C_2}}(Y) = \left\{ \frac{0.7}{x_1}, \frac{0.6}{x_2}, \frac{0.6}{x_3}, \frac{0.9}{x_4}, \frac{0.6}{x_5}, \frac{0.9}{x_6}, \frac{0.8}{x_7}, \frac{0.6}{x_8} \right\}$$

$$\underline{\mathrm{SR}_{C_1+C_2}}(X \cap Y) = \left\{ \frac{0.5}{x_1}, \frac{0.2}{x_2}, \frac{0.2}{x_3}, \frac{0.2}{x_4}, \frac{0.2}{x_5}, \frac{0.6}{x_6}, \frac{0.6}{x_7}, \frac{0.6}{x_8} \right\}$$

$$\overline{\mathrm{SR}_{C_1+C_2}}(X \cap Y) = \left\{ \frac{0.5}{x_1}, \frac{0.5}{x_2}, \frac{0.6}{x_3}, \frac{0.8}{x_4}, \frac{0.6}{x_5}, \frac{0.8}{x_6}, \frac{0.8}{x_7}, \frac{0.6}{x_8} \right\}$$

$$\underline{\mathrm{SR}_{C_1+C_2}}(X \cup Y) = \left\{ \frac{0.7}{x_1}, \frac{0.3}{x_2}, \frac{0.3}{x_3}, \frac{0.3}{x_4}, \frac{0.3}{x_5}, \frac{0.6}{x_6}, \frac{0.9}{x_7}, \frac{0.9}{x_8} \right\}$$

$$\overline{\mathrm{SR}_{C_1+C_2}}(X \cup Y) = \left\{ \frac{0.7}{x_1}, \frac{0.7}{x_2}, \frac{0.6}{x_3}, \frac{0.9}{x_4}, \frac{0.6}{x_5}, \frac{0.9}{x_6}, \frac{1}{x_7}, \frac{0.9}{x_8} \right\}$$

显然，有

$$Y = \left\{ \frac{0.7}{x_1}, \frac{0.2}{x_2}, \frac{0.2}{x_3}, \frac{0.6}{x_4}, \frac{0.4}{x_5}, \frac{0.9}{x_6}, \frac{0.8}{x_7}, \frac{0.6}{x_8} \right\}$$

$$\subset X \cup Y = \left\{ \frac{0.7}{x_1}, \frac{0.3}{x_2}, \frac{0.3}{x_3}, \frac{0.6}{x_4}, \frac{0.5}{x_5}, \frac{0.9}{x_6}, \frac{1}{x_7}, \frac{0.9}{x_8} \right\}$$

则

$$\underline{\mathrm{SR}_{C_1+C_2}}(Y) = \left\{ \frac{0.7}{x_1}, \frac{0.2}{x_2}, \frac{0.2}{x_3}, \frac{0.2}{x_4}, \frac{0.2}{x_5}, \frac{0.6}{x_6}, \frac{0.7}{x_7}, \frac{0.6}{x_8} \right\}$$

$$\subset \underline{\mathrm{SR}_{C_1+C_2}}(X \cup Y) = \left\{ \frac{0.7}{x_1}, \frac{0.3}{x_2}, \frac{0.3}{x_3}, \frac{0.3}{x_4}, \frac{0.3}{x_5}, \frac{0.6}{x_6}, \frac{0.9}{x_7}, \frac{0.9}{x_8} \right\}$$

$$\overline{\mathrm{SR}_{C_1+C_2}}(Y) = \left\{ \frac{0.7}{x_1}, \frac{0.6}{x_2}, \frac{0.6}{x_3}, \frac{0.9}{x_4}, \frac{0.6}{x_5}, \frac{0.9}{x_6}, \frac{0.8}{x_7}, \frac{0.6}{x_8} \right\}$$

$$\subset \overline{\mathrm{SR}_{C_1+C_2}}(X \cup Y) = \left\{ \frac{0.7}{x_1}, \frac{0.7}{x_2}, \frac{0.6}{x_3}, \frac{0.9}{x_4}, \frac{0.6}{x_5}, \frac{0.9}{x_6}, \frac{1}{x_7}, \frac{0.9}{x_8} \right\}$$

$$\underline{\mathrm{SR}_{C_1+C_2}}(X \cap Y) = \left\{ \frac{0.5}{x_1}, \frac{0.2}{x_2}, \frac{0.2}{x_3}, \frac{0.2}{x_4}, \frac{0.2}{x_5}, \frac{0.6}{x_6}, \frac{0.6}{x_7}, \frac{0.6}{x_8} \right\}$$

$$\subset \underline{\mathrm{SR}_{C_1+C_2}}(X) \cap \underline{\mathrm{SR}_{C_1+C_2}}(Y)$$

$$= \left\{ \frac{0.5}{x_1}, \frac{0.2}{x_2}, \frac{0.2}{x_3}, \frac{0.2}{x_4}, \frac{0.2}{x_5}, \frac{0.6}{x_6}, \frac{0.7}{x_7}, \frac{0.6}{x_8} \right\}$$

$$\underline{\mathrm{SR}}_{C_1+C_2}(X \cup Y) = \left\{ \frac{0.7}{x_1}, \frac{0.3}{x_2}, \frac{0.3}{x_3}, \frac{0.3}{x_4}, \frac{0.3}{x_5}, \frac{0.6}{x_6}, \frac{0.9}{x_7}, \frac{0.9}{x_8} \right\}$$

$$\supset \underline{\mathrm{SR}}_{C_1+C_2}(X) \cup \underline{\mathrm{SR}}_{C_1+C_2}(Y)$$

$$= \left\{ \frac{0.7}{x_1}, \frac{0.3}{x_2}, \frac{0.3}{x_3}, \frac{0.3}{x_4}, \frac{0.3}{x_5}, \frac{0.6}{x_6}, \frac{0.8}{x_7}, \frac{0.8}{x_8} \right\}$$

$$\overline{\mathrm{SR}}_{C_1+C_2}(X \cup Y) = \left\{ \frac{0.7}{x_1}, \frac{0.7}{x_2}, \frac{0.6}{x_3}, \frac{0.9}{x_4}, \frac{0.6}{x_5}, \frac{0.9}{x_6}, \frac{1}{x_7}, \frac{0.9}{x_8} \right\}$$

$$\supset \overline{\mathrm{SR}}_{C_1+C_2}(X) \cup \overline{\mathrm{SR}}_{C_1+C_2}(Y)$$

$$= \left\{ \frac{0.7}{x_1}, \frac{0.6}{x_2}, \frac{0.6}{x_3}, \frac{0.9}{x_4}, \frac{0.6}{x_5}, \frac{0.9}{x_6}, \frac{1}{x_7}, \frac{0.9}{x_8} \right\}$$

$$\overline{\mathrm{SR}}_{C_1+C_2}(X \cap Y) = \left\{ \frac{0.5}{x_1}, \frac{0.5}{x_2}, \frac{0.6}{x_3}, \frac{0.8}{x_4}, \frac{0.6}{x_5}, \frac{0.8}{x_6}, \frac{0.8}{x_7}, \frac{0.6}{x_8} \right\}$$

$$\subseteq \overline{\mathrm{SR}}_{C_1+C_2}(X) \cap \overline{\mathrm{SR}}_{C_1+C_2}(Y)$$

$$= \left\{ \frac{0.5}{x_1}, \frac{0.5}{x_2}, \frac{0.6}{x_3}, \frac{0.8}{x_4}, \frac{0.6}{x_5}, \frac{0.8}{x_6}, \frac{0.8}{x_7}, \frac{0.6}{x_8} \right\}$$

(3) 根据定义 7.6，有

$$\underline{\mathrm{TR}}_{C_1+C_2}(Y) = \left\{ \frac{0.7}{x_1}, \frac{0.2}{x_2}, \frac{0.2}{x_3}, \frac{0.6}{x_4}, \frac{0.2}{x_5}, \frac{0.6}{x_6}, \frac{0.7}{x_7}, \frac{0.6}{x_8} \right\}$$

$$\overline{\mathrm{TR}}_{C_1+C_2}(Y) = \left\{ \frac{0.7}{x_1}, \frac{0.7}{x_2}, \frac{0.6}{x_3}, \frac{0.6}{x_4}, \frac{0.6}{x_5}, \frac{0.9}{x_6}, \frac{0.8}{x_7}, \frac{0.6}{x_8} \right\}$$

$$\underline{\mathrm{TR}}_{C_1+C_2}(X \cap Y) = \left\{ \frac{0.5}{x_1}, \frac{0.2}{x_2}, \frac{0.2}{x_3}, \frac{0.6}{x_4}, \frac{0.2}{x_5}, \frac{0.6}{x_6}, \frac{0.6}{x_7}, \frac{0.6}{x_8} \right\}$$

$$\overline{\mathrm{TR}}_{C_1+C_2}(X \cap Y) = \left\{ \frac{0.5}{x_1}, \frac{0.5}{x_2}, \frac{0.6}{x_3}, \frac{0.6}{x_4}, \frac{0.6}{x_5}, \frac{0.8}{x_6}, \frac{0.8}{x_7}, \frac{0.6}{x_8} \right\}$$

$$\underline{\mathrm{TR}}_{C_1+C_2}(X \cup Y) = \left\{ \frac{0.7}{x_1}, \frac{0.3}{x_2}, \frac{0.3}{x_3}, \frac{0.6}{x_4}, \frac{0.3}{x_5}, \frac{0.9}{x_6}, \frac{0.9}{x_7}, \frac{0.9}{x_8} \right\}$$

$$\overline{\mathrm{TR}}_{C_1+C_2}(X \cup Y) = \left\{ \frac{0.7}{x_1}, \frac{0.7}{x_2}, \frac{0.6}{x_3}, \frac{0.6}{x_4}, \frac{0.6}{x_5}, \frac{0.9}{x_6}, \frac{1}{x_7}, \frac{0.9}{x_8} \right\}$$

显然，有

$$Y = \left\{ \frac{0.7}{x_1}, \frac{0.2}{x_2}, \frac{0.2}{x_3}, \frac{0.6}{x_4}, \frac{0.4}{x_5}, \frac{0.9}{x_6}, \frac{0.8}{x_7}, \frac{0.6}{x_8} \right\}$$

$$\subset X \cup Y = \left\{ \frac{0.7}{x_1}, \frac{0.3}{x_2}, \frac{0.3}{x_3}, \frac{0.6}{x_4}, \frac{0.5}{x_5}, \frac{0.9}{x_6}, \frac{1}{x_7}, \frac{0.9}{x_8} \right\}$$

则

$$\underline{\mathrm{TR}}_{C_1+C_2}(Y) = \left\{ \frac{0.7}{x_1}, \frac{0.2}{x_2}, \frac{0.2}{x_3}, \frac{0.6}{x_4}, \frac{0.2}{x_5}, \frac{0.6}{x_6}, \frac{0.7}{x_7}, \frac{0.6}{x_8} \right\}$$

$$\subset \underline{\mathrm{TR}}_{C_1+C_2}(X \cup Y) = \left\{ \frac{0.7}{x_1}, \frac{0.3}{x_2}, \frac{0.3}{x_3}, \frac{0.6}{x_4}, \frac{0.3}{x_5}, \frac{0.9}{x_6}, \frac{0.9}{x_7}, \frac{0.9}{x_8} \right\}$$

$$\overline{\mathrm{TR}}_{C_1+C_2}(Y) = \left\{ \frac{0.7}{x_1}, \frac{0.7}{x_2}, \frac{0.6}{x_3}, \frac{0.6}{x_4}, \frac{0.6}{x_5}, \frac{0.9}{x_6}, \frac{0.8}{x_7}, \frac{0.6}{x_8} \right\}$$

$$\subset \overline{\mathrm{TR}}_{C_1+C_2}(X \cup Y) = \left\{ \frac{0.7}{x_1}, \frac{0.7}{x_2}, \frac{0.6}{x_3}, \frac{0.6}{x_4}, \frac{0.6}{x_5}, \frac{0.9}{x_6}, \frac{1}{x_7}, \frac{0.9}{x_8} \right\}$$

$$\underline{\mathrm{TR}}_{C_1+C_2}(X \cap Y) = \left\{ \frac{0.5}{x_1}, \frac{0.2}{x_2}, \frac{0.2}{x_3}, \frac{0.6}{x_4}, \frac{0.2}{x_5}, \frac{0.6}{x_6}, \frac{0.6}{x_7}, \frac{0.6}{x_8} \right\}$$

$$\subset \underline{\mathrm{TR}}_{C_1+C_2}(X) \cap \underline{\mathrm{TR}}_{C_1+C_2}(Y)$$

$$= \left\{ \frac{0.7}{x_1}, \frac{0.3}{x_2}, \frac{0.3}{x_3}, \frac{0.6}{x_4}, \frac{0.3}{x_5}, \frac{0.8}{x_6}, \frac{0.8}{x_7}, \frac{0.8}{x_8} \right\}$$

$$\underline{\mathrm{TR}}_{C_1+C_2}(X \cup Y) = \left\{ \frac{0.7}{x_1}, \frac{0.3}{x_2}, \frac{0.3}{x_3}, \frac{0.6}{x_4}, \frac{0.3}{x_5}, \frac{0.9}{x_6}, \frac{0.9}{x_7}, \frac{0.9}{x_8} \right\}$$

$$\supset \underline{\mathrm{TR}}_{C_1+C_2}(X) \cup \underline{\mathrm{TR}}_{C_1+C_2}(Y)$$

$$= \left\{ \frac{0.7}{x_1}, \frac{0.3}{x_2}, \frac{0.3}{x_3}, \frac{0.6}{x_4}, \frac{0.3}{x_5}, \frac{0.8}{x_6}, \frac{0.8}{x_7}, \frac{0.8}{x_8} \right\}$$

$$\overline{\mathrm{TR}}_{C_1+C_2}(X \cup Y) = \left\{ \frac{0.7}{x_1}, \frac{0.7}{x_2}, \frac{0.6}{x_3}, \frac{0.6}{x_4}, \frac{0.6}{x_5}, \frac{0.9}{x_6}, \frac{1}{x_7}, \frac{0.9}{x_8} \right\}$$

$$\supseteq \overline{\mathrm{TR}}_{C_1+C_2}(X) \cup \overline{\mathrm{TR}}_{C_1+C_2}(Y)$$

$$= \left\{ \frac{0.7}{x_1}, \frac{0.7}{x_2}, \frac{0.6}{x_3}, \frac{0.6}{x_4}, \frac{0.6}{x_5}, \frac{0.9}{x_6}, \frac{1}{x_7}, \frac{0.9}{x_8} \right\}$$

$$\overline{\mathrm{TR}}_{C_1+C_2}(X\cap Y)=\left\{\frac{0.5}{x_1},\frac{0.5}{x_2},\frac{0.6}{x_3},\frac{0.6}{x_4},\frac{0.6}{x_5},\frac{0.8}{x_6},\frac{0.8}{x_7},\frac{0.6}{x_8}\right\}$$

$$\subseteq\overline{\mathrm{TR}}_{C_1+C_2}(X)\cap\overline{\mathrm{TR}}_{C_1+C_2}(Y)$$

$$=\left\{\frac{0.5}{x_1},\frac{0.5}{x_2},\frac{0.6}{x_3},\frac{0.6}{x_4},\frac{0.6}{x_5},\frac{0.8}{x_6},\frac{0.8}{x_7},\frac{0.6}{x_8}\right\}$$

例 7.3 的计算结果验证了性质 7.2 中的性质的正确性。

定理 7.2　设 (U,C) 是一覆盖近似空间，C 是 U 上的一簇覆盖，$C_1,C_2\in C$。任意给定 $X\subseteq F(U)$，如果有 $C_1\preceq C_2$，则有 $\underline{\mathcal{T}}_{C_1+C_2}(X)=\underline{\mathcal{T}}_{C_1}(X)$ 和 $\overline{\mathcal{T}}_{C_1+C_2}(X)=\overline{\mathcal{T}}_{C_1}(X)$。

证明：对任意 $X\subseteq U$，如果有 $C_1\preceq C_2$，根据定义 6.11，有

$$\underline{\mathrm{FR}}_{C_1+C_2}(X)(x)=\inf\{X(y)\big|y\in\bigcap\mathrm{md}_{C_1}(x)\}\vee\inf\{X(y)\big|y\in\bigcap\mathrm{md}_{C_2}(x)\}$$

$$=\inf\{X(y)\big|y\in\bigcap\mathrm{md}_{C_1}(x)\}$$

$$=\underline{\mathrm{FR}}_{C_1}(X)(x)$$

$$\overline{\mathrm{FR}}_{C_1+C_2}(X)(x)=\sup\{X(y)\big|y\in\bigcap\mathrm{md}_{C_1}(x)\}\wedge\sup\{X(y)\big|y\in\bigcap\mathrm{md}_{C_2}(x)\}$$

$$=\sup\{X(y)\big|y\in\bigcap\mathrm{md}_{C_1}(x)\}$$

$$=\overline{\mathrm{FR}}_{C_1}(X)(x)$$

同理可证第 II 种和第 III 种的情形。

7.3.3　在覆盖粒空间及其约简上生成的上、下近似的关系

定理 7.3　设 (U,C) 是一覆盖近似空间，$C_1,C_2\in C$，而 $\mathrm{reduct}(C_1)$ 和 $\mathrm{reduct}(C_2)$ 分别是 C_1 和 C_2 在 U 上的约简，则对任意目标概念 $X\subseteq F(U)$，有：

(1) $\underline{\mathrm{FR}}_{C_1+C_2}(X)=\underline{\mathrm{FR}}_{\mathrm{reduct}(C_1)+\mathrm{reduct}(C_2)}(X)$；

(2) $\overline{\mathrm{FR}}_{C_1+C_2}(X)=\overline{\mathrm{FR}}_{\mathrm{reduct}(C_1)+\mathrm{reduct}(C_2)}(X)$；

(3) $\underline{\mathrm{SR}}_{C_1+C_2}(X)=\underline{\mathrm{SR}}_{\mathrm{reduct}(C_1)+\mathrm{reduct}(C_2)}(X)$；

(4) $\overline{\mathrm{SR}}_{C_1+C_2}(X)=\overline{\mathrm{SR}}_{\mathrm{reduct}(C_1)+\mathrm{reduct}(C_2)}(X)$；

(5) $\underline{\mathrm{TR}}_{C_1+C_2}(X)=\underline{\mathrm{TR}}_{\mathrm{reduct}(C_1)+\mathrm{reduct}(C_2)}(X)$；

(6) $\overline{\mathrm{TR}}_{C_1+C_2}(X)=\overline{\mathrm{TR}}_{\mathrm{reduct}(C_1)+\mathrm{reduct}(C_2)}(X)$。

证明：对任意 $x\in U$，C 和 $\mathrm{reduct}(C)$ 有相同的 $\mathrm{md}(x)$，因而根据定义 7.4～定义 7.6，定理成立。

定理 7.4　设 (U,C) 是一覆盖近似空间，$C_1,C_2,C_3,C_4\in C$，而 $\mathrm{reduct}(C_1)$、 reduct(C_2)、reduct(C_3)、reduct(C_4)分别是C_1、C_2、C_3、C_4在U上的约简。若$\mathcal{T}_{C_1+C_2}$和$\mathcal{T}_{C_3+C_4}$满足下列条件之一，则对任意$X \subseteq U$有$\underline{\mathcal{T}_{C_1+C_2}}(X) = \underline{\mathcal{T}_{C_3+C_4}}(X)$。

(1) reduct(C_1) = reduct(C_3) 且 exclusion(C_1) = exclusion(C_3)；

(2) reduct(C_1) = reduct(C_4) 且 exclusion(C_1) = exclusion(C_4)；

(3) reduct(C_2) = reduct(C_3) 且 exclusion(C_2) = exclusion(C_3)；

(4) reduct(C_2) = reduct(C_4) 且 exclusion(C_2) = exclusion(C_4)。

证明：根据相关定义易证。

定理 7.4 给出了两个不同多粒度覆盖粗糙模糊集模型生成相同下近似的充分条件。

注 7.2 定理 7.4 的逆定理不一定成立，即$\underline{\mathcal{T}_{C_1+C_2}}(X) = \underline{\mathcal{T}_{C_3+C_4}}(X)$成立，但相应的约简或排斥集不一定相等。

定理 7.5 设(U,C)是一覆盖近似空间，$C_1, C_2, C_3, C_4 \in C$，而 reduct(C_1)、reduct(C_2)、reduct(C_3)、reduct(C_4)分别是C_1、C_2、C_3、C_4在U上的约简。$\mathrm{FR}_{C_1+C_2}$和$\mathrm{FR}_{C_3+C_4}$（$\mathrm{SR}_{C_1+C_2}$和$\mathrm{SR}_{C_3+C_4}$、$\mathrm{TR}_{C_1+C_2}$和$\mathrm{TR}_{C_3+C_4}$）若满足下列条件之一，则它们产生相同的多粒度覆盖粗糙模糊上、下近似。

(1) reduct(C_1) = reduct(C_3) 且 reduct(C_2) = reduct(C_4)；

(2) reduct(C_1) = reduct(C_4) 且 reduct(C_2) = reduct(C_3)。

证明：只证明情形(1)，情形(2)可类似证明。

对任意$x \in U$，C和 reduct(C)有相同的 md(x)。如果有 reduct(C_1) = reduct(C_3)和 reduct(C_2) = reduct(C_4)，则C_1和C_3有相同的 md(x)，C_2和C_4有相同的 md′(x)。那么根据定义 7.4～定义 7.6，$\mathrm{FR}_{C_1+C_2}$和$\mathrm{FR}_{C_3+C_4}$（$\mathrm{SR}_{C_1+C_2}$和$\mathrm{SR}_{C_3+C_4}$、$\mathrm{TR}_{C_1+C_2}$和$\mathrm{TR}_{C_3+C_4}$）产生相同的多粒度覆盖上、下近似。

定理 7.5 给出了不同第 I 类（第 II 类，第 III 类）多粒度覆盖粗糙模糊集模型产生相同上、下近似的充分条件。

注 7.3 定理 7.5 的逆定理不一定成立，即$\mathrm{FR}_{C_1+C_2}$和$\mathrm{FR}_{C_3+C_4}$（$\mathrm{SR}_{C_1+C_2}$和$\mathrm{SR}_{C_3+C_4}$、$\mathrm{TR}_{C_1+C_2}$和$\mathrm{TR}_{C_3+C_4}$）产生相同的多粒度覆盖上、下近似，但它们的覆盖约简不一定相等。

例 7.4 设(U,C)是一覆盖近似空间，$C_1, C_2, C_3, C_4 \in C$，其中$U = \{x_1, x_2, x_3\}$，$C_1 = \{\{x_1\}, \{x_2\}, \{x_3\}\}$，$C_2 = \{\{x_1, x_2\}, \{x_1, x_2, x_3\}, \{x_1, x_3\}\}$，$C_3 = \{\{x_1, x_2\}, \{x_2, x_3\}, \{x_1, x_3\}\}$，$C_4 = \{\{x_1, x_3\}, \{x_1, x_2, x_3\}\}$。则有

$$\mathrm{reduct}(C_1) = \{\{x_1\}, \{x_2\}, \{x_3\}\}, \quad \mathrm{reduct}(C_2) = \{\{x_1, x_2\}, \{x_1, x_3\}\}$$

$$\mathrm{reduct}(C_3) = \{\{x_1, x_2\}, \{x_2, x_3\}, \{x_1, x_3\}\}, \quad \mathrm{reduct}(C_4) = \{\{x_1, x_3\}, \{x_1, x_2, x_3\}\}$$

显然，有

$$\mathrm{reduct}(C_1) \neq \mathrm{reduct}(C_3), \quad \mathrm{reduct}(C_1) \neq \mathrm{reduct}(C_4)$$

$$\text{reduct}(C_2) \neq \text{reduct}(C_3), \quad \text{reduct}(C_1) \neq \text{reduct}(C_4)$$

给定 $X = \left\{\dfrac{0.6}{x_1}, \dfrac{0.3}{x_2}\right\}$ 和 $Y = \left\{\dfrac{0.6}{x_1}, \dfrac{0.1}{x_2}, \dfrac{0.3}{x_3}\right\}$，根据定义 7.4～定义 7.6，有

$$\underline{\text{FR}}_{C_1+C_2}(X) = \left\{\dfrac{0.6}{x_1}, \dfrac{0.3}{x_2}\right\} = \underline{\text{FR}}_{C_3+C_4}(X)$$

$$\overline{\text{FR}}_{C_1+C_2}(X) = \left\{\dfrac{0.6}{x_1}, \dfrac{0.3}{x_2}\right\} = \overline{\text{FR}}_{C_3+C_4}(X)$$

$$\underline{\text{SR}}_{C_1+C_2}(Y) = \left\{\dfrac{0.6}{x_1}, \dfrac{0.1}{x_2}, \dfrac{0.3}{x_3}\right\} = \underline{\text{SR}}_{C_3+C_4}(Y)$$

$$\overline{\text{SR}}_{C_1+C_2}(Y) = \left\{\dfrac{0.6}{x_1}, \dfrac{0.1}{x_2}, \dfrac{0.3}{x_3}\right\} = \overline{\text{SR}}_{C_3+C_4}(Y)$$

$$\underline{\text{TR}}_{C_1+C_2}(Y) = \left\{\dfrac{0.6}{x_1}, \dfrac{0.1}{x_2}, \dfrac{0.3}{x_3}\right\} = \underline{\text{TR}}_{C_3+C_4}(Y)$$

$$\overline{\text{TR}}_{C_1+C_2}(Y) = \left\{\dfrac{0.6}{x_1}, \dfrac{0.1}{x_2}, \dfrac{0.3}{x_3}\right\} = \overline{\text{TR}}_{C_3+C_4}(Y)$$

7.4　三种多粒度覆盖粗糙模糊集模型的关系

本节讨论三种多粒度覆盖粗糙模糊集模型之间的关系。

定理 7.6　设 (U,C) 是一覆盖近似空间，$C_1, C_2 \in C$，则任意给定 $X \in F(U)$ 有：

(1) $\underline{\text{SR}}_{C_1+C_2}(X) \subseteq \underline{\text{TR}}_{C_1+C_2}(X) \subseteq \underline{\text{FR}}_{C_1+C_2}(X) \subseteq X$；

(2) $X \subseteq \overline{\text{FR}}_{C_1+C_2}(X) \subseteq \overline{\text{TR}}_{C_1+C_2}(X) \subseteq \overline{\text{SR}}_{C_1+C_2}(X)$。

证明：对任意的 $x \in U$ 及任意的 $K \in \text{md}_{C_1}(x)$ 和 $K' \in \text{md}_{C_2}(x)$，显然有 $\bigcap \text{md}_{C_1}(x) \subseteq K \subseteq \bigcup \text{md}_{C_1}(x)$ 和 $\bigcap \text{md}_{C_2}(x) \subseteq K' \subseteq \bigcup \text{md}_{C_2}(x)$ 成立，则有

$$\inf\{X(y)\,|\,y \in \bigcup \text{md}_{C_1}(x)\} \vee \inf\{X(y)\,|\,y \in \bigcup \text{md}_{C_2}(x)\}$$

$$\subseteq \sup_{K \in \text{md}_{C_1}(x)}\{\inf_{y \in K}\{X(y)\}\} \vee \sup_{K \in \text{md}_{C_2}(x)}\{\inf_{y \in K}\{X(y)\}\}$$

$$\subseteq \inf\{X(y)\,|\,y \in \bigcap \text{md}_{C_1}(x)\} \vee \inf\{X(y)\,|\,y \in \bigcap \text{md}_{C_2}(x)\}$$

因而，根据定义 7.4～定义 7.6 有

$$\underline{\mathrm{SR}_{C_1+C_2}}(X) \subseteq \underline{\mathrm{TR}_{C_1+C_2}}(X) \subseteq \underline{\mathrm{FR}_{C_1+C_2}}(X) \subseteq X$$

类似地，可以证明情形 (2)。

例 7.5（续例 7.1）　给定 $X = \left\{ \dfrac{0.5}{x_1}, \dfrac{0.3}{x_2}, \dfrac{0.3}{x_3}, \dfrac{0.6}{x_4}, \dfrac{0.5}{x_5}, \dfrac{0.8}{x_6}, \dfrac{1}{x_7}, \dfrac{0.9}{x_8} \right\} \in F(U)$，根据定

义 7.4～定义 7.6 有

$$\underline{\mathrm{FR}_{C_1+C_2}}(X) = \left\{ \frac{0.5}{x_1}, \frac{0.3}{x_2}, \frac{0.3}{x_3}, \frac{0.6}{x_4}, \frac{0.3}{x_5}, \frac{0.8}{x_6}, \frac{0.8}{x_7}, \frac{0.8}{x_8} \right\}$$

$$\overline{\mathrm{FR}_{C_1+C_2}}(X) = \left\{ \frac{0.5}{x_1}, \frac{0.5}{x_2}, \frac{0.3}{x_3}, \frac{0.6}{x_4}, \frac{0.6}{x_5}, \frac{0.8}{x_6}, \frac{1}{x_7}, \frac{0.9}{x_8} \right\}$$

$$\underline{\mathrm{SR}_{C_1+C_2}}(X) = \left\{ \frac{0.5}{x_1}, \frac{0.3}{x_2}, \frac{0.3}{x_3}, \frac{0.3}{x_4}, \frac{0.3}{x_5}, \frac{0.6}{x_6}, \frac{0.8}{x_7}, \frac{0.8}{x_8} \right\}$$

$$\overline{\mathrm{SR}_{C_1+C_2}}(X) = \left\{ \frac{0.5}{x_1}, \frac{0.5}{x_2}, \frac{0.6}{x_3}, \frac{0.8}{x_4}, \frac{0.6}{x_5}, \frac{0.8}{x_6}, \frac{1}{x_7}, \frac{0.9}{x_8} \right\}$$

$$\underline{\mathrm{TR}_{C_1+C_2}}(X) = \left\{ \frac{0.5}{x_1}, \frac{0.3}{x_2}, \frac{0.3}{x_3}, \frac{0.6}{x_4}, \frac{0.3}{x_5}, \frac{0.8}{x_6}, \frac{0.8}{x_7}, \frac{0.8}{x_8} \right\}$$

$$\overline{\mathrm{TR}_{C_1+C_2}}(X) = \left\{ \frac{0.5}{x_1}, \frac{0.5}{x_2}, \frac{0.6}{x_3}, \frac{0.6}{x_4}, \frac{0.6}{x_5}, \frac{0.8}{x_6}, \frac{1}{x_7}, \frac{0.9}{x_8} \right\}$$

则有

$$\underline{\mathrm{SR}_{C_1+C_2}}(X) \subseteq \underline{\mathrm{TR}_{C_1+C_2}}(X) \subseteq \underline{\mathrm{FR}_{C_1+C_2}}(X) \subseteq X$$

$$X \subseteq \overline{\mathrm{FR}_{C_1+C_2}}(X) \subseteq \overline{\mathrm{TR}_{C_1+C_2}}(X) \subseteq \overline{\mathrm{SR}_{C_1+C_2}}(X)$$

定理 7.7　设 (U, C) 是一覆盖近似空间，$C_1, C_2 \in C$，对任意给定 $X \in F(U)$，如果 C_1 和 C_2 是一元的，则有：

（1）$\underline{\mathrm{FR}_{C_1+C_2}}(X) = \underline{\mathrm{SR}_{C_1+C_2}}(X) = \underline{\mathrm{TR}_{C_1+C_2}}(X)$；

（2）$\overline{\mathrm{FR}_{C_1+C_2}}(X) = \overline{\mathrm{TR}_{C_1+C_2}}(X) = \overline{\mathrm{SR}_{C_1+C_2}}(X)$。

证明：如果 C_1 和 C_2 是一元的，则对任意 $x \in U$，有 $\left| \mathrm{md}_{C_1}(x) \right| = 1$ 和 $\left| \mathrm{md}_{C_2}(x) \right| = 1$，因而，对任意的 $K \in \mathrm{md}_{C_1}(x)$ 和 $K' \in \mathrm{md}_{C_2}(x)$，有 $\bigcap \mathrm{md}_{C_1}(x) = K = \bigcup \mathrm{md}_{C_1}(x)$ 和 $\bigcap \mathrm{md}_{C_2}(x) = K' = \bigcup \mathrm{md}_{C_2}(x)$ 成立。根据定义 7.4～定义 7.6，则有

$$\underline{\text{FR}}_{C_1+C_2}(X) = \underline{\text{SR}}_{C_1+C_2}(X) = \underline{\text{TR}}_{C_1+C_2}(X)$$

$$\overline{\text{FR}}_{C_1+C_2}(X) = \overline{\text{TR}}_{C_1+C_2}(X) = \overline{\text{SR}}_{C_1+C_2}(X)$$

注 7.4　定理 7.7 的逆命题不一定成立。

例 7.6　设 (U,C) 是一覆盖近似空间，$C_1, C_2 \in C$，其中 $U = \{x_1, x_2, x_3\}$，$C_1 = \{\{x_1, x_2\}, \{x_1, x_2, x_3\}, \{x_1, x_3\}\}$，$C_2 = \{\{x_1, x_3\}, \{x_1, x_2, x_3\}\}$，给定 $X = \left\{ \dfrac{0.5}{x_1}, \dfrac{0.5}{x_3} \right\}$。对 C_1，有

$$\text{md}_{C_1}(x_1) = \{\{x_1, x_2\}, \{x_1, x_3\}\}, \quad \text{md}_{C_1}(x_2) = \{\{x_1, x_2\}\}, \quad \text{md}_{C_1}(x_3) = \{\{x_1, x_3\}\}$$

$$\bigcap \text{md}_{C_1}(x_1) = \{x_1\}, \quad \bigcap \text{md}_{C_1}(x_2) = \{x_1, x_2\}, \quad \bigcap \text{md}_{C_1}(x_3) = \{x_1, x_3\}$$

$$\bigcup \text{md}_{C_1}(x_1) = \{x_1, x_2, x_3\}, \quad \bigcup \text{md}_{C_1}(x_2) = \{x_1, x_2\}, \quad \bigcup \text{md}_{C_1}(x_3) = \{x_1, x_3\}$$

对 C_2，有

$$\text{md}_{C_2}(x_1) = \{\{x_1, x_3\}\}, \quad \text{md}_{C_2}(x_2) = \{\{x_1, x_2, x_3\}\}, \quad \text{md}_{C_2}(x_3) = \{\{x_1, x_2, x_3\}\}$$

$$\bigcap \text{md}_{C_2}(x_1) = \{x_1, x_3\}, \quad \bigcap \text{md}_{C_2}(x_2) = \{x_1, x_2, x_3\}, \quad \bigcap \text{md}_{C_2}(x_3) = \{x_1, x_2, x_3\}$$

$$\bigcup \text{md}_{C_2}(x_1) = \{x_1, x_3\}, \quad \bigcup \text{md}_{C_2}(x_2) = \{x_1, x_2, x_3\}, \quad \bigcup \text{md}_{C_2}(x_3) = \{x_1, x_2, x_3\}$$

显然，C_2 是一元的，而 C_1 不是一元的，但根据计算有以下结论：

$$\underline{\text{FR}}_{C_1+C_2}(X) = \underline{\text{SR}}_{C_1+C_2}(X) = \underline{\text{TR}}_{C_1+C_2}(X) = \left\{ \dfrac{0.5}{x_1}, \dfrac{0.5}{x_3} \right\}$$

$$\overline{\text{FR}}_{C_1+C_2}(X) = \overline{\text{TR}}_{C_1+C_2}(X) = \overline{\text{SR}}_{C_1+C_2}(X) = \left\{ \dfrac{0.5}{x_1}, \dfrac{0.5}{x_2}, \dfrac{0.5}{x_3} \right\}$$

7.5　本 章 小 结

本章针对模糊目标概念，在覆盖近似空间下基于元素的最小描述提出了三种多粒度覆盖粗糙模糊集模型。本章主要研究工作主要体现在以下几个层面。

(1) 研究了三种模型的重要性质。

(2) 指出每一种模型在覆盖和覆盖的约简上对同一模糊目标概念会生成相同的上、下近似集。

(3)对同一类多粒度覆盖粗糙模糊集模型,在不同覆盖条件下对同一目标概念生成相同上、下近似算子的条件进行了探索,研究结果表明,当不同覆盖之间的约简和排斥集相等时,它们能生成相同的上、下近似,但同时也指出这只是充分条件,而不是必要条件。

(4)研究了三种多粒度覆盖粗糙模糊集模型的关系。

参 考 文 献

[1]　Dubois D, Prade H. Rough fuzzy sets and fuzzy rough sets[J]. International Journal of General Systems, 1990, 17(2-3): 191-209.

[2]　Radzikowska A M, Kerre E E. A comparative study of fuzzy rough sets[J]. Fuzzy Sets and Systems, 2002, 126(2): 137-177.

[3]　Mi J S, Zhang W X. An axiomatic characterization of a fuzzy generalization of rough sets[J]. Information Sciences, 2004, 160(1): 237-249.

[4]　Yeung D S, Chen D G, Tsang E C C, et al. On the generalization of fuzzy rough sets[J]. IEEE Transactions on Fuzzy Systems, 2007, 13(3): 343-361.

[5]　She Y H, He X L. On the structure of the multigranulation rough set model[J]. Knowledge-Based Systems, 2012, 36: 81-92.

[6]　Lin G P, Qian Y H, Li J J. NMGRS: Neighborhood-based multigranulation rough sets[J]. International Journal of Approximate Reasoning, 2012, 73: 1080-1093.

[7]　Xu W H, Sun W X, Zhang X Y, et al. Multiple granulation rough set approach to ordered information systems[J]. International Journal of General Systems, 2012, 41(7): 477-701.

[8]　Yang X B, Qi Y S, Yu H L, et al. Updating multigranulation rough approximations with increasing of granular structures[J]. Knowledge-Based Systems, 2014, 64: 59-69.

[9]　Xu W H, Wang Q R, Luo S Q, Multi-granulation fuzzy rough sets[J]. Journal of Intelligent and Fuzzy Systems, 2014, 26(3): 1323-1340.

[10]　Huang B, Guo C X, Zhuang Y L, et al. Intuitionistic fuzzy multigranulation rough sets[J]. Information Sciences, 2014, 277: 299-320.

[11]　Qian Y H, Zhang H, Sang Y L, et al. Multigranulation decision-theoretic rough sets[J]. International Journal of Approximate Reasoning, 2014, 55(1): 225-237.

[12]　Geetha M A, Acharjya D P, Iyengar N. Algebraic properties of rough set on two universal sets based on multigranulation[J]. International Journal of Rough Sets and Data Analysis, 2014, 1(2): 49-61.

[13]　Liang J Y, Wang F, Dang C Y, et al. An efficient rough feature selection algorithm with a

multi-granulation view[J]. International Journal of Approximate Reasoning, 2012, 53(6): 912-926.

[14] Lin Y J, Li J J, Lin P R, et al. Feature selection via neighborhood multi-granulation fusion[J]. Knowledge-Based Systems, 2014, 67: 162-168.

[15] 魏莱, 苗夺谦, 徐菲菲, 等. 基于覆盖的粗糙模糊集模型研究[J]. 计算机研究与发展, 2006, 43(10): 1719-1723.

[16] 徐忠印, 廖家奇. 基于覆盖的模糊粗糙集模型[J]. 模糊系统与数学, 2006, 20(3): 141-144.

[17] 胡军, 王国胤, 张清华. 一种覆盖粗糙模糊集模型[J]. 软件学报, 2010, 21(7): 968-977.

第8章 覆盖粒计算模型与知识获取

知识发现的目的是从数据中获取有用的知识。从粒计算的角度来看，知识发现的过程实质上是知识在不同粒度上的转化，是将细粒度的知识转化为粗粒度知识的过程。知识的粒度越粗，所需的存储空间越小，而且越有利于人们利用知识。

8.1 覆盖粗糙集模型中的知识发现方法

本节主要讨论覆盖近似空间中的知识发现问题，也就是探讨覆盖近似空间中知识粒度在知识信息不损失的情况下如何将知识粒度由细向粗转化，具体体现为覆盖近似空间中的知识约简。

论域上一个划分中所有等价类的并构成了整个论域，且论域中的每个元素在划分中出现且仅出现一次。如果去掉划分的任一等价类，则其不再是一划分，因此，划分中是没有任何冗余成分的。但是，对论域上的覆盖而言，情况则不是这样。虽然论域上一个覆盖中所有覆盖元的并也构成整个论域，但是论域中的每个元素在划分中出现而且元素可能多次出现，在去掉多次出现的成员后还可能是一个覆盖。如果其生成的新的覆盖上、下近似集与原覆盖上、下近似集相同，则认为新的覆盖与原覆盖具有相同的分类能力[1]。无疑，在分类能力相同的情况下，更简洁的覆盖才是需要的。

下面讨论覆盖粗糙集模型中的知识发现问题。粗糙集中的知识发现方法，主要体现在对知识的约简，也就是在不减少知识信息量的前提下，通过对知识的约简，获得更简洁的知识。

首先引入祝峰和王飞跃在文献[1]中提出的可约元以及覆盖约简的概念。

定义 8.1[1] 覆盖近似空间 (U,C) 中，$K \in C$，如果 K 可以表示成 $C-\{K\}$ 中若干个元之并，则称 K 是 C 的可约元，否则，称 K 是不可约元。

定义 8.2[1] 覆盖近似空间 (U,C) 中，如果 C 中的任一个元都是不可约元，则称 C 是约简的，否则，称 C 是可约的。

命题 8.1[1] 覆盖近似空间 (U,C) 中，如果 K 是 C 中的可约元，则 $C-\{K\}$ 仍然是 U 的覆盖。

命题 8.2[1] 覆盖近似空间 (U,C) 中，$K \in C$，K 是一个可约元，$K_1 \in C-\{K\}$，则 K_1 是 C 的可约元当且仅当它是 $C-\{K\}$ 的可约元。

定义 8.3[1]　　覆盖近似空间 (U,C) 中，对于 U 的一个覆盖 C，删除 C 中所有可约元，得到 U 的一个新的覆盖，则将其称为覆盖 C 的约简，并记为 Red(C)。

定理 8.1[1]　　覆盖近似空间 (U,C) 中，覆盖 C 和约简 Red(C) 生成相同的覆盖上、下近似集。

如何能够快速准确地得到约简后的覆盖近似空间是亟需解决的问题。由于计算机对于矩阵的计算已经十分简便，如 MATLAB 中已经给出了很多矩阵运算的函数，矩阵的运算实现起来相当方便，于是将覆盖约简的问题转化为矩阵的计算问题。首先给出覆盖近似空间的矩阵表示。

定义 8.4　　覆盖近似空间 (U,C) 中，$U = \{x_1, x_2, \cdots, x_n\}$，$C = \{K_1, K_2, \cdots, K_m\}$，那么 $|U| = n$，$|C| = m$，则覆盖近似空间 (U,C) 的矩阵 M 定义为一个 $m \times n$ 的矩阵，其中矩阵中第 i 行第 j 列元素 m_{ij} 定义为

$$m_{ij} = \begin{cases} 1, & x_j \in K_i \\ 0, & x_j \notin K_i \end{cases} \tag{8.1}$$

下面在覆盖近似空间矩阵表示的基础上寻找覆盖的所有可约元。

定理 8.2　　覆盖近似空间的矩阵中，若矩阵中某一行元素可以由其余若干行元素逻辑相加得到，则该行元素所对应的覆盖元是可约元。

证明：该定理通过定义 8.2 和定义 8.3 显然得证。

将定理 8.2 可以具体描述为：在覆盖近似空间 (U,C) 的矩阵 $M_{m \times n}$ 中，若矩阵中第 i 行元素 $(a_{i1}, a_{i2}, \cdots, a_{in})$ 可以由第 i 行之外的两行元素 $(a_{j1}, a_{j2}, \cdots, a_{jn})$ 和 $(a_{l1}, a_{l2}, \cdots, a_{ln})$ 逻辑相加得到，这里的行逻辑相加得到是指 $a_{j1} + a_{l1} = a_{i1}$，$a_{j2} + a_{l2} = a_{i2}$，依次类推，那么就表示覆盖中的 K_i 可以由 K_j 和 K_l 的并集表示，所以可将该行元素从矩阵中删除，原来 $m \times n$ 的矩阵 $M_{m \times n}$ 变为 $(m-1) \times n$ 的矩阵 $M'_{(m-1) \times n}$。

下面分别给出覆盖近似空间矩阵表示算法和覆盖近似空间矩阵中覆盖约简的算法。

算法 8.1　　覆盖近似空间矩阵表示算法

输入：覆盖近似空间 (U,C)，其中 $U = \{x_1, x_2, \cdots, x_n\}$，$C = \{K_1, K_2, \cdots, K_m\}$

输出：覆盖近似空间矩阵 $M_{m \times n}$

1：令 a_{ij} 为矩阵 $M_{m \times n}$ 中的元素，其中 $i \leq m$，$j \leq n$

2：for $i = 1$ to m do

3：　　for $j = 1$ to n do

4：　　　　if $x_j \in K_i$ then $a_{ij} = 1$

5：　　　　else $a_{ij} = 0$

6：　end

7：　return $M_{m \times n}$

算法 8.1 实现了通过矩阵来表示覆盖近似空间，矩阵的行代表了覆盖元，矩阵的列代表了论域中对象的个数，若覆盖近似空间论域中对象个数为 n，覆盖元个数为 m，那么该算法的时间复杂度为 $O(m \times n)$。

算法 8.2　覆盖近似空间矩阵中覆盖约简的算法

输入：覆盖近似空间矩阵 $M_{m \times n}$

输出：覆盖约简后的覆盖近似空间矩阵 $M'_{p \times n}$

1：　for $i = 1$ to m do

2：　　　{for $j = 1$ to n do

3：　　　　　{if $a_{ij} = 0$ then

4：　　　　　　　{for $s = 1$ to m do

5：　　　　　　　　　{if $a_{si} = 0$ then

6：　　　　　　　　　　　将 a_{sj} 所在的行删除后的矩阵存放在新的矩阵 $M_{l \times n}$ 中；

　　　　　　　　　　　}

　　　　　　　　　}

　　　　　　　}

7：　　　　　　for $b = 1$ to l do

8：　　　　　　　{$a_{ij} = \vee_{b \neq j} a_{bj}$ then 删除 $M_{m \times n}$ 中的第 i 行；}

　　　　　}

9：　end

10：　return $M_{m \times n}$

算法 8.2 实现了通过覆盖近似空间矩阵找出所有可约元进行覆盖约简。在该算法中最关键的步骤是通过不同行元素之间的析取运算结果来判断是否和另外的行元素相等，如果相等则表示这些析取运算的行代表的覆盖元的并集和另外的行所代表的覆盖元相等，那么这一覆盖元是可约元，通过删除矩阵中的该行来实现约简该可约元。

下面以一个简单的例子进行说明。

例 8.1　覆盖近似空间 (U, C) 中，给定论域 $U = \{a, b, c, d, e\}$，覆盖 $C = \{K_1, K_2, \cdots, K_6\}$，其中，$K_1 = \{a, b, c, d\}$，$K_2 = \{b, d\}$，$K_3 = \{a, c\}$，$K_4 = \{d, e\}$，$K_5 = \{e\}$，$K_6 = \{b, d, e\}$。

那么，该覆盖近似空间 (U, C) 的矩阵可以表示为

$$M_{6\times5} = \begin{bmatrix} 1 & 1 & 1 & 1 & 0 \\ 0 & 1 & 0 & 1 & 0 \\ 1 & 0 & 1 & 0 & 0 \\ 0 & 0 & 0 & 1 & 1 \\ 0 & 0 & 0 & 0 & 1 \\ 0 & 1 & 0 & 1 & 1 \end{bmatrix}$$

从上面的例子中可以看出，覆盖近似空间的矩阵中所有元素值要么为 0，要么为 1，所以覆盖近似空间矩阵是一个布尔矩阵。

例 8.2（接例 8.1） 在矩阵 $M_{6\times5}$ 中，第一行元素（1 1 1 1 0）可以由第二行元素（0 1 0 1 0）和第三行元素（1 0 1 0 0）相加得到，那么即可将第一行元素（1 1 1 1 0）删除，则原矩阵 $M_{6\times5}$ 变为

$$M'_{5\times5} = \begin{bmatrix} 0 & 1 & 0 & 1 & 0 \\ 1 & 0 & 1 & 0 & 0 \\ 0 & 0 & 0 & 1 & 1 \\ 0 & 0 & 0 & 0 & 1 \\ 0 & 1 & 0 & 1 & 1 \end{bmatrix}$$

在矩阵 $M'_{5\times5}$ 中，第五行元素（0 1 0 1 1）可以由第一行元素（0 1 0 1 0）和第三行元素（0 0 0 1 1）相加得到，那么又可将第五行元素（0 1 0 1 1）删除，则矩阵 $M'_{5\times5}$ 又可约简为

$$M''_{4\times5} = \begin{bmatrix} 0 & 1 & 0 & 1 & 0 \\ 1 & 0 & 1 & 0 & 0 \\ 0 & 0 & 0 & 1 & 1 \\ 0 & 0 & 0 & 0 & 1 \end{bmatrix}$$

在矩阵 $M''_{4\times5}$ 中已经没有任何一行元素可由其余行的元素相加得到，所以矩阵 $M''_{4\times5}$ 即矩阵 $M_{6\times5}$ 的约简。那么，原覆盖近似空间 (U,C) 可以约简为 (U,C')，其中 $C' = \{K_2, K_3, K_4, K_5\}$。

8.2 多粒度覆盖粗糙集模型中的知识发现方法

由 Qian 等从多粒度角度重新定义的多粒度粗糙集（MGRS）[2, 3]和 Pawlak 经典的粗糙集[4]有很大的不同，它通过一组二元关系来达到目标近似的目的，将经典粗糙集采用的单个二元关系进行了很好的推广。第 6 章中已经介绍了多粒度覆盖粗糙集，在此不再赘述，本节重点介绍多粒度覆盖粗糙集模型中的知识发现方法。

首先简要介绍基于相似关系的多粒度覆盖粗糙集模型。

定义 8.5 不完备决策信息系统 $\text{IODS} = \langle U, \text{AT} \cup \{d\}, V, f \rangle$，$\forall X \subseteq U$，$A_1, A_2, \cdots,$ $A_m \subseteq \text{AT}$，定义相似关系下 X 的多粒度下近似集 $\sum_{i=1}^{m} A_i\ (X)$ 和多粒度上近似集

$\sum\limits_{i=1}^{m}\overline{A_i}{}_{MS}(X)$ 分别为

$$\sum_{i=1}^{m}\underline{A_i}{}_{MS}(X)=\{x\in U:S_{A_1}^{-1}(x)\subseteq X\vee S_{A_2}^{-1}(x)\subseteq X\vee\cdots\vee S_{A_m}^{-1}(x)\subseteq X\} \tag{8.2}$$

$$\sum_{i=1}^{m}\overline{A_i}{}_{MS}(X)=\sim\sum_{i=1}^{m}\underline{A_i}{}_{MS}(\sim X) \tag{8.3}$$

从上面的定义，显然可以发现多粒度上近似集 $\sum\limits_{i=1}^{m}\overline{A_i}{}_{MS}(X)$ 的定义是通过多粒度下近似集的补集的形式给出的。通过研究发现，多粒度上近似集的定义也可以写成如下的两种形式。

定理 8.3 不完备决策信息系统 IODS $=\langle U,\mathrm{AT}\cup\{d\},V,f\rangle$，$\forall X\subseteq U$，$A_1,A_2,\cdots,$ $A_m\subseteq\mathrm{AT}$，有下列两个等式成立：

(1) $\sum\limits_{i=1}^{m}\overline{A_i}{}_{MS}(X)=\{x\in U:S_{A_1}^{-1}(x)\cap X\neq\varnothing\wedge\cdots\wedge S_{A_m}^{-1}(x)\cap X\neq\varnothing\}$；

(2) $\sum\limits_{i=1}^{m}\overline{A_i}{}_{MS}(X)=\bigcap\limits_{i=1}^{m}\{\bigcup\{S_{A_i}(x):x\in X\}\}$。

证明：首先证明等式 (1)，由定义 8.5 得

$$x\in\sum_{i=1}^{m}\overline{A_i}{}_{MS}(X)$$

$$\Leftrightarrow x\notin\sum_{i=1}^{m}\underline{A_i}{}_{MS}(\sim X)$$

$$\Leftrightarrow S_{A_1}^{-1}(x)\not\subseteq(\sim X)\wedge S_{A_2}^{-1}(x)\not\subseteq(\sim X)\wedge\cdots\wedge S_{A_m}^{-1}(x)\not\subseteq(\sim X)$$

$$\Leftrightarrow S_{A_1}^{-1}(x)\cap X\neq\varnothing\wedge S_{A_2}^{-1}(x)\cap X\neq\varnothing\wedge\cdots\wedge S_{A_m}^{-1}(x)\cap X\neq\varnothing$$

得证。

下面证明等式 (2)，由等式 (1) 的证明得

$$y\in\sum_{i=1}^{m}\overline{A_i}{}_{MS}(X)$$

$$\Leftrightarrow S_{A_i}^{-1}(y)\cap X\neq\varnothing,(\forall i\in\{1,2,\cdots,m\})$$

$$\Leftrightarrow\exists x\in X,x\in S_{A_i}^{-1}(y),(\forall i\in\{1,2,\cdots,m\})$$

$$\Leftrightarrow\exists x\in X,y\in S_{A_i}(x),(\forall i\in\{1,2,\cdots,m\})$$

$$\Leftrightarrow y\in\bigcup\{S_{A_i}(x):x\in X\}(\forall i\in\{1,2,\cdots,m\})$$

$$\Leftrightarrow y\in\bigcap_{i=1}^{m}\{\bigcup\{S_{A_i}(x):x\in X\}\}$$

得证。

从定理 8.3 的等式(1)可以看出基于相似关系的多粒度上近似集中，所有对象的相似类和目标集合之间都相交；等式(2)说明基于相似关系的多粒度上近似集也可以通过单个粒度上近似集来表示，即

$$\overline{\sum_{i=1}^{m} A_i}{}_{MS}(X) = \bigcup_{i=1}^{m} \overline{A_i}{}_S(X) \tag{8.4}$$

定理 8.4　不完备决策信息系统 $IODS = \langle U, AT \cup \{d\}, V, f \rangle$，$\forall X \subseteq U$，$A_1, A_2, \cdots, A_m \subseteq AT$，相似关系下的覆盖多粒度模型具有如下的性质：

(1) $\underline{\sum_{i=1}^{m} A_i}{}_{MS}(X) \subseteq X \subseteq \overline{\sum_{i=1}^{m} A_i}{}_{MS}(X)$；

(2) $\underline{\sum_{i=1}^{m} A_i}{}_{MS}(\varnothing) = \overline{\sum_{i=1}^{m} A_i}{}_{MS}(\varnothing) = \varnothing$，$\underline{\sum_{i=1}^{m} A_i}{}_{MS}(U) = \overline{\sum_{i=1}^{m} A_i}{}_{MS}(U) = U$；

(3) $\underline{\sum_{i=1}^{m} A_i}{}_{MS}(X) = \bigcup_{i=1}^{m} \underline{A_i}{}_S(X)$，$\overline{\sum_{i=1}^{m} A_i}{}_{MS}(X) = \bigcup_{i=1}^{m} \overline{A_i}{}_S(X)$；

(4) $\underline{\sum_{i=1}^{m} A_i}{}_{MS}\left(\underline{\sum_{i=1}^{m} A_i}{}_{MS}(X) \right) = \underline{\sum_{i=1}^{m} A_i}{}_{MS}(X)$，$\overline{\sum_{i=1}^{m} A_i}{}_{MS}\left(\overline{\sum_{i=1}^{m} A_i}{}_{MS}(X) \right) = \overline{\sum_{i=1}^{m} A_i}{}_{MS}(X)$；

(5) $\underline{\sum_{i=1}^{m} A_i}{}_{MS}(\sim X) = \sim \overline{\sum_{i=1}^{m} A_i}{}_{MS}(X)$，$\overline{\sum_{i=1}^{m} A_i}{}_{MS}(\sim X) = \sim \underline{\sum_{i=1}^{m} A_i}{}_{MS}(X)$。

证明：(1) $\forall x \in \underline{\sum_{i=1}^{m} A_i}{}_{MS}(X)$，那么必定存在 $i \in \{1, 2, \cdots, m\}$ 使得 $S_{A_i}^{-1}(x) \subseteq X$。又因为相似关系具有自反性，$\forall i \in \{1, 2, \cdots, m\}$，有 $x \in S_{A_i}^{-1}(x)$，所以 $x \in X$。那么，$\underline{\sum_{i=1}^{m} A_i}{}_{MS}(X) \subseteq X$。

$\forall x \in X$，由于相似关系的自反性，$\forall i \in \{1, 2, \cdots, m\}$，有 $x \in S_{A_i}^{-1}(x)$，所以 $S_{A_2}^{-1}(x) \cap X \neq \varnothing$ 对 $\forall i \in \{1, 2, \cdots, m\}$ 均成立，即 $x \in \overline{\sum_{i=1}^{m} A_i}{}_{MS}(X)$。那么，$X \subseteq \overline{\sum_{i=1}^{m} A_i}{}_{MS}(X)$。

所以，$\underline{\sum_{i=1}^{m} A_i}{}_{MS}(X) \subseteq X \subseteq \overline{\sum_{i=1}^{m} A_i}{}_{MS}(X)$ 成立。

(2) 由(1)得，$\underline{\sum_{i=1}^{m} A_i}{}_{MS}(\varnothing) \subseteq \varnothing$。又 $\varnothing$ 是所有集合的子集，即 $\varnothing \subseteq \underline{\sum_{i=1}^{m} A_i}{}_{MS}(\varnothing)$，那

么 $\sum\limits_{i=1}^{m}A_i{}_{\text{MS}}(\varnothing)=\varnothing$；同样，$\varnothing\subseteq\overline{\sum\limits_{i=1}^{m}A_i}{}_{\text{MS}}(\varnothing)$，所以只需证明 $\overline{\sum\limits_{i=1}^{m}A_i}{}_{\text{MS}}(\varnothing)\subseteq\varnothing$。$\forall x\notin\varnothing$，

则 $x\in U$。由相似关系的自反性得 $\forall i\in\{1,2,\cdots,m\}$，均有 $S_{A_i}^{-1}(x)\neq\varnothing$，但 $S_{A_i}^{-1}(x)\bigcap\varnothing=\varnothing$。

由(1)得 $x\notin\overline{\sum\limits_{i=1}^{m}A_i}{}_{\text{MS}}(\varnothing)$，所以 $\overline{\sum\limits_{i=1}^{m}A_i}{}_{\text{MS}}(\varnothing)\subseteq\varnothing$。那么 $\overline{\sum\limits_{i=1}^{m}A_i}{}_{\text{MS}}(\varnothing)=\sum\limits_{i=1}^{m}A_i{}_{\text{MS}}(\varnothing)=\varnothing$ 成立。

类似地，可以证明 $\sum\limits_{i=1}^{m}A_i{}_{\text{MS}}(U)=\overline{\sum\limits_{i=1}^{m}A_i}{}_{\text{MS}}(U)=U$。

(3) $\forall x\in U$，$x\in\sum\limits_{i=1}^{m}A_i{}_{\text{MS}}(X)\Leftrightarrow\exists i\in\{1,2,\cdots,m\}\ \text{s.t.}\ S_{A_i}^{-1}(x)\subseteq X$

$$\Leftrightarrow\exists i\in\{1,2,\cdots,m\}\ \text{s.t.}\ x\in\underline{A_i}{}_S(X)$$

$$\Leftrightarrow x\in\bigcup_{i=1}^{m}\underline{A_i}{}_S(X)$$

那么，$\sum\limits_{i=1}^{m}A_i{}_{\text{MS}}(X)=\bigcup\limits_{i=1}^{m}\underline{A_i}{}_S(X)$ 成立。

由定理 8.4 得，$\overline{\sum\limits_{i=1}^{m}A_i}{}_{\text{MS}}(X)=\bigcap\limits_{i=1}^{m}\{\bigcup\{S_{A_i}(x):x\in X\}\}$。而 $\bigcup\{S_A(x):x\in X\}=\overline{A_S}(X)$，

所以 $\overline{\sum\limits_{i=1}^{m}A_i}{}_{\text{MS}}(X)=\bigcap\limits_{i=1}^{m}\overline{A_i}{}_S(X)$ 成立。

(4) 由 (1)，得 $\sum\limits_{i=1}^{m}A_i{}_{\text{MS}}\left(\sum\limits_{i=1}^{m}A_i{}_{\text{MS}}(X)\right)\subseteq\sum\limits_{i=1}^{m}A_i{}_{\text{MS}}(X)$，因此只需证明 $\sum\limits_{i=1}^{m}A_i{}_{\text{MS}}$

$(X)\subseteq\sum\limits_{i=1}^{m}A_i{}_{\text{MS}}\left(\sum\limits_{i=1}^{m}A_i{}_{\text{MS}}(X)\right)$。

$\forall x\notin\sum\limits_{i=1}^{m}A_i{}_{\text{MS}}\left(\sum\limits_{i=1}^{m}A_i{}_{\text{MS}}(X)\right)$，$\forall i\in\{1,2,\cdots,m\}$，$S_{A_i}^{-1}(x)\nsubseteq\sum\limits_{i=1}^{m}A_i{}_{\text{MS}}(X)$。也就是说，

$\forall i\in\{1,2,\cdots,m\}$，$y\in S_{A_i}^{-1}(x)$ 但 $y\notin\sum\limits_{i=1}^{m}A_i{}_{\text{MS}}(X)$，那么 $\forall i\in\{1,2,\cdots,m\}$ 都有 $S_{A_i}^{-1}(y)\nsubseteq X$ 成

立。由于相似关系是自反的，所以 $y\in S_{A_i}^{-1}(x)\Leftrightarrow S_{A_i}^{-1}(y)\subseteq S_{A_i}^{-1}(x)$。

从而，$\forall i\in\{1,2,\cdots,m\}$，$S_{A_i}^{-1}(x)\nsubseteq X$，$x\notin\sum\limits_{i=1}^{m}A_i{}_{\text{MS}}(X)$。

那么，$\sum\limits_{i=1}^{m}A_i{}_{\text{MS}}(X)\subseteq\sum\limits_{i=1}^{m}A_i{}_{\text{MS}}\left(\sum\limits_{i=1}^{m}A_i{}_{\text{MS}}(X)\right)$。

由上可得 $\sum\limits_{i=1}^{m}\underline{A_i}_{MS}\left(\sum\limits_{i=1}^{m}\underline{A_i}_{MS}(X)\right)=\sum\limits_{i=1}^{m}\underline{A_i}_{MS}(X)$。

$\overline{\sum\limits_{i=1}^{m}A_i}_{MS}\left(\overline{\sum\limits_{i=1}^{m}A_i}_{MS}(X)\right)=\overline{\sum\limits_{i=1}^{m}A_i}_{MS}(X)$ 的证明类似。

(5) $\forall x \in U$，$x \in \sum\limits_{i=1}^{m}\underline{A_i}_{MS}(\sim X) \Leftrightarrow \exists i \in \{1,2,\cdots,m\}\ \text{s.t.}\ S_{A_i}^{-1}(x) \subseteq (\sim X)$

$$\Leftrightarrow \exists i \in \{1,2,\cdots,m\}\ \text{s.t.}\ S_{A_i}^{-1}(x)\bigcap X = \varnothing$$

$$\Leftrightarrow x \in\ \sim \overline{\sum\limits_{i=1}^{m}A_i}_{MS}(X)$$

所以，$\sum\limits_{i=1}^{m}\underline{A_i}_{MS}(\sim X) =\ \sim\overline{\sum\limits_{i=1}^{m}A_i}_{MS}(X)$ 成立。

类似地，可证 $\overline{\sum\limits_{i=1}^{m}A_i}_{MS}(\sim X) =\ \sim\sum\limits_{i=1}^{m}\underline{A_i}_{MS}(X)$。

证毕。

下面以相似关系下的多粒度覆盖粗糙集模型为例，将多粒度理论[2,3,5-13]和近似分布约简方法[14]相结合，提出覆盖多粒度上、下近似分布约简的概念，从而得到不完备决策系统中所有的最简确定规则和最简可能规则。

定义 8.6 不完备决策信息系统 IDIS=$\langle U,\text{AT}\bigcup\{d\},V,f\rangle$ 中，$A=\{b_1,b_2,\cdots,b_m\}\subseteq\text{AT}=\{a_1,a_2,\cdots,a_n\}$，若

$$\underline{\text{AT}}_{MS}(\{d\})=\left\{\sum\limits_{i=1}^{n}\underline{a_i}_{MS}(X_1),\sum\limits_{i=1}^{n}\underline{a_i}_{MS}(X_2),\cdots,\sum\limits_{i=1}^{n}\underline{a_i}_{MS}(X_l)\right\} \tag{8.5}$$

$$\overline{\text{AT}}_{MS}(\{d\})=\left\{\overline{\sum\limits_{i=1}^{n}a_i}_{MS}(X_1),\overline{\sum\limits_{i=1}^{n}a_i}_{MS}(X_2),\cdots,\overline{\sum\limits_{i=1}^{n}a_i}_{MS}(X_l)\right\} \tag{8.6}$$

则：①当且仅当 $\underline{A}_{MS}(\{d\})=\underline{\text{AT}}_{MS}(\{d\})$，且 $\forall B \subset A$ 均有 $\underline{B}_{MS}(\{d\}) \neq \underline{\text{AT}}_{MS}(\{d\})$ 成立时，称 A 是 AT 的覆盖多粒度下近似分布约简；②当且仅当 $\overline{A}_{MS}(\{d\})=\overline{\text{AT}}_{MS}(\{d\})$，且 $\forall B \subset A$ 均有 $\overline{B}_{MS}(\{d\}) \neq \overline{\text{AT}}_{MS}(\{d\})$ 成立时，称 A 是 AT 的覆盖多粒度上近似分布约简。

定理 8.5 不完备决策信息系统 IDIS = $\langle U,\text{AT}\bigcup\{d\},V,f\rangle$ 中，$\forall x \in U$，$A=\{b_1,b_2,\cdots,b_m\}\subseteq\text{AT}=\{a_1,a_2,\cdots,a_n\}$，若

$$\underline{\text{AT}}_{MS}(x)=\left\{X_k \in U\,/\,\text{IND}(\{d\})\,\middle|\,x \in \sum\limits_{i=1}^{n}\underline{a_i}_{MS}(X_k)\right\}$$

$$\overline{\mathrm{AT}}_{\mathrm{MS}}(x)=\left\{X_k\in U/\mathrm{IND}(\{d\})\middle|x\in\overline{\sum_{i=1}^{n}a_i}_{\mathrm{MS}}(X_k)\right\}$$

则：

(1) $\underline{A}_{\mathrm{MS}}(\{d\})=\underline{\mathrm{AT}}_{\mathrm{MS}}(\{d\})\Leftrightarrow\forall x\in U,\underline{A}_{\mathrm{MS}}(x)=\underline{\mathrm{AT}}_{\mathrm{MS}}(x)$；

(2) $\overline{A}_{\mathrm{MS}}(\{d\})=\overline{\mathrm{AT}}_{\mathrm{MS}}(\{d\})\Leftrightarrow\forall x\in U,\overline{A}_{\mathrm{MS}}(x)=\overline{\mathrm{AT}}_{\mathrm{MS}}(x)$。

证明：(1) "$\Rightarrow$"：当 $\underline{A}_{\mathrm{MS}}(\{d\})=\underline{\mathrm{AT}}_{\mathrm{MS}}(\{d\})$ 时，$\forall X_k\in U/\mathrm{IND}(\{d\})$ 均有

$\displaystyle\sum_{j=1}^{m}b_i{}_{\mathrm{MS}}(X_k)=\sum_{i=1}^{n}a_i{}_{\mathrm{MS}}(X_k)$，即 $\forall x\in U$，$x\in\displaystyle\sum_{j=1}^{m}b_i{}_{\mathrm{MS}}(X_k)\Leftrightarrow x\in\sum_{i=1}^{n}a_i{}_{\mathrm{MS}}(X_k)$ 且

$x\notin\displaystyle\sum_{\underline{j=1}}^{m}b_i{}_{\mathrm{MS}}(X_k){}_{\mathrm{MS}}(X_k)\Leftrightarrow x\notin\sum_{i=1}^{n}a_i{}_{\mathrm{MS}}(X_k)$，所以 $\forall x\in U,\underline{A}_{\mathrm{MS}}(x)=\underline{\mathrm{AT}}_{\mathrm{MS}}(x)$ 成立。

"$\Leftarrow$"：当 $\forall x\in U,\underline{A}_{\mathrm{MS}}(x)=\underline{\mathrm{AT}}_{\mathrm{MS}}(x)$ 时，有 $x\in\displaystyle\sum_{j=1}^{m}b_i{}_{\mathrm{MS}}(X_k)\Leftrightarrow x\in\sum_{i=1}^{n}a_i{}_{\mathrm{MS}}(X_k)$ 且

$x\notin\displaystyle\sum_{j=1}^{m}b_i{}_{\mathrm{MS}}(X_k)\Leftrightarrow x\notin\sum_{i=1}^{n}a_i{}_{\mathrm{MS}}(X_k)$ 成立，即 $\forall X_k\in U/\mathrm{IND}(\{d\})$ 均有 $\displaystyle\sum_{j=1}^{m}b_i{}_{\mathrm{MS}}(X_k)$

$\displaystyle\sum_{i=1}^{n}a_i{}_{\mathrm{MS}}(X_k)$ 成立，所以 $\underline{A}_{\mathrm{MS}}(D)=\underline{\mathrm{AT}}_{\mathrm{MS}}(D)$ 成立。

(2) 类似(1)可证。

定理 8.6　不完备决策信息系统 $\mathrm{IDIS}=\langle U,\mathrm{AT}\cup\{d\},V,f\rangle$ 中，$A=\{b_1,b_2,\cdots,b_m\}\subseteq\mathrm{AT}=\{a_1,a_2,\cdots,a_n\}$，则

(1) $\forall x\in U,\underline{A}_{\mathrm{MS}}(x)=\underline{\mathrm{AT}}_{\mathrm{MS}}(x)\Leftrightarrow\exists a_i\in A$，当 $\underline{\mathrm{AT}}_{\mathrm{MS}}(x)\nsubseteq\underline{\mathrm{AT}}_{\mathrm{MS}}(y)$ 时 $S_{a_i}^{-1}(y)\nsubseteq S_{a_i}^{-1}(x)$ 成立；

(2) $\forall x\in U,\overline{A}_{\mathrm{MS}}(x)=\overline{\mathrm{AT}}_{\mathrm{MS}}(x)\Leftrightarrow\exists a_i\in A$，当 $\overline{\mathrm{AT}}_{\mathrm{MS}}(y)\nsubseteq\overline{\mathrm{AT}}_{\mathrm{MS}}(x)$ 时 $S_{a_i}^{-1}(y)\nsubseteq S_{a_i}^{-1}(x)$ 成立。

证明：

(1) "$\Rightarrow$"：假设 $\underline{\mathrm{AT}}_{\mathrm{MS}}(x)\nsubseteq\underline{\mathrm{AT}}_{\mathrm{MS}}(y)$，则必存在 $X_k\in U/\mathrm{IND}(\{d\})$ 满足 $X_k\in\underline{\mathrm{AT}}_{\mathrm{MS}}(x)$ 且 $X_k\notin\underline{\mathrm{AT}}_{\mathrm{MS}}(y)$。已知 $\forall x\in U,\underline{A}_{\mathrm{MS}}(x)=\underline{\mathrm{AT}}_{\mathrm{MS}}(x)$，则 $X_k\in\underline{A}_{\mathrm{MS}}(x)$ 且 $X_k\notin\underline{\mathrm{AT}}_{\mathrm{MS}}(y)$。那么，必存在 $a_i\in A$ 满足 $S_{a_i}^{-1}(x)\subseteq X_k$ 且 $\forall a_i\in A$ 都满足 $S_{a_i}^{-1}(y)\nsubseteq X_k$。所以，$\exists a_i\in A$ 使得 $S_{a_i}^{-1}(y)\nsubseteq S_{a_i}^{-1}(x)$ 成立。

"$\Leftarrow$"：因为 $A=\{b_1,b_2,\cdots,b_m\}\subseteq\mathrm{AT}=\{a_1,a_2,\cdots,a_n\}$，由多粒度下近似的定义，得 $\forall X_k\in U/\mathrm{IND}(\{d\})$ 均有 $\displaystyle\sum_{j=1}^{n}b_i{}_{\mathrm{MS}}(X_k)\subseteq\sum_{i=1}^{n}a_i{}_{\mathrm{MS}}(X_k)$，那么，$\forall x\subseteq U$，$\underline{A}_{\mathrm{MS}}(x)\subseteq\underline{\mathrm{AT}}_{\mathrm{MS}}(x)$，

所以下面证明 $\forall x \subseteq U$，$\underline{A}_{\mathrm{MS}}(x) \supseteq \underline{\mathrm{AT}}_{\mathrm{MS}}(x)$ 即可。

由已知条件可得 $\exists a_i \in A$，$S_{a_i}^{-1}(y) \subseteq S_{a_i}^{-1}(x) \Rightarrow \underline{\mathrm{AT}}_{\mathrm{MS}}(x) \subseteq \underline{\mathrm{AT}}_{\mathrm{MS}}(y)$。由于相似关系具有自反性，$y \in S_{a_i}^{-1}(y)$，则 $y \in S_{a_i}^{-1}(x)$。

即 $\exists a_i \in A$，$y \in S_{a_i}^{-1}(x) \Rightarrow \underline{\mathrm{AT}}_{\mathrm{MS}}(x) \subseteq \underline{\mathrm{AT}}_{\mathrm{MS}}(y)$。

假设 $\forall y \in S_{a_i}^{-1}(x)$，且 $\forall X_k \in \underline{\mathrm{AT}}_{\mathrm{MS}}(x)$，则 $X_k \in \underline{\mathrm{AT}}_{\mathrm{MS}}(y)$，从而 $\exists a_j \in \mathrm{AT}$ 满足 $S_{a_j}^{-1}(y) \subseteq X_k$ 且 $S_{\mathrm{AT}}^{-1}(y) \subseteq S_{a_j}^{-1}(y)$，那么 $S_{\mathrm{AT}}^{-1}(y) \subseteq X_k$。由相似关系的自反性，容易得到 $S_{a_i}^{-1}(x) = \bigcup\{S_{\mathrm{AT}}^{-1}(y): y \in S_{a_i}^{-1}(x)\}$。若 $y \in S_{a_i}^{-1}(x)$，则 $S_{\mathrm{AT}}^{-1}(y) \subseteq X_k$，所以 $S_{a_i}^{-1}(y) \subseteq X_k$，即可得 $\forall X_k \in \underline{A}_{\mathrm{MS}}(x)$。

(2) "$\Rightarrow$"：假设 $\overline{\mathrm{AT}}_{\mathrm{MS}}(y) \not\subseteq \overline{\mathrm{AT}}_{\mathrm{MS}}(x)$，则必存在 $X_k \in U / \mathrm{IND}(\{d\})$ 满足 $X_k \in \overline{\mathrm{AT}}_{\mathrm{MS}}(y)$ 且 $X_k \notin \overline{\mathrm{AT}}_{\mathrm{MS}}(x)$。已知 $\forall x \subseteq U$，$\overline{A}_{\mathrm{MS}}(x) = \overline{\mathrm{AT}}_{\mathrm{MS}}(x)$，则 $X_k \in \overline{A}_{\mathrm{MS}}(y)$ 且 $X_k \notin \overline{\mathrm{AT}}_{\mathrm{MS}}(x)$。那么，必存在 $a_i \in A$ 满足 $S_{a_i}^{-1}(x) \bigcap X_k = \varnothing$ 且 $\forall a \in A$ 都满足 $S_a^{-1}(y) \bigcap X_k \neq \varnothing$，那么 $S_{a_i}^{-1}(y) \bigcap X_k \neq \varnothing$。所以，$\exists a_i \in A$ 使得 $S_{a_i}^{-1}(y) \not\subseteq S_{a_i}^{-1}(x)$ 成立。

"$\Leftarrow$"：因为 $A = \{b_1, b_2, \cdots, b_m\} \subseteq \mathrm{AT} = \{a_1, a_2, \cdots, a_n\}$，所以 $\forall X_k \in U / \mathrm{IND}(\{d\})$，$\overline{\sum_{j=1}^{n} b_j}_{\mathrm{MS}}(X_k) \supseteq \overline{\sum_{i=1}^{n} a_i}_{\mathrm{MS}}(X_k)$，那么，$\forall x \subseteq U$，$\overline{A}_{\mathrm{MS}}(x) \supseteq \overline{\mathrm{AT}}_{\mathrm{MS}}(x)$，所以下面证明 $\forall x \subseteq U$，$\overline{A}_{\mathrm{MS}}(x) \subseteq \overline{\mathrm{AT}}_{\mathrm{MS}}(x)$ 即可。

由已知条件可得 $\exists a_i \in A$，$S_{a_i}^{-1}(y) \subseteq S_{a_i}^{-1}(x) \Rightarrow \overline{\mathrm{AT}}_{\mathrm{MS}}(y) \subseteq \overline{\mathrm{AT}}_{\mathrm{MS}}(x)$。由于相似关系具有自反性，$y \in S_{a_i}^{-1}(y)$，则 $y \in S_{a_i}^{-1}(x)$。

即 $\exists a_i \in A$，$y \in S_{a_i}^{-1}(x) \Rightarrow \overline{\mathrm{AT}}_{\mathrm{MS}}(y) \subseteq \overline{\mathrm{AT}}_{\mathrm{MS}}(x)$。

假设 $\forall y \in S_{a_i}^{-1}(x)$，且 $\forall X_k \notin \overline{\mathrm{AT}}_{\mathrm{MS}}(x)$，则 $X_k \notin \overline{\mathrm{AT}}_{\mathrm{MS}}(y)$，从而 $\exists a_j \in \mathrm{AT}$ 满足 $S_{a_j}^{-1}(y) \bigcap X_k = \varnothing$ 且 $S_{\mathrm{AT}}^{-1}(y) \subseteq S_{a_j}^{-1}(y)$，那么 $S_{\mathrm{AT}}^{-1}(y) \bigcap X_k = \varnothing$。由相似关系的自反性，容易得到 $S_{a_i}^{-1}(x) = \bigcup\{S_{\mathrm{AT}}^{-1}(y): y \in S_{a_i}^{-1}(x)\}$。所以，若 $y \in S_{a_i}^{-1}(x)$，则 $S_{\mathrm{AT}}^{-1}(y) \bigcap X_k = \varnothing$，所以 $S_{a_i}^{-1}(y) \bigcap X_k = \varnothing$，即可得 $\forall X_k \notin \overline{A}_{\mathrm{MS}}(x)$。即得证。

定义 8.7 不完备决策信息系统 $\mathrm{IDIS} = \langle U, \mathrm{AT} \cup \{d\}, V, f \rangle$ 中，若

$$D_{\mathrm{ML}} = \{(x,y) \in U^2 \mid \underline{\mathrm{AT}}_{\mathrm{MS}}(x) \not\subseteq \underline{\mathrm{AT}}_{\mathrm{MS}}(y)\}$$

$$D_{\mathrm{MU}} = \{(x,y) \in U^2 \mid \overline{\mathrm{AT}}_{\mathrm{MS}}(y) \not\subseteq \overline{\mathrm{AT}}_{\mathrm{MS}}(x)\}$$

$$D_{\mathrm{ML}}(x,y) = \begin{cases} \{a \in \mathrm{AT} \mid (x,y) \notin S_a\}, & (x,y) \in D_{\mathrm{ML}} \\ \varnothing, & \text{其他} \end{cases}$$

$$D_{\mathrm{MU}}(x,y) = \begin{cases} \{a \in \mathrm{AT} \mid (x,y) \notin S_a\}, & (x,y) \in D_{\mathrm{MU}} \\ \varnothing, & \text{其他} \end{cases}$$

$$M_{ML} = \{D_{ML}(x,y) \mid x,y \in U\}$$

$$M_{MU} = \{D_{MU}(x,y) \mid x,y \in U\}$$

则 $D_{ML}(x,y)$ 和 $D_{MU}(x,y)$ 分别称为覆盖多粒度下分辨属性集和覆盖多粒度上分辨属性集，M_{ML} 和 M_{MU} 分别称为不完备决策系统 I 的覆盖多粒度下近似分布分辨矩阵和覆盖多粒度上近似分布分辨矩阵。

定理 8.7 不完备决策信息系统 $IDIS = \langle U, AT \cup \{d\}, V, f \rangle$ 中，$A = \{b_1, b_2, \cdots, b_m\} \subseteq AT = \{a_1, a_2, \cdots, a_n\}$，则：

(1) $\underline{A}_{MS}(\{d\}) = \underline{AT}_{MS}(\{d\}) \Leftrightarrow \forall D_{ML}(x,y) \neq \varnothing$ 时，$A \cap D_{ML}(x,y) \neq \varnothing$ 成立；

(2) $\overline{A}_{MS}(\{d\}) = \overline{AT}_{MS}(\{d\}) \Leftrightarrow \forall D_{MU}(x,y) \neq \varnothing$ 时，$A \cap D_{MU}(x,y) \neq \varnothing$ 成立。

证明：(1) "$\Rightarrow$"：因为 $\underline{A}_{MS}(\{d\}) = \underline{AT}_{MS}(\{d\})$，所以 $\forall x \in U$，$\underline{A}_{MS}(x) = \underline{AT}_{MS}(x)$。$\forall D_{ML}(x,y) \neq \varnothing$，都有 $\underline{AT}_{MS}(x) \not\subseteq \underline{AT}_{MS}(y)$ 成立。那么 $\exists a_i \in A$，当 $\underline{AT}_{MS}(x) \not\subseteq \underline{AT}_{MS}(y)$ 时 $S_{a_i}^{-1}(y) \not\subseteq S_{a_i}^{-1}(x)$ 成立，所以 $y \notin S_{a_i}^{-1}(x)$，即 $(x,y) \notin S_{a_i}$，$A \cap D_{ML}(x,y) \neq \varnothing$。

"$\Leftarrow$"：$\forall D_{ML}(x,y) \neq \varnothing$ 都有 $\underline{AT}_{MS}(x) \not\subseteq \underline{AT}_{MS}(y)$。由已知条件得 $A \cap D_{ML}(x,y) \neq \varnothing$，从而 $\exists a_i \in A$ 使得 $(x,y) \notin S_{a_i}$。所以 $\forall x \in U$，$\underline{A}_{MS}(x) = \underline{AT}_{MS}(x)$，接着得到 $\underline{A}_{MS}(D) = \underline{AT}_{MS}(D)$。

即得证。

(2) 类似 (1) 可证。

定义 8.8 不完备决策信息系统 $IDIS = \langle U, AT \cup \{d\}, V, f \rangle$ 中，若

$$\Delta_{ML} = \mathop{\wedge}\limits_{(x,y) \in D_{ML}} \vee D_{ML}(x,y), \quad \Delta_{MU} = \mathop{\wedge}\limits_{(x,y) \in D_{MU}} \vee D_{MU}(x,y) \tag{8.7}$$

则 Δ_{ML} 和 Δ_{MU} 分别称为覆盖多粒度下近似分布分辨函数和覆盖多粒度上近似分布分辨函数。其中 $\wedge$ 和 $\vee$ 分别表示合取和析取运算。

定理 8.8 不完备决策信息系统 $IDIS = \langle U, AT \cup \{d\}, V, f \rangle$ 中，$A = \{b_1, b_2, \cdots, b_m\} \subseteq AT = \{a_1, a_2, \cdots, a_n\}$，则：

(1) 当且仅当 $\wedge A$ 是 Δ_{ML} 的必要项时，属性子集 A 是覆盖多粒度下近似分布约简；

(2) 当且仅当 $\wedge A$ 是 Δ_{MU} 的必要项时，属性子集 A 是覆盖多粒度上近似分布约简。

可见，多粒度下近似分布约简是在覆盖多粒度模型中保持所有决策类的下近似集都不发生变化的最小属性子集，多粒度上近似分布约简是在覆盖多粒度模型中保持所有决策类的上近似集都不发生变化的最小属性子集。

定理 8.9 不完备决策信息系统 $IDIS = \langle U, AT \cup \{d\}, V, f \rangle$ 中，$A = \{b_1, b_2, \cdots, b_m\} \subseteq AT = \{a_1, a_2, \cdots, a_n\}$，$t = \wedge(b_i, v_{b_i})$，$s = (d, j), j \in V_{\{d\}}$ 为类别标签。

(1) 若 A 是覆盖多粒度下近似分布约简，则 $\forall x \subseteq U$，$r_x: t \to s$ 是一条最简确定决策规则；

（2）若 A 是覆盖多粒度上近似分布约简，则 $\forall x \subseteq U$，$r_x : t \to s$ 是一条最简可能决策规则。

证明：由覆盖多粒度下（上）近似分布约简的定义显然得证。

因为覆盖多粒度下近似分布约简是在覆盖多粒度模型中保持所有决策类的下近似集都不发生变化的最小属性子集，所以由覆盖多粒度下近似分布约简得到的属性组合仍然可以得到一条确定性的决策规则，且这个规则是最简的；同样，因为覆盖多粒度上近似分布约简是在覆盖多粒度模型中保持所有决策类的上近似集都不发生变化的最小属性子集，所以由覆盖多粒度上近似分布约简得到的属性组合也可以得到一条最简的不确定性的决策规则。

下面采用文献[3]中的关于风险投资的不完备评估表来进行说明。在原表中有 50 个待评估对象，同文献[3]的处理方法一致，也选取前 10 个对象来进行简单的说明。

例 8.3[3]　不完备决策信息系统 $\text{IDIS} = \langle U, \text{AT} \cup \{d\}, V, f \rangle$ 如表 8.1 所示，其中对象集 $U = \{x_1, x_2, \cdots, x_{10}\}$ 表示 10 个待风险评估的对象，条件属性集 $\text{AT} = \{a_1, a_2, \cdots, a_5\}$ 表示五个独立的评估专家，d 为决策属性，表示风险的高低。表中的"$*$"表示专家对该对象没有给出评估，而且不能将该未知值和其他任意已知属性值进行比较。

表 8.1　不完备决策信息系统

A/U	x_1	x_2	x_3	x_4	x_5	x_6	x_7	x_8	x_9	x_{10}
a_1	2	1	1	1	1	*	2	3	2	1
a_2	3	3	1	1	1	2	2	2	3	1
a_3	3	3	1	1	1	2	2	2	2	*
a_4	2	2	1	1	1	2	2	3	3	1
a_5	3	2	1	1	1	2	2	3	1	2
d	high	high	low	low	low	high	low	high	high	low

由表 8.1 得 $U/\text{IND}(\{d\}) = \{X_1, X_2\}$，其中 $X_1 = \{x_1, x_2, x_6, x_8, x_9\}$，$X_2 = \{x_3, x_4, x_5, x_7, x_{10}\}$。

（1）单粒度理论下：

$$S_{\text{AT}}^{-1}(x_1) = \{x_1\}, \quad S_{\text{AT}}^{-1}(x_2) = \{x_2\}$$
$$S_{\text{AT}}^{-1}(x_3) = \{x_3, x_4, x_5\}, \quad S_{\text{AT}}^{-1}(x_4) = \{x_3, x_4, x_5\}$$
$$S_{\text{AT}}^{-1}(x_5) = \{x_3, x_4, x_5\}, \quad S_{\text{AT}}^{-1}(x_6) = \{x_6\}$$
$$S_{\text{AT}}^{-1}(x_7) = \{x_7\}, \quad S_{\text{AT}}^{-1}(x_8) = \{x_8\}$$
$$S_{\text{AT}}^{-1}(x_9) = \{x_9\}, \quad S_{\text{AT}}^{-1}(x_{10}) = \{x_{10}\}$$

可以得出单粒度上、下近似集分别为

$$\underline{\text{AT}}_S(X_1) = \{x_1, x_2, x_6, x_8, x_9\}, \quad \underline{\text{AT}}_S(X_2) = \{x_3, x_4, x_5, x_7, x_{10}\}$$

$$\overline{\text{AT}}_S(X_1) = \{x_1, x_2, x_6, x_8, x_9\}, \quad \overline{\text{AT}}_S(X_2) = \{x_3, x_4, x_5, x_7, x_{10}\}$$

接着可以求出

$$\underline{\text{AT}}_S(x_1) = \underline{\text{AT}}_S(x_2) = \underline{\text{AT}}_S(x_6) = \underline{\text{AT}}_S(x_8) = \underline{\text{AT}}_S(x_9) = \{X_1\}$$

$$\underline{\text{AT}}_S(x_3) = \underline{\text{AT}}_S(x_4) = \underline{\text{AT}}_S(x_5) = \underline{\text{AT}}_S(x_7) = \underline{\text{AT}}_S(x_{10}) = \{X_2\}$$

$$\overline{\text{AT}}_S(x_1) = \overline{\text{AT}}_S(x_2) = \overline{\text{AT}}_S(x_6) = \overline{\text{AT}}_S(x_8) = \overline{\text{AT}}_S(x_9) = \{X_1\}$$

$$\overline{\text{AT}}_S(x_3) = \overline{\text{AT}}_S(x_4) = \overline{\text{AT}}_S(x_5) = \overline{\text{AT}}_S(x_7) = \overline{\text{AT}}_S(x_{10}) = \{X_2\}$$

那么，可以得到不完备信息决策系统 IODS 的单粒度上近似分布分辨矩阵 M_U 和单粒度下近似分布分辨矩阵 M_L。因为该例中，X_1 的单粒度上、下近似集完全相等，X_2 的单粒度上、下近似集完全相等，所以 M_U 和 M_L 也完全一致，统一如表 8.2 所示。

表 8.2　单粒度上、下近似分布分辨矩阵 M_U 和 M_L

U	x_1	x_2	x_3	x_4	x_5	x_6	x_7	x_8	x_9	x_{10}
x_1			AT	AT	AT		$a_2a_3a_5$			AT
x_2			$a_2a_3a_4a_5$	$a_2a_3a_4a_5$	$a_2a_3a_4a_5$		$a_1a_2a_3$			$a_2a_3a_4$
x_3	AT	$a_2a_3a_4a_5$				$a_1a_2a_4a_5$		AT	$a_1a_2a_3a_4$	
x_4	AT	$a_2a_3a_4a_5$				$a_1a_2a_4a_5$		AT	$a_1a_2a_3a_4$	
x_5	AT	$a_2a_3a_4a_5$				$a_1a_2a_4a_5$		AT	$a_1a_2a_3a_4$	
x_6			$A_2a_4a_5$	$a_2a_4a_5$	$a_2a_4a_5$		a_3			$a_2a_3a_4$
x_7	$a_2a_3a_5$	$a_1a_2a_3$				a_1a_3		$a_1a_4a_5$	$a_2a_4a_5$	
x_8			AT	AT	AT		$a_1a_4a_5$			AT
x_9			$a_1a_2a_3a_4$	$a_1a_2a_3a_4$	$a_1a_2a_3a_4$		$a_2a_4a_5$			AT
x_{10}	$a_1a_2a_4a_5$	a_2a_4				$a_1a_2a_4$		$a_1a_2a_4a_5$	$a_1a_2a_4a_5$	

由表 8.2 可得出单粒度上近似分布分辨函数 Δ_U 和单粒度下近似分布分辨函数 Δ_L：

$$\Delta_U = \Delta_L = a_3 \wedge (a_2 \vee a_4) \wedge (a_4 \vee a_5) = (a_2 \wedge a_3 \wedge a_4) \vee (a_2 \wedge a_3 \wedge a_5) \vee (a_3 \wedge a_4 \wedge a_5)$$

所以在单粒度情况下，即覆盖粒计算模型中，采用文献[15]中提出的不完备信息系统中基于相似关系的知识约简方法，可以得到 3 个单粒度下近似分布约简：$\text{red1}_L = \{a_2, a_3, a_4\}$，$\text{red2}_L = \{a_2, a_3, a_5\}$，$\text{red3}_L = \{a_3, a_4, a_5\}$。同样可以得到 3 个单粒度上近似分布约简：$\text{red1}_U = \{a_2, a_3, a_4\}$，$\text{red2}_U = \{a_2, a_3, a_5\}$，$\text{red3}_U = \{a_3, a_4, a_5\}$。

可见，$\{a_3\}$ 是单粒度上、下近似分布约简的核。

以 $\text{red1}_L = \{a_2, a_3, a_4\}$ 为例，可以得到如下 7 条最简确定决策规则：

① $(a_2, 3) \wedge (a_3, 3) \wedge (a_4, 2) \to (d, \text{high})$；

② $(a_2, 2) \wedge (a_3, 1) \wedge (a_4, 2) \to (d, \text{high})$；

③ $(a_2, 2) \wedge (a_3, 2) \wedge (a_4, 3) \to (d, \text{high})$；

④ $(a_2,3) \wedge (a_3,2) \wedge (a_4,3) \to (d,\text{high})$；

⑤ $(a_2,1) \wedge (a_3,1) \wedge (a_4,1) \to (d,\text{low})$；

⑥ $(a_2,1) \wedge (a_3,^*) \wedge (a_4,1) \to (d,\text{low})$；

⑦ $(a_2,2) \wedge (a_3,2) \wedge (a_4,2) \to (d,\text{low})$。

3 个单粒度下近似分布约简共可以得到 23 条单粒度最简确定决策规则，同样 3 个单粒度上近似分布约简也可以得到 23 条单粒度最简可能决策规则。但是该例中单粒度下近似集和单粒度上近似集完全一致，所以不能很好地体现上、下近似分布约简的优势。

(2) 多粒度理论下：

$$\underline{\text{AT}}_{\text{MS}}(\{d\}) = \left\{ \sum_{i=1}^{5} a_i \underset{\text{MS}}{}(X_1), \sum_{i=1}^{5} a_i \underset{\text{MS}}{}(X_2) \right\}$$

$$\overline{\text{AT}}_{\text{MS}}(\{d\}) = \left\{ \overline{\sum_{i=1}^{5} a_i}_{\text{MS}}(X_1), \overline{\sum_{i=1}^{5} a_i}_{\text{MS}}(X_2) \right\}$$

其中，

$$\sum_{i=1}^{5} a_i \underset{\text{MS}}{}(X_1) = \{x_1, x_2, x_6, x_8, x_9\}$$

$$\sum_{i=1}^{5} a_i \underset{\text{MS}}{}(X_2) = \{x_3, x_4, x_5, x_{10}\}$$

$$\overline{\sum_{i=1}^{5} a_i}_{\text{MS}}(X_1) = \{x_1, x_2, x_6, x_7, x_8, x_9\}$$

$$\overline{\sum_{i=1}^{5} a_i}_{\text{MS}}(X_2) = \{x_3, x_4, x_5, x_6, x_7, x_{10}\}$$

接着可以求出

$$\underline{\text{AT}}_{\text{MS}}(x_1) = \underline{\text{AT}}_{\text{MS}}(x_2) = \underline{\text{AT}}_{\text{MS}}(x_6) = \underline{\text{AT}}_{\text{MS}}(x_8) = \underline{\text{AT}}_{\text{MS}}(x_9) = \{X_1\}$$

$$\underline{\text{AT}}_{\text{MS}}(x_7) = \varnothing$$

$$\underline{\text{AT}}_{\text{MS}}(x_3) = \underline{\text{AT}}_{\text{MS}}(x_4) = \underline{\text{AT}}_{\text{MS}}(x_5) = \underline{\text{AT}}_{\text{MS}}(x_{10}) = \{X_2\}$$

$$\overline{\text{AT}}_{\text{MS}}(x_1) = \overline{\text{AT}}_{\text{MS}}(x_2) = \overline{\text{AT}}_{\text{MS}}(x_8) = \overline{\text{AT}}_{\text{MS}}(x_9) = \{X_1\}$$

$$\overline{\text{AT}}_{\text{MS}}(x_6) = \overline{\text{AT}}_{\text{MS}}(x_7) = \{X_1, X_2\}$$

$$\overline{\text{AT}}_{\text{MS}}(x_3) = \overline{\text{AT}}_{\text{MS}}(x_4) = \overline{\text{AT}}_{\text{MS}}(x_5) = \overline{\text{AT}}_{\text{MS}}(x_{10}) = \{X_2\}$$

那么，可以得到不完备决策系统的覆盖多粒度下近似分布分辨矩阵 M_{ML} 和多粒度上近似分布分辨矩阵 M_{MU} 分别如表 8.3 和表 8.4 所示。

表 8.3　覆盖多粒度下近似分布分辨矩阵 M_{ML}

U	x_1	x_2	x_3	x_4	x_5	x_6	x_7	x_8	x_9	x_{10}
x_1			AT	AT	AT		$a_2a_3a_5$			AT
x_2			$a_2a_3a_4a_5$	$a_2a_3a_4a_5$	$a_2a_3a_4a_5$		$a_1a_2a_3$			$a_1a_2a_3$
x_3	AT	$a_2a_3a_4a_5$				$a_1a_2a_4a_5$	AT	AT	$a_1a_2a_3a_4$	
x_4	AT	$a_2a_3a_4a_5$				$a_1a_2a_4a_5$	AT	AT	$a_1a_2a_3a_4$	
x_5	AT	$a_2a_3a_4a_5$				$a_1a_2a_4a_5$	AT	AT	$a_1a_2a_3a_4$	
x_6			$a_2a_4a_5$	$a_2a_4a_5$	$a_2a_4a_5$		a_3			$a_2a_3a_4$
x_7										
x_8			AT	AT	AT		$a_1a_4a_5$			AT
x_9			$a_1a_2a_3a_4$	$a_1a_2a_3a_4$	$a_1a_2a_3a_4$		$a_2a_4a_5$			AT
x_{10}	$a_1a_2a_4a_5$	a_2a_4				$a_1a_2a_4$	$a_1a_2a_4$	$a_1a_2a_4a_5$	$a_1a_2a_4a_5$	

表 8.4　覆盖多粒度上近似分布分辨矩阵 M_{MU}

U	x_1	x_2	x_3	x_4	x_5	x_6	x_7	x_8	x_9	x_{10}
x_1			AT	AT	AT					AT
x_2			$a_2a_3a_4a_5$	$a_2a_3a_4a_5$	$a_2a_3a_4a_5$					$a_1a_2a_3$
x_3	AT	$a_2a_3a_4a_5$						AT	$a_1a_2a_3a_4$	
x_4	AT	$a_2a_3a_4a_5$						AT	$a_1a_2a_3a_4$	
x_5	AT	$a_2a_3a_4a_5$						AT	$a_1a_2a_3a_4$	
x_6	$a_2a_3a_5$	a_2a_3	$a_2a_4a_5$	$a_2a_4a_5$	$a_2a_4a_5$			$a_3a_4a_5$	$a_2a_3a_4a_5$	$a_2a_3a_4$
x_7	$a_2a_3a_5$	$a_1a_2a_3$	AT	AT	AT			$a_1a_4a_5$	$a_2a_4a_5$	$a_1a_2a_3a_4$
x_8			AT	AT	AT					AT
x_9			$a_1a_2a_3a_4$	$a_1a_2a_3a_4$	$a_1a_2a_3a_4$					AT
x_{10}	$a_1a_2a_4a_5$	a_2a_4						$a_1a_2a_4a_5$	$a_1a_2a_4a_5$	

可得出覆盖多粒度下近似分布分辨函数 $\varDelta_{\mathrm{ML}}$ 和覆盖多粒度上近似分布分辨函数 $\varDelta_{\mathrm{MU}}$：

$$\varDelta_{\mathrm{ML}} = a_3 \wedge (a_2 \vee a_4) \wedge (a_1 \vee a_4 \vee a_5)$$
$$= (a_1 \wedge a_2 \wedge a_3) \vee (a_2 \wedge a_3 \wedge a_4) \vee (a_2 \wedge a_3 \wedge a_5) \vee (a_1 \wedge a_3 \wedge a_4) \vee (a_3 \wedge a_4 \wedge a_5)$$
$$\varDelta_{\mathrm{MU}} = (a_2 \vee a_3) \wedge (a_2 \vee a_4) \wedge (a_3 \vee a_4 \vee a_5) \wedge (a_1 \vee a_4 \vee a_5)$$
$$= (a_2 \wedge a_4) \vee (a_2 \wedge a_5) \vee (a_1 \wedge a_2 \wedge a_3) \vee (a_1 \wedge a_3 \wedge a_4) \vee (a_3 \wedge a_4 \wedge a_5)$$

所以在多粒度情况下，可以得到 5 个多粒度下近似分布约简：

$$\mathrm{red1}_{\mathrm{ML}} = \{a_1, a_2, a_3\}, \quad \mathrm{red2}_{\mathrm{ML}} = \{a_2, a_3, a_4\}, \quad \mathrm{red3}_{\mathrm{ML}} = \{a_2, a_3, a_5\}$$
$$\mathrm{red4}_{\mathrm{ML}} = \{a_1, a_3, a_4\}, \quad \mathrm{red5}_{\mathrm{ML}} = \{a_3, a_4, a_5\}$$

可见，在多粒度情况下，不但得到了单粒度情况下得到的三个下近似分布约简，而且得到了另外两个下近似分布约简 $\mathrm{red1}_{\mathrm{ML}} = \{a_1, a_2, a_3\}$ 和 $\mathrm{red4}_{\mathrm{ML}} = \{a_1, a_3, a_4\}$。

同样，可以得到 5 个覆盖多粒度上近似分布约简：

$$\mathrm{red1}_{\mathrm{MU}} = \{a_2, a_4\}, \quad \mathrm{red2}_{\mathrm{MU}} = \{a_2, a_5\}, \quad \mathrm{red3}_{\mathrm{MU}} = \{a_1, a_2, a_3\}$$
$$\mathrm{red4}_{\mathrm{MU}} = \{a_1, a_3, a_4\}, \quad \mathrm{red5}_{\mathrm{MU}} = \{a_3, a_4, a_5\}$$

将其与单粒度上近似分布约简对比发现，$\text{red1}_{\text{MU}} = \{a_2, a_4\}$ 比 $\text{red1}_U = \{a_2, a_3, a_4\}$ 更简，$\text{red2}_{\text{MU}} = \{a_2, a_5\}$ 比 $\text{red2}_U = \{a_2, a_3, a_5\}$ 更简，且在多粒度情况下能够得到另外两个上近似分布约简 $\text{red3}_{\text{MU}} = \{a_1, a_2, a_3\}$ 和 $\text{red4}_{\text{MU}} = \{a_1, a_3, a_4\}$。

以 $\text{red2}_{\text{MU}} = \{a_2, a_5\}$ 为例，可以得到如下 8 条覆盖多粒度最简可能决策规则：

① $(a_2, 3) \wedge (a_5, 2) \to (d, \text{high})$；

② $(a_2, 2) \wedge (a_5, 3) \to (d, \text{high})$；

③ $(a_2, 3) \wedge (a_5, 1) \to (d, \text{high})$；

④ $(a_2, 3) \wedge (a_5, 3) \to (d, \text{high})$；

⑤ $(a_2, 2) \wedge (a_5, 2) \to (d, \text{high})$；

⑥ $(a_2, 1) \wedge (a_5, 1) \to (d, \text{low})$；

⑦ $(a_2, 2) \wedge (a_5, 2) \to (d, \text{low})$；

⑧ $(a_2, 1) \wedge (a_5, 2) \to (d, \text{low})$。

5 个覆盖多粒度下近似分布约简共可以得到 39 条覆盖多粒度最简确定决策规则，5 个覆盖多粒度上近似分布约简可以得到 38 条覆盖多粒度最简可能决策规则，而且多粒度理论下求得的上、下近似分布约简不一致，能更好地进行近似逼近，更符合实际生活的需要。

表 8.5 直观地反映了该例在单粒度和多粒度两种理论下得出的上、下近似分布约简、最简确定决策规则以及最简可能决策规则之间的差异。

表 8.5　单粒度、多粒度理论下不完备决策规则获取情况比较表

比较内容	单粒度	多粒度
下分布约简个数	3	5
上分布约简个数	3	5
最简确定决策规则条数	23	39
最简可能决策规则条数	23	38
上、下近似集间的关系	相同	包含

总之，由例 8.3 可以看出，多粒度近似分布约简方法不但可以获得单粒度近似分布约简方法所得到的近似分布约简，而且能够得到更多的近似分布约简，且这些约简进一步剔除了冗余信息，得到更符合条件的约简，从而可以得到更多更简的决策规则。所以，多粒度理论下构建的不完备决策规则的获取方法能更直观、更准确地获得最简确定决策规则和最简可能决策规则。

8.3　多覆盖多粒度模型中的知识发现方法

对任何一件事物的描述都可以从多个不同的角度来进行。从全局的角度多视

角地综合看待问题，会使人们更客观公正，从而获得解决问题合理有效的方法。所以，在很多问题上，人们习惯于倾听多个专家的声音，根据多个专家给出的答案进行综合分析，最后得到解决问题的方法。考虑这样的三种情形。

情形 1 由多个相同领域的专家独立地对由多个对象构成的论域进行评估，每个评估专家均从多个属性对同一对象进行评判，且每个专家根据对象的每个属性得到论域上的一个划分，那么每个专家根据对象的多个属性就可以得到论域上的一个覆盖，多个专家独立地对论域进行评估，则可以获得同一论域上的多个不同覆盖。例如，在信用卡评估问题中，3 个评估专家分别从"学历"和"薪水"两个指标对 9 个待评估人员构成的论域进行评估，从"学历"指标或者"薪水"指标，每个专家得到论域上的一个划分，那么由这两个划分可以得到论域上的一个覆盖，三个不同的评估专家对论域进行评估，就可以得到相同论域上的三个不同覆盖。

情形 2 由不同领域的多个专家对论域上的每个对象从不同的专业角度进行评估，每个专家考虑的属性是不一样的。每个专家根据一个属性获得论域上的一个划分，根据多个属性则得到一个覆盖。由多个专家从多个不同属性集进行评估，则可以获得相同论域上的多个不同覆盖。例如，在合金材料性能评价问题中，力学专家会从该材料的强度、硬度、塑性等力学性能方面合金材料进行评价；物理专家会从该材料的电性能、光学性能、热性能、磁性能等物理性能方面对合金材料进行评价；等等。根据一个属性得到由多种合金材料构成的论域上的一个划分，每个专家可以给出论域上的一个覆盖，那么由多个不同领域的专家从多个不同属性集进行评估，则可以获得相同论域上的多个不同覆盖。

情形 3 和情形 2 情况类似，同样是由不同领域的多个专家对论域上的每个对象从不同的专业角度进行评估，每个专家考虑的属性不一样，但是和情形 2 情况不一样的是，这里每个专家仅需根据一个属性对论域进行评估，不过由于一些客观情况，专家对某些对象的属性值不能完全确定，只能给出多值或者空值，那么每个专家的评判同样可以构成论域上的一个覆盖，多个专家的评判又构成了相同论域上的多个覆盖。例如，在不完备信息系统中，根据一个属性可以得到论域上的一个覆盖，那么根据多个属性则得到相同论域上的多个覆盖。

以上三种情形中，评估系统中都由相同领域或者不同领域的多个专家进行评估，均得到了相同论域上的多个覆盖，从而可以构成一个多覆盖近似空间。如何在多覆盖近似空间中进行知识发现是本节要研究的主要内容。

8.3.1 多覆盖多粒度模型

在第 2 章覆盖粗糙集模型中，介绍了六种主要的覆盖粗糙集模型，并对它们之间的关系进行了深入探讨。在多覆盖近似空间中，将原有的六种覆盖粗糙集模型进行推广，引入了"∪"和"∩"这两种集合运算，并根据多粒度决策过程中采用的两种不同策略——"求同存异"策略和"求同排异"策略，分别得到乐观多覆盖多粒度模型和悲观多覆盖多粒度模型。

本节的多覆盖多粒度模型是在多覆盖近似空间中进行研究的，所以首先给出多覆盖近似空间的定义。

定义 8.9　设 U 是一个非空集合，$C_1, C_2, \cdots, C_m$ 是 U 的 m 个覆盖，若 $C = \{C_1, C_2, \cdots, C_m\}$，则称有序对 (U, C) 为多覆盖近似空间。

下面分别根据"求同存异"策略和"求同排异"策略，提出乐观多覆盖多粒度模型和悲观多覆盖多粒度模型。

采用"求同存异"策略，也就是在多覆盖近似空间中，由每个单覆盖近似空间所得到的覆盖下近似集都认为是多覆盖近似空间中的确定对象的集合，它们是一个个的单独的"粒"，多个"粒"只要至少一个"粒"满足要求即可，于是得到乐观多覆盖多粒度模型，那么多覆盖近似空间中的下近似集就由多个单覆盖近似空间中的覆盖下近似集通过"∪"运算所构成。

在定义 2.5 中，介绍了第一种覆盖粗糙集模型中的覆盖下近似集 $\mathrm{CL}_C(X)$ 和覆盖上近似集 $\mathrm{FH}_C(X)$ 的定义。下面将其向多覆盖近似空间进行推广，通过集合的"∪"运算，给出多覆盖近似空间中第一种乐观多覆盖下近似集 $\mathrm{CL}_C^O(X)$ 的定义。

定义 8.10　在多覆盖近似空间 (U, C) 中，$C = \{C_1, C_2, \cdots, C_m\}$，$\forall X \subseteq U$，第一种基于多覆盖 C 的乐观多覆盖下近似集 $\mathrm{CL}_C^O(X)$ 的定义为

$$\mathrm{CL}_C^O(X) = \bigcup_{i=1}^{m} \mathrm{CL}_{C_i}(X) \tag{8.8}$$

定义 8.11　在多覆盖近似空间 (U, C) 中，$C = \{C_1, C_2, \cdots, C_m\}$，$\forall X \subseteq U$，第一种基于多覆盖 C 的乐观多覆盖上近似集 $\mathrm{FH}_C^O(X)$ 的定义为

$$\mathrm{FH}_C^O(X) = \bigcap_{i=1}^{m} \mathrm{FH}_{C_i}(X) \tag{8.9}$$

同样方法可以给出第二至五种基于多覆盖 C 的乐观多覆盖上近似集的定义。

定义 8.12　在多覆盖近似空间 (U, C) 中，$C = \{C_1, C_2, \cdots, C_m\}$，$\forall X \subseteq U$，第二至五种基于多覆盖 C 的乐观多覆盖上近似集 $\mathrm{SH}_C^O(X)$、$\mathrm{TH}_C^O(X)$、$\mathrm{RH}_C^O(X)$、$\mathrm{IH}_C^O(X)$ 分别定义如下：

$$\mathrm{SH}_C^O(X) = \bigcap_{i=1}^{m} \mathrm{SH}_{C_i}(X) \tag{8.10}$$

$$\mathrm{TH}_C^O(X) = \bigcap_{i=1}^{m} \mathrm{TH}_{C_i}(X) \tag{8.11}$$

$$\mathrm{RH}_C^O(X) = \bigcap_{i=1}^{m} \mathrm{RH}_{C_i}(X) \tag{8.12}$$

$$\mathrm{IH}_C^O(X) = \bigcap_{i=1}^{m} \mathrm{IH}_{C_i}(X) \tag{8.13}$$

第六种多覆盖近似空间中的乐观多覆盖上、下近似集的定义也可以按照同样的方法给出，实现单覆盖粒计算模型向多覆盖粒计算模型的推广。

定义 8.13　在多覆盖近似空间 (U,C) 中，$C = \{C_1, C_2, \cdots, C_m\}$，$\forall X \subseteq U$，第六种基于多覆盖 C 的乐观多覆盖下近似集 $\mathrm{XL}_C^O(X)$ 和乐观多覆盖上近似集 $\mathrm{XH}_C^O(X)$ 分别定义如下：

$$\mathrm{XL}_C^O(X) = \bigcap_{i=1}^{m} \mathrm{XL}_{C_i}(X) \tag{8.14}$$

$$\mathrm{XH}_C^O(X) = \bigcap_{i=1}^{m} \mathrm{XH}_{C_i}(X) \tag{8.15}$$

近似精度和粗糙度是衡量粒计算模型的重要指标，下面分别给出各多覆盖乐观多粒度模型中近似精度和粗糙度的概念，作为衡量各模型优劣的指标。

定义 8.14　在多覆盖近似空间 (U,C) 中，$C = \{C_1, C_2, \cdots, C_m\}$，$\forall X \subseteq U$ 且 $X \neq \varnothing$，六种基于多覆盖 C 的乐观多覆盖多粒度模型的近似精度分别定义为

$$\alpha_{1C}^O(X) = |\mathrm{CL}_C^O(X)| / |\mathrm{FH}_C^O(X)| \tag{8.16}$$

$$\alpha_{2C}^O(X) = |\mathrm{CL}_C^O(X)| / |\mathrm{SH}_C^O(X)| \tag{8.17}$$

$$\alpha_{3C}^O(X) = |\mathrm{CL}_C^O(X)| / |\mathrm{TH}_C^O(X)| \tag{8.18}$$

$$\alpha_{4C}^O(X) = |\mathrm{CL}_C^O(X)| / |\mathrm{RH}_C^O(X)| \tag{8.19}$$

$$\alpha_{5C}^O(X) = |\mathrm{CL}_C^O(X)| / |\mathrm{IH}_C^O(X)| \tag{8.20}$$

$$\alpha_{6C}^O(X) = |\mathrm{XL}_C^O(X)| / |\mathrm{XH}_C^O(X)| \tag{8.21}$$

定义 8.15　在多覆盖近似空间 (U,C) 中，$C = \{C_1, C_2, \cdots, C_m\}$，$\forall X \subseteq U$ 且 $X \neq \varnothing$，六种基于多覆盖 C 的乐观多覆盖粗糙集模型的粗糙度分别定义为

$$\rho_{1C}^O(X) = 1 - \alpha_{1C}^O(X) \tag{8.22}$$

$$\rho_{2C}^O(X) = 1 - \alpha_{2C}^O(X) \tag{8.23}$$

$$\rho_{3C}^O(X) = 1 - \alpha_{3C}^O(X) \tag{8.24}$$

$$\rho_{4C}^O(X) = 1 - \alpha_{4C}^O(X) \tag{8.25}$$

$$\rho_{5C}^O(X) = 1 - \alpha_{5C}^O(X) \tag{8.26}$$

$$\rho_{6C}^O(X) = 1 - \alpha_{6C}^O(X) \tag{8.27}$$

采用"求同排异"策略，也就是在多覆盖近似空间中，多覆盖近似空间中

的确定对象必须在每个单覆盖近似空间所得到的单覆盖下近似集中出现。也就是说，只有每一个单覆盖近似空间的下近似集中共同的部分，即所有下近似集的交集，才能构成"求同排异"策略下多覆盖近似空间中的多覆盖多粒度下近似集。

求同排异，谓之为悲观状态。下面通过将所有单覆盖近似空间得到的单覆盖下近似集进行"$\bigcap$"运算而得到多覆盖近似空间中的悲观多粒度下近似集的概念。

定义 8.16 在多覆盖近似空间 (U,C) 中，$C=\{C_1,C_2,\cdots,C_m\}$，$\forall X\subseteq U$，基于多覆盖 C 的悲观多覆盖下近似集 $\mathrm{CL}_C^P(X)$ 定义为

$$\mathrm{CL}_C^P(X)=\bigcap_{i=1}^m \mathrm{CL}_{C_i}(X) \tag{8.28}$$

定义 8.17 在多覆盖近似空间 (U,C) 中，$C=\{C_1,C_2,\cdots,C_m\}$，$\forall X\subseteq U$，基于多覆盖 C 的悲观多覆盖上近似集 $\mathrm{FH}_C^P(X)$ 定义为

$$\mathrm{FH}_C^P(X)=\bigcup_{i=1}^m \mathrm{FH}_{C_i}(X) \tag{8.29}$$

同样方法可以给出第二至五种基于多覆盖 C 的悲观多覆盖上近似集的定义。

定义 8.18 在多覆盖近似空间 (U,C) 中，$C=\{C_1,C_2,\cdots,C_m\}$，$\forall X\subseteq U$，第二至五种基于多覆盖 C 的悲观多覆盖上近似集 $\mathrm{SH}_C^P(X)$，$\mathrm{TH}_C^P(X)$，$\mathrm{RH}_C^P(X)$，$\mathrm{IH}_C^P(X)$ 分别定义如下：

$$\mathrm{SH}_C^P(X)=\bigcup_{i=1}^m \mathrm{SH}_{C_i}(X) \tag{8.30}$$

$$\mathrm{TH}_C^P(X)=\bigcup_{i=1}^m \mathrm{TH}_{C_i}(X) \tag{8.31}$$

$$\mathrm{RH}_C^P(X)=\bigcup_{i=1}^m \mathrm{RH}_{C_i}(X) \tag{8.32}$$

$$\mathrm{IH}_C^P(X)=\bigcup_{i=1}^m \mathrm{IH}_{C_i}(X) \tag{8.33}$$

同样，第六种多覆盖近似空间中的悲观多覆盖上、下近似集的定义也可以按照同样的方法给出，实现单覆盖粒计算模型向多覆盖粒计算模型的推广。

定义 8.19 在多覆盖近似空间 (U,C) 中，$C=\{C_1,C_2,\cdots,C_m\}$，$\forall X\subseteq U$，第六种基于多覆盖 C 的悲观多覆盖下近似集 $\mathrm{XL}_C^P(X)$ 和悲观多覆盖上近似集 $\mathrm{XH}_C^P(X)$ 分别定义如下：

$$\mathrm{XL}_C^P(X)=\bigcap_{i=1}^m \mathrm{XL}_{C_i}(X) \tag{8.34}$$

$$\mathrm{XH}_C^P(X)=\bigcup_{i=1}^m \mathrm{XH}_{C_i}(X) \tag{8.35}$$

　　下面给出各多覆盖悲观多粒度模型中近似精度和粗糙度的概念，作为衡量各模型优劣的指标。

　　定义 8.20　在多覆盖近似空间 (U,C) 中，$C = \{C_1,C_2,\cdots,C_m\}$，$\forall X \subseteq U$ 且 $X \neq \varnothing$，六种基于多覆盖 C 的悲观多覆盖粗糙集模型的近似精度分别定义为

$$\alpha_{1C}^{P}(X) = |\mathrm{CL}_C^P(X)| / |\mathrm{FH}_C^P(X)| \tag{8.36}$$

$$\alpha_{2C}^{P}(X) = |\mathrm{CL}_C^P(X)| / |\mathrm{SH}_C^P(X)| \tag{8.37}$$

$$\alpha_{3C}^{P}(X) = |\mathrm{CL}_C^P(X)| / |\mathrm{TH}_C^P(X)| \tag{8.38}$$

$$\alpha_{4C}^{P}(X) = |\mathrm{CL}_C^P(X)| / |\mathrm{RH}_C^P(X)| \tag{8.39}$$

$$\alpha_{5C}^{P}(X) = |\mathrm{CL}_C^P(X)| / |\mathrm{IH}_C^P(X)| \tag{8.40}$$

$$\alpha_{6C}^{P}(X) = |\mathrm{XL}_C^P(X)| / |\mathrm{XH}_C^P(X)| \tag{8.41}$$

　　定义 8.21　在多覆盖近似空间 (U,C) 中，$C = \{C_1,C_2,\cdots,C_m\}$，$\forall X \subseteq U$ 且 $X \neq \varnothing$，六种基于多覆盖 C 的悲观多覆盖粗糙集模型的粗糙度分别定义为

$$\rho_{1C}^{P}(X) = 1 - \alpha_{1C}^{P}(X) \tag{8.42}$$

$$\rho_{2C}^{P}(X) = 1 - \alpha_{2C}^{P}(X) \tag{8.43}$$

$$\rho_{3C}^{P}(X) = 1 - \alpha_{3C}^{P}(X) \tag{8.44}$$

$$\rho_{4C}^{P}(X) = 1 - \alpha_{4C}^{P}(X) \tag{8.45}$$

$$\rho_{5C}^{P}(X) = 1 - \alpha_{5C}^{P}(X) \tag{8.46}$$

$$\rho_{6C}^{P}(X) = 1 - \alpha_{6C}^{P}(X) \tag{8.47}$$

　　为了使读者更好地理解多覆盖多粒度模型，下面通过两个实例对该模型进行分析。

8.3.2　多覆盖多粒度模型的实例分析

　　例 8.4　给定论域 $U_1 = \{a,b,c,d,e\}$ 分别代表五种需要评价性能的合金材料，力学专家从强硬度、塑性这两个指标得到论域上的一个覆盖 $C_1 = \{K_{11},K_{12}\}$，其中 $K_{11} = \{a,b,c\}$，$K_{12} = \{b,d,e\}$；物理学家根据导电率、热容和磁化强度三个不同的物理性能指标得到论域上的第二个覆盖 $C_2 = \{K_{21},K_{22},K_{23}\}$，其中 $K_{21} = \{a\}$，$K_{22} = \{c,e\}$，$K_{23} = \{a,b,c,d\}$；化学专家从可燃性、腐蚀性、脱水性这三个指标得到论域上的一个覆盖 $C_3 = \{K_{31}\}$，其中 $K_{31} = \{a,b,c,d,e\}$。根据三个不同领域专家的评估，得到了多覆盖近似空间 (U_1,C_1)，其中 $C_1 = \{C_1,C_2,C_3\}$。

下面构造多覆盖近似空间 (U_1, C_1) 中的多覆盖多粒度模型。

首先，根据第 2 章中的定义 2.3 和定义 2.4 可以得出各目标对象在不同的近似空间中的最小描述和极小邻域。

(1) 在单覆盖近似空间 (U_1, C_1) 中目标对象在不同的近似空间中的最小描述和极小邻域分别为

$$\mathrm{md}_{C_1}(a) = \{\{a,b,c\}\}, \quad \mathrm{mn}_{C_1}(a) = \{a,b,c\}$$

$$\mathrm{md}_{C_1}(b) = \{\{a,b,c\},\{b,d,e\}\}, \quad \mathrm{mn}_{C_1}(b) = \{b\}$$

$$\mathrm{md}_{C_1}(c) = \{\{a,b,c\}\}, \quad \mathrm{mn}_{C_1}(c) = \{a,b,c\}$$

$$\mathrm{md}_{C_1}(d) = \{\{b,d,e\}\}, \quad \mathrm{mn}_{C_1}(d) = \{b,d,e\}$$

$$\mathrm{md}_{C_1}(e) = \{\{b,d,e\}\}; \quad \mathrm{mn}_{C_1}(e) = \{b,d,e\}$$

(2) 在单覆盖近似空间 (U_1, C_2) 中目标对象在不同的近似空间中的最小描述和极小邻域分别为

$$\mathrm{md}_{C_2}(a) = \{\{a\}\}, \quad \mathrm{mn}_{C_2}(a) = \{a\}$$

$$\mathrm{md}_{C_2}(b) = \{\{a,b,c,d\}\}, \quad \mathrm{mn}_{C_2}(b) = \{a,b,c,d\}$$

$$\mathrm{md}_{C_2}(c) = \{\{c,e\},\{a,b,c,d\}\}, \quad \mathrm{mn}_{C_2}(c) = \{c\}$$

$$\mathrm{md}_{C_2}(d) = \{\{a,b,c,d\}\}, \quad \mathrm{mn}_{C_2}(d) = \{a,b,c,d\}$$

$$\mathrm{md}_{C_2}(e) = \{\{c,e\}\}, \quad \mathrm{mn}_{C_2}(e) = \{c,e\}$$

(3) 在单覆盖近似空间 (U_1, C_3) 中目标对象在不同的近似空间中的最小描述和极小邻域分别为

$$\mathrm{md}_{C_3}(a) = \{\{a,b,c,d,e\}\}, \quad \mathrm{mn}_{C_3}(a) = \{a,b,c,d,e\}$$

$$\mathrm{md}_{C_3}(b) = \{\{a,b,c,d,e\}\}, \quad \mathrm{mn}_{C_3}(b) = \{a,b,c,d,e\}$$

$$\mathrm{md}_{C_3}(c) = \{\{a,b,c,d,e\}\}, \quad \mathrm{mn}_{C_3}(c) = \{a,b,c,d,e\}$$

$$\mathrm{md}_{C_3}(d) = \{\{a,b,c,d,e\}\}, \quad \mathrm{mn}_{C_3}(d) = \{a,b,c,d,e\}$$

$$\mathrm{md}_{C_3}(e) = \{\{a,b,c,d,e\}\}, \quad \mathrm{mn}_{C_3}(e) = \{a,b,c,d,e\}$$

其次,根据第 2 章定义 2.5～定义 2.7 中给出的单粒度覆盖粒计算模型的定义,在 (U_1,C_1)、(U_1,C_2) 和 (U_1,C_3) 三个不同的覆盖近似空间中,针对每一个给定的目标集合,分别计算出该目标集合下的六种单粒度覆盖下近似集和上近似集。

(1)若给定目标集合为 $X=\{a,b,d\}$,那么三个不同的覆盖近似空间中,X 两种单粒度覆盖下近似集和六种单粒度覆盖上近似集分别为

$$\mathrm{CL}_{C_1}(X)=\varnothing\ ,\quad \mathrm{CL}_{C_2}(X)=\{a\}\ ,\quad \mathrm{CL}_{C_3}(X)=\varnothing$$

$$\mathrm{XL}_{C_1}(X)=\{b\}\ ,\quad \mathrm{XL}_{C_2}(X)=\{a\}\ ,\quad \mathrm{XL}_{C_3}(X)=\varnothing$$

$$\mathrm{FH}_{C_1}(X)=\{a,b,c,d,e\}\ ,\quad \mathrm{FH}_{C_2}(X)=\{a,b,c,d\}\ ,\quad \mathrm{FH}_{C_3}(X)=\{a,b,c,d,e\}$$

$$\mathrm{SH}_{C_1}(X)=\{a,b,c,d,e\}\ ,\quad \mathrm{SH}_{C_2}(X)=\{a,b,c,d\}\ ,\quad \mathrm{SH}_{C_3}(X)=\{a,b,c,d,e\}$$

$$\mathrm{TH}_{C_1}(X)=\{a,b,c,d,e\}\ ,\quad \mathrm{TH}_{C_2}(X)=\{a,b,c,d\}\ ,\quad \mathrm{TH}_{C_3}(X)=\{a,b,c,d,e\}$$

$$\mathrm{RH}_{C_1}(X)=\{a,b,c,d,e\}\ ,\quad \mathrm{RH}_{C_2}(X)=\{a,b,c,d\}\ ,\quad \mathrm{RH}_{C_3}(X)=\{a,b,c,d,e\}$$

$$\mathrm{IH}_{C_1}(X)=\{a,b,c,d,e\}\ ,\quad \mathrm{IH}_{C_2}(X)=\{a,b,c,d\}\ ,\quad \mathrm{IH}_{C_3}(X)=\{a,b,c,d,e\}$$

$$\mathrm{XH}_{C_1}(X)=\{a,b,c,d,e\}\ ,\quad \mathrm{XH}_{C_2}(X)=\{a,b,d\}\ ,\quad \mathrm{XH}_{C_3}(X)=\{a,b,c,d,e\}$$

(2)若给定目标集合为 $Y=\{a,b,c,e\}$,那么三个不同的覆盖近似空间中,Y 两种单粒度覆盖下近似集和六种单粒度覆盖上近似集分别为

$$\mathrm{CL}_{C_1}(Y)=\{a,b,c\}\ ,\quad \mathrm{CL}_{C_2}(Y)=\{a,c,e\}\ ,\quad \mathrm{CL}_{C_3}(Y)=\varnothing$$

$$\mathrm{XL}_{C_1}(Y)=\{a,b,c\}\ ,\quad \mathrm{XL}_{C_2}(Y)=\{a,c,e\}\ ,\quad \mathrm{XL}_{C_3}(Y)=\varnothing$$

$$\mathrm{FH}_{C_1}(Y)=\{a,b,c,d,e\}\ ,\quad \mathrm{FH}_{C_2}(Y)=\{a,b,c,d,e\}\ ,\quad \mathrm{FH}_{C_3}(Y)=\{a,b,c,d,e\}$$

$$\mathrm{SH}_{C_1}(Y)=\{a,b,c,d,e\}\ ,\quad \mathrm{SH}_{C_2}(Y)=\{a,b,c,d,e\}\ ,\quad \mathrm{SH}_{C_3}(Y)=\{a,b,c,d,e\}$$

$$\mathrm{TH}_{C_1}(Y)=\{a,b,c,d,e\}\ ,\quad \mathrm{TH}_{C_2}(Y)=\{a,b,c,d,e\}\ ,\quad \mathrm{TH}_{C_3}(Y)=\{a,b,c,d,e\}$$

$$\mathrm{RH}_{C_1}(Y)=\{a,b,c,d,e\}\ ,\quad \mathrm{RH}_{C_2}(Y)=\{a,b,c,d,e\}\ ,\quad \mathrm{RH}_{C_3}(Y)=\{a,b,c,d,e\}$$

$$\mathrm{IH}_{C_1}(Y)=\{a,b,c,d,e\}\ ,\quad \mathrm{IH}_{C_2}(Y)=\{a,b,c,d,e\}\ ,\quad \mathrm{IH}_{C_3}(Y)=\{a,b,c,d,e\}$$

$$\mathrm{XH}_{C_1}(Y)=\{a,b,c,d,e\}\ ,\quad \mathrm{XH}_{C_2}(Y)=\{a,b,c,d,e\}\ ,\quad \mathrm{XH}_{C_3}(Y)=\{a,b,c,d,e\}$$

最后，在多覆盖近似空间 (U_1, C_1) 中，按照乐观多覆盖多粒度模型和悲观多覆盖多粒度模型的构成规则，分别给出多种模型中乐观多覆盖下(上)近似集和悲观多覆盖下(上)近似集。

(1)对于给定目标集合为 $X = \{a, b, d\}$，两种乐(悲)观多覆盖下近似集和六种乐(悲)观多覆盖上近似集分别为

$$\mathrm{CL}_{C_1}^O(X) = \{a\}, \quad \mathrm{CL}_{C_1}^P(X) = \varnothing$$

$$\mathrm{XL}_{C_1}^O(X) = \{a, b\}, \quad \mathrm{XL}_{C_1}^P(X) = \varnothing$$

$$\mathrm{FH}_{C_1}^O(X) = \{a, b, c, d\}, \quad \mathrm{FH}_{C_1}^P(X) = \{a, b, c, d, e\}$$

$$\mathrm{SH}_{C_1}^O(X) = \{a, b, c, d\}, \quad \mathrm{SH}_{C_1}^P(X) = \{a, b, c, d, e\}$$

$$\mathrm{TH}_{C_1}^O(X) = \{a, b, c, d\}, \quad \mathrm{TH}_{C_1}^P(X) = \{a, b, c, d, e\}$$

$$\mathrm{RH}_{C_1}^O(X) = \{a, b, c, d\}, \quad \mathrm{RH}_{C_1}^P(X) = \{a, b, c, d, e\}$$

$$\mathrm{IH}_{C_1}^O(X) = \{a, b, c, d\}, \quad \mathrm{IH}_{C_1}^P(X) = \{a, b, c, d, e\}$$

$$\mathrm{XH}_{C_1}^O(X) = \{a, b, d\}, \quad \mathrm{XH}_{C_1}^P(X) = \{a, b, c, d, e\}$$

(2)对于给定目标集合为 $Y = \{a, b, c, e\}$，两种乐(悲)观多覆盖下近似集和六种乐(悲)观多覆盖上近似集分别为

$$\mathrm{CL}_{C_1}^O(Y) = \{a, b, c, e\}, \quad \mathrm{CL}_{C_1}^P(Y) = \varnothing$$

$$\mathrm{XL}_{C_1}^O(Y) = \{a, b, c, e\}, \quad \mathrm{XL}_{C_1}^P(Y) = \varnothing$$

$$\mathrm{FH}_{C_1}^O(Y) = \{a, b, c, d, e\}, \quad \mathrm{FH}_{C_1}^P(Y) = \{a, b, c, d, e\}$$

$$\mathrm{SH}_{C_1}^O(Y) = \{a, b, c, d, e\}, \quad \mathrm{SH}_{C_1}^P(Y) = \{a, b, c, d, e\}$$

$$\mathrm{TH}_{C_1}^O(Y) = \{a, b, c, d, e\}, \quad \mathrm{TH}_{C_1}^P(Y) = \{a, b, c, d, e\}$$

$$\mathrm{RH}_{C_1}^O(Y) = \{a, b, c, d, e\}, \quad \mathrm{RH}_{C_1}^P(Y) = \{a, b, c, d, e\}$$

$$\mathrm{IH}_{C_1}^O(Y) = \{a, b, c, d, e\}, \quad \mathrm{IH}_{C_1}^P(Y) = \{a, b, c, d, e\}$$

$$\mathrm{XH}_{C_1}^O(Y) = \{a, b, c, d, e\}, \quad \mathrm{XH}_{C_1}^P(Y) = \{a, b, c, d, e\}$$

从例 8.4 可以发现，多覆盖多粒度模型可以从多个角度综合地对对象进行描述和评价。在例 8.4 中，对于合金材料性能评价这个问题，分别由力学专家、物

理专家和化学专家分别从各自领域的角度进行评价。针对给定的目标集合，在乐观的情况下，乐观下近似集可以选择出确定只满足一个专家评价的合金材料，乐观上近似集可以选择出可能满足三个专家评价的合金材料；在悲观的情况下，悲观下近似集可以选择出确定满足三个专家评价的合金材料，悲观上近似集可以选择出可能满足一个专家评价的合金材料。这四个近似集可以提供给决策者不同的信息，可见多覆盖多粒度模型可以很好地为决策者提供帮助。

例 8.5 在对教师教学质量的评估调查中，论域 $U_2 = \{h, i, j, k, l\}$ 分别代表五名不同的教师，从教师自评、专家听课评价以及学生评价这三个方面分别对五名教师进行评估，由于专家并未听所有待评教师的课，或者学生没有选修所有待评教师的课程等，通过教师自评、专家听课评价和学生评价这三方面就得到了一个不完备的评价系统。根据容差关系，由教师自评可以得到论域上的一个覆盖 $C_4 = \{K_{41}, K_{42}\}$，其中 $K_{41} = \{h, i, j\}$，$K_{42} = \{i, k, l\}$；由专家听课评价可以得到论域上的另一个覆盖 $C_5 = \{K_{51}, K_{52}, K_{53}\}$，其中 $K_{51} = \{h\}$，$K_{52} = \{j, l\}$，$K_{53} = \{h, i, j, k\}$；由学生评价可以得到论域上的第三个覆盖 $C_6 = \{K_{61}, K_{62}, K_{63}, K_{64}\}$，其中 $K_{61} = \{h, i\}$，$K_{62} = \{i, j\}$，$K_{63} = \{j, k\}$，$K_{64} = \{k, l\}$。那么，就得到了多覆盖近似空间 (U_2, C_2)，且 $C_2 = \{C_4, C_5, C_6\}$。

下面构造多覆盖近似空间 (U_2, C_2) 的多覆盖多粒度模型。

首先，根据第 2 章中的定义 2.3 和定义 2.4 可以得出各目标对象在不同的近似空间中的最小描述和极小邻域。

(1) 在单覆盖近似空间 (U_2, C_4) 中，目标对象在不同的近似空间中的最小描述和极小邻域分别为

$$\mathrm{md}_{C_4}(h) = \{\{h, i, j\}\}, \quad \mathrm{mn}_{C_4}(h) = \{h, i, j\}$$

$$\mathrm{md}_{C_4}(i) = \{\{h, i, j\}, \{i, k, l\}\}, \quad \mathrm{mn}_{C_4}(i) = \{i\}$$

$$\mathrm{md}_{C_4}(j) = \{\{h, i, j\}\}, \quad \mathrm{mn}_{C_4}(j) = \{h, i, j\}$$

$$\mathrm{md}_{C_4}(k) = \{\{i, k, l\}\}, \quad \mathrm{mn}_{C_4}(k) = \{i, k, l\}$$

$$\mathrm{md}_{C_4}(l) = \{\{i, k, l\}\}, \quad \mathrm{mn}_{C_4}(l) = \{i, k, l\}$$

(2) 在单覆盖近似空间 (U_2, C_5) 中目标对象在不同的近似空间中的最小描述和极小邻域分别为

$$\mathrm{md}_{C_5}(h) = \{\{h\}\}, \quad \mathrm{mn}_{C_5}(h) = \{h\}$$

$$\mathrm{md}_{C_5}(i) = \{\{h,i,j,k\}\}, \quad \mathrm{mn}_{C_5}(i) = \{h,i,j,k\}$$

$$\mathrm{md}_{C_5}(j) = \{\{j,l\},\{h,i,j,k\}\}, \quad \mathrm{mn}_{C_5}(j) = \{j\}$$

$$\mathrm{md}_{C_5}(k) = \{\{h,i,j,k\}\}, \quad \mathrm{mn}_{C_5}(k) = \{h,i,j,k\}$$

$$\mathrm{md}_{C_5}(l) = \{\{j,l\}\}, \quad \mathrm{mn}_{C_5}(l) = \{j,l\}$$

(3) 在单覆盖近似空间 (U_2, C_6) 中目标对象在不同的近似空间中的最小描述和极小邻域分别为

$$\mathrm{md}_{C_6}(h) = \{\{h,i\}\}, \quad \mathrm{mn}_{C_6}(h) = \{h,i\}$$

$$\mathrm{md}_{C_6}(i) = \{\{h,i\},\{i,j\}\}, \quad \mathrm{mn}_{C_6}(i) = \{i\}$$

$$\mathrm{md}_{C_6}(j) = \{\{i,j\},\{j,k\}\}, \quad \mathrm{mn}_{C_6}(j) = \{j\}$$

$$\mathrm{md}_{C_6}(k) = \{\{j,k\},\{k,l\}\}, \quad \mathrm{mn}_{C_6}(k) = \{k\}$$

$$\mathrm{md}_{C_6}(l) = \{\{k,l\}\}, \quad \mathrm{mn}_{C_6}(l) = \{k,l\}$$

其次，根据第 2 章中定义 2.5～定义 2.7 中给出的单粒度覆盖粒计算模型的定义，在 (U_2,C_4)、(U_2,C_5) 和 (U_2,C_6) 三个不同的覆盖近似空间中，针对每一个给定的目标集合，分别计算出该目标集合下的六种单粒度覆盖下近似集和上近似集。

(1) 若给定目标集合为 $X = \{h,i,k\}$，那么三个不同的覆盖近似空间中，X 两种单粒度覆盖下近似集和六种单粒度覆盖上近似集分别为

$$\mathrm{CL}_{C_4}(X) = \varnothing, \quad \mathrm{CL}_{C_5}(X) = \{h\}, \quad \mathrm{CL}_{C_6}(X) = \{h,i\}$$

$$\mathrm{XL}_{C_4}(X) = \{i\}, \quad \mathrm{XL}_{C_5}(X) = \{h\}, \quad \mathrm{XL}_{C_6}(X) = \{h,i,k\}$$

$$\mathrm{FH}_{C_4}(X) = \{h,i,j,k,l\}, \quad \mathrm{FH}_{C_5}(X) = \{h,i,j,k\}, \quad \mathrm{FH}_{C_6}(X) = \{h,i,j,k,l\}$$

$$\mathrm{SH}_{C_4}(X) = \{h,i,j,k,l\}, \quad \mathrm{SH}_{C_5}(X) = \{h,i,j,k\}, \quad \mathrm{SH}_{C_6}(X) = \{h,i,j,k,l\}$$

$$\mathrm{TH}_{C_4}(X) = \{h,i,j,k,l\}, \quad \mathrm{TH}_{C_5}(X) = \{h,i,j,k\}, \quad \mathrm{TH}_{C_6}(X) = \{h,i,j,k,l\}$$

$$\mathrm{RH}_{C_4}(X) = \{h,i,j,k,l\}, \quad \mathrm{RH}_{C_5}(X) = \{h,i,j,k\}, \quad \mathrm{RH}_{C_6}(X) = \{h,i,j,k,l\}$$

$$\mathrm{IH}_{C_4}(X) = \{h,i,j,k,l\}, \quad \mathrm{IH}_{C_5}(X) = \{h,i,j,k\}, \quad \mathrm{IH}_{C_6}(X) = \{h,i,k\}$$

$$\text{XH}_{C_4}(X)=\{h,i,j,k,l\}，\quad \text{XH}_{C_5}(X)=\{h,i,k\}，\quad \text{XH}_{C_6}(X)=\{h,i,k,l\}$$

（2）若给定目标集合为 $Y=\{h,i,j,k\}$，那么三个不同的覆盖近似空间中，Y 两种单粒度覆盖下近似集和六种单粒度覆盖上近似集分别为

$$\text{CL}_{C_4}(Y)=\{h,i,j\}，\quad \text{CL}_{C_5}(Y)=\{h,i,j,k\}，\quad \text{CL}_{C_6}(Y)=\{h,i,j,k\}$$

$$\text{XL}_{C_4}(Y)=\{h,i,j\}，\quad \text{XL}_{C_5}(Y)=\{h,i,j,k\}，\quad \text{XL}_{C_6}(Y)=\{h,i,j,k\}$$

$$\text{FH}_{C_4}(Y)=\{h,i,j,k,l\}，\quad \text{FH}_{C_5}(Y)=\{h,i,j,k\}，\quad \text{FH}_{C_6}(Y)=\{h,i,j,k\}$$

$$\text{SH}_{C_4}(Y)=\{h,i,j,k,l\}，\quad \text{SH}_{C_5}(Y)=\{h,i,j,k,l\}，\quad \text{SH}_{C_6}(Y)=\{h,i,j,k,l\}$$

$$\text{TH}_{C_4}(Y)=\{h,i,j,k,l\}，\quad \text{TH}_{C_5}(Y)=\{h,i,j,k,l\}，\quad \text{TH}_{C_6}(Y)=\{h,i,j,k,l\}$$

$$\text{RH}_{C_4}(Y)=\{h,i,j,k,l\}，\quad \text{RH}_{C_5}(Y)=\{h,i,j,k\}，\quad \text{RH}_{C_6}(Y)=\{h,i,j,k\}$$

$$\text{IH}_{C_4}(Y)=\{h,i,j,k,l\}，\quad \text{IH}_{C_5}(Y)=\{h,i,j,k\}，\quad \text{IH}_{C_6}(Y)=\{h,i,j,k\}$$

$$\text{XH}_{C_4}(Y)=\{h,i,j,k,l\}，\quad \text{XH}_{C_5}(Y)=\{h,i,j,k,l\}，\quad \text{XH}_{C_6}(Y)=\{h,i,j,k,l\}$$

最后，在多覆盖近似空间 (U_2,C_2) 中，按照乐观多覆盖多粒度模型和悲观多覆盖多粒度模型的构成规则，分别给出多种模型中乐观多覆盖下（上）近似集和悲观多覆盖下（上）近似集。

（1）对于给定目标集合为 $X=\{h,i,k\}$，两种乐（悲）观多覆盖下近似集和六种乐（悲）观多覆盖上近似集分别为

$$\text{CL}_{C_2}^{O}(X)=\{h,i\}，\quad \text{CL}_{C_2}^{P}(X)=\varnothing$$

$$\text{XL}_{C_2}^{O}(X)=\{h,i,k\}，\quad \text{XL}_{C_2}^{P}(X)=\varnothing$$

$$\text{FH}_{C_2}^{O}(X)=\{h,i,j,k\}，\quad \text{FH}_{C_2}^{P}(X)=\{h,i,j,k,l\}$$

$$\text{SH}_{C_2}^{O}(X)=\{h,i,j,k\}，\quad \text{SH}_{C_2}^{P}(X)=\{h,i,j,k,l\}$$

$$\text{TH}_{C_2}^{O}(X)=\{h,i,j,k\}，\quad \text{TH}_{C_2}^{P}(X)=\{h,i,j,k,l\}$$

$$\text{RH}_{C_2}^{O}(X)=\{h,i,j,k\}，\quad \text{RH}_{C_2}^{P}(X)=\{h,i,j,k,l\}$$

$$\text{IH}_{C_2}^{O}(X)=\{h,i,k\}，\quad \text{IH}_{C_2}^{P}(X)=\{h,i,j,k,l\}$$

$$\mathrm{XH}_{C_2}^{O}(X) = \{h,i,k\}, \quad \mathrm{XH}_{C_2}^{P}(X) = \{h,i,j,k,l\}$$

(2) 对于给定目标集合为 $Y = \{h,i,j,k\}$，两种乐(悲)观多覆盖下近似集和六种乐(悲)观多覆盖上近似集分别为

$$\mathrm{CL}_{C_2}^{O}(Y) = \{h,i,j,k\}, \quad \mathrm{CL}_{C_2}^{P}(Y) = \{h,i,j\}$$

$$\mathrm{XL}_{C_2}^{O}(Y) = \{h,i,j,k\}, \quad \mathrm{XL}_{C_2}^{P}(Y) = \{h,i,j\}$$

$$\mathrm{FH}_{C_2}^{O}(Y) = \{h,i,j,k\}, \quad \mathrm{FH}_{C_2}^{P}(Y) = \{h,i,j,k,l\}$$

$$\mathrm{SH}_{C_2}^{O}(Y) = \{h,i,j,k,l\}, \quad \mathrm{SH}_{C_2}^{P}(Y) = \{h,i,j,k,l\}$$

$$\mathrm{TH}_{C_2}^{O}(Y) = \{h,i,j,k,l\}, \quad \mathrm{TH}_{C_2}^{P}(Y) = \{h,i,j,k,l\}$$

$$\mathrm{RH}_{C_2}^{O}(Y) = \{h,i,j,k\}, \quad \mathrm{RH}_{C_2}^{P}(Y) = \{h,i,j,k,l\}$$

$$\mathrm{IH}_{C_2}^{O}(Y) = \{h,i,j,k\}, \quad \mathrm{IH}_{C_2}^{P}(Y) = \{h,i,j,k,l\}$$

$$\mathrm{XH}_{C_2}^{O}(Y) = \{h,i,j,k,l\}, \quad \mathrm{XH}_{C_2}^{P}(Y) = \{h,i,j,k,l\}$$

在例 8.5 中，分别从三个不同的主体对教师讲课质量进行评估：教师可以对自己的讲课情况进行自评，专家可以在听课后对教师讲课情况给出评价，学生也可以对任课教师的讲课情况进行评价。根据多覆盖多粒度模型，可以综合这三个主体的评价情况，客观地评估该教师的教学质量。

在乐观的情况下，乐观下近似集中是确定至少有一个评估主体认为符合其评价指标的教师，乐观上近似集中是可能三个评价主体的评价指标都符合的教师；在悲观的情况下，悲观下近似集中元素是确定三个评价主体的评价指标都满足的教师，悲观上近似集中元素是可能满足一个评价主体的评价指标的教师。这四个不同的近似集同样可以从不同方面给决策者提供信息，决策者可以根据不同的实际要求作出客观公正的决策，可见多覆盖多粒度模型可以很好地为决策者提供帮助。

上面已经给出了多种多覆盖多粒度模型，下面探讨这些模型中的知识发现方法，主要是将近似约简方法引入到多覆盖多粒度模型中，给出多覆盖多粒度模型中近似约简的定义，并研究近似约简具体的获取算法，通过实例对算法进行验证。

8.3.3　多覆盖多粒度模型中的近似约简

在前面的研究中，给出了两种多覆盖多粒度模型，分别是乐观多覆盖多粒度模型和悲观多覆盖多粒度模型，下面先给出乐观多覆盖多粒度模型中的两种下近似约简和六种上近似约简的定义。

定义 8.22　在多覆盖近似空间 (U,C) 中，多覆盖 $C = \{C_1, C_2, \cdots, C_m\}$，$C_1 \subset C$。若 $\forall X \subseteq U$ 均存在 $\mathrm{CL}_{C_1}^O(X) = \mathrm{CL}_C^O(X)$，且 $\forall C_2 \subset C_1$，$\mathrm{CL}_{C_2}^O(X) \neq \mathrm{CL}_C^O(X)$，则称多覆盖 C_1 为多覆盖 C 的第一种乐观下近似约简，记为 $C_1 = \mathrm{red}_{\mathrm{CL}}^O(C)$。

定义 8.23　在多覆盖近似空间 (U,C) 中，多覆盖 $C = \{C_1, C_2, \cdots, C_m\}$，$C_1 \subset C$。若 $\forall X \subseteq U$ 均存在 $\mathrm{XL}_{C_1}^O(X) = \mathrm{XL}_C^O(X)$，且 $\forall C_2 \subset C_1$，$\mathrm{XL}_{C_2}^O(X) \neq \mathrm{XL}_C^O(X)$，则称多覆盖 C_1 为多覆盖 C 的第六种乐观下近似约简，记为 $C_1 = \mathrm{red}_{\mathrm{XL}}^O(C)$。

在介绍了两种乐观多覆盖多粒度模型中的下近似约简之后，介绍六种乐观多覆盖多粒度模型中的上近似约简。

定义 8.24　在多覆盖近似空间 (U,C) 中，多覆盖 $C = \{C_1, C_2, \cdots, C_m\}$，$C_1 \subset C$。若 $\forall X \subseteq U$ 均存在 $\mathrm{FH}_{C_1}^O(X) = \mathrm{FH}_C^O(X)$，且 $\forall C_2 \subset C_1$，$\mathrm{FH}_{C_2}^O(X) \neq \mathrm{FH}_C^O(X)$，则称多覆盖 C_1 为多覆盖 C 的第一种乐观上近似约简，记为 $C_1 = \mathrm{red}_{\mathrm{FH}}^O(C)$。

定义 8.25　在多覆盖近似空间 (U,C) 中，多覆盖 $C = \{C_1, C_2, \cdots, C_m\}$，$C_1 \subset C$。若 $\forall X \subseteq U$ 均存在 $\mathrm{SH}_{C_1}^O(X) = \mathrm{SH}_C^O(X)$，且 $\forall C_2 \subset C_1$，$\mathrm{SH}_{C_2}^O(X) \neq \mathrm{SH}_C^O(X)$，则称多覆盖 C_1 为多覆盖 C 的第二种乐观上近似约简，记为 $C_1 = \mathrm{red}_{\mathrm{SH}}^O(C)$。

定义 8.26　在多覆盖近似空间 (U,C) 中，多覆盖 $C = \{C_1, C_2, \cdots, C_m\}$，$C_1 \subset C$。若 $\forall X \subseteq U$ 均存在 $\mathrm{TH}_{C_1}^O(X) = \mathrm{TH}_C^O(X)$，且 $\forall C_2 \subset C_1$，$\mathrm{TH}_{C_2}^O(X) \neq \mathrm{TH}_C^O(X)$，则称多覆盖 C_1 为多覆盖 C 的第三种乐观上近似约简，记为 $C_1 = \mathrm{red}_{\mathrm{TH}}^O(C)$。

定义 8.27　在多覆盖近似空间 (U,C) 中，多覆盖 $C = \{C_1, C_2, \cdots, C_m\}$，$C_1 \subset C$。若 $\forall X \subseteq U$ 均存在 $\mathrm{RH}_{C_1}^O(X) = \mathrm{RH}_C^O(X)$，且 $\forall C_2 \subset C_1$，$\mathrm{RH}_{C_2}^O(X) \neq \mathrm{RH}_C^O(X)$，则称多覆盖 C_1 为多覆盖 C 的第四种乐观上近似约简，记为 $C_1 = \mathrm{red}_{\mathrm{RH}}^O(C)$。

定义 8.28　在多覆盖近似空间 (U,C) 中，多覆盖 $C = \{C_1, C_2, \cdots, C_m\}$，$C_1 \subset C$。若 $\forall X \subseteq U$ 均存在 $\mathrm{IH}_{C_1}^O(X) = \mathrm{IH}_C^O(X)$，且 $\forall C_2 \subset C_1$，$\mathrm{IH}_{C_2}^O(X) \neq \mathrm{IH}_C^O(X)$，则称多覆盖 C_1 为多覆盖 C 的第五种乐观上近似约简，记为 $C_1 = \mathrm{red}_{\mathrm{IH}}^O(C)$。

定义 8.29　在多覆盖近似空间 (U,C) 中，多覆盖 $C = \{C_1, C_2, \cdots, C_m\}$，$C_1 \subset C$。若 $\forall X \subseteq U$ 均存在 $\mathrm{XH}_{C_1}^O(X) = \mathrm{XH}_C^O(X)$，且 $\forall C_2 \subset C_1$，$\mathrm{XH}_{C_2}^O(X) \neq \mathrm{XH}_C^O(X)$，则称多覆盖 C_1 为多覆盖 C 的第六种乐观上近似约简，记为 $C_1 = \mathrm{red}_{\mathrm{XH}}^O(C)$。

下面讨论悲观多覆盖多粒度模型中的上、下近似约简的概念。首先给出悲观多覆盖多粒度模型中的两种下近似约简的定义。

定义 8.30　在多覆盖近似空间 (U,C) 中，多覆盖 $C = \{C_1, C_2, \cdots, C_m\}$，$C_1 \subset C$。若 $\forall X \subseteq U$ 均存在 $\mathrm{CL}_{C_1}^P(X) = \mathrm{CL}_C^P(X)$，且 $\forall C_2 \subset C_1$，$\mathrm{CL}_{C_2}^P(X) \neq \mathrm{CL}_C^P(X)$，则称多覆盖 C_1 为多覆盖 C 的第一种悲观下近似约简，记为 $C_1 = \mathrm{red}_{\mathrm{CL}}^P(C)$。

定义 8.31　在多覆盖近似空间 (U,C) 中，多覆盖 $C = \{C_1, C_2, \cdots, C_m\}$，$C_1 \subset C$。若 $\forall X \subseteq U$ 均存在 $\mathrm{XL}_{C_1}^P(X) = \mathrm{XL}_C^P(X)$，且 $\forall C_2 \subset C_1$，$\mathrm{XL}_{C_2}^P(X) \neq \mathrm{XL}_C^P(X)$，则称多覆盖 C_1 为多覆盖 C 的第六种悲观下近似约简，记为 $C_1 = \mathrm{red}_{\mathrm{XL}}^P(C)$。

在介绍了两种悲观多覆盖多粒度模型中的下近似约简之后，介绍六种悲观多覆盖多粒度模型中的上近似约简。

定义 8.32　在多覆盖近似空间 (U,C) 中，多覆盖 $C = \{C_1, C_2, \cdots, C_m\}$，$C_1 \subset C$。若 $\forall X \subseteq U$ 均存在 $\mathrm{FH}_{C_1}^P(X) = \mathrm{FH}_C^P(X)$，且 $\forall C_2 \subset C_1$，$\mathrm{FH}_{C_2}^P(X) \neq \mathrm{FH}_C^P(X)$，则称多覆盖 C_1 为多覆盖 C 的第一种悲观上近似约简，记为 $C_1 = \mathrm{red}_{\mathrm{FH}}^P(C)$。

定义 8.33　在多覆盖近似空间 (U,C) 中，多覆盖 $C = \{C_1, C_2, \cdots, C_m\}$，$C_1 \subset C$。若 $\forall X \subseteq U$ 均存在 $\mathrm{SH}_{C_1}^P(X) = \mathrm{SH}_C^P(X)$，且 $\forall C_2 \subset C_1$，$\mathrm{SH}_{C_2}^P(X) \neq \mathrm{SH}_C^P(X)$，则称多覆盖 C_1 为多覆盖 C 的第二种悲观上近似约简，记为 $C_1 = \mathrm{red}_{\mathrm{SH}}^P(C)$。

定义 8.34　在多覆盖近似空间 (U,C) 中，多覆盖 $C = \{C_1, C_2, \cdots, C_m\}$，$C_1 \subset C$。若 $\forall X \subseteq U$ 均存在 $\mathrm{TH}_{C_1}^P(X) = \mathrm{TH}_C^P(X)$，且 $\forall C_2 \subset C_1$，$\mathrm{TH}_{C_2}^P(X) \neq \mathrm{TH}_C^P(X)$，则称多覆盖 C_1 为多覆盖 C 的第三种悲观上近似约简，记为 $C_1 = \mathrm{red}_{\mathrm{TH}}^P(C)$。

定义 8.35　在多覆盖近似空间 (U,C) 中，多覆盖 $C = \{C_1, C_2, \cdots, C_m\}$，$C_1 \subset C$。若 $\forall X \subseteq U$ 均存在 $\mathrm{RH}_{C_1}^P(X) = \mathrm{RH}_C^P(X)$，且 $\forall C_2 \subset C_1$，$\mathrm{RH}_{C_2}^P(X) \neq \mathrm{RH}_C^P(X)$，则称多覆盖 C_1 为多覆盖 C 的第四种悲观上近似约简，记为 $C_1 = \mathrm{red}_{\mathrm{TH}}^P(C)$。

定义 8.36　在多覆盖近似空间 (U,C) 中，多覆盖 $C = \{C_1, C_2, \cdots, C_m\}$，$C_1 \subset C$。若 $\forall X \subseteq U$ 均存在 $\mathrm{IH}_{C_1}^P(X) = \mathrm{IH}_C^P(X)$，且 $\forall C_2 \subset C_1$，$\mathrm{IH}_{C_2}^P(X) \neq \mathrm{IH}_C^P(X)$，则称多覆盖 C_1 为多覆盖 C 的第五种悲观上近似约简，记为 $C_1 = \mathrm{red}_{\mathrm{IH}}^P(C)$。

定义 8.37　在多覆盖近似空间 (U,C) 中，多覆盖 $C = \{C_1, C_2, \cdots, C_m\}$，$C_1 \subset C$。若 $\forall X \subseteq U$ 均存在 $\mathrm{XH}_{C_1}^P(X) = \mathrm{XH}_C^P(X)$，且 $\forall C_2 \subset C_1$，$\mathrm{XH}_{C_2}^P(X) \neq \mathrm{XH}_C^P(X)$，则称多覆盖 C_1 为多覆盖 C 的第六种悲观上近似约简，记为 $C_1 = \mathrm{red}_{\mathrm{XH}}^P(C)$。

在上面的定义中可以发现，以第一种乐观多覆盖下近似约简为例，如果多覆盖 C 的子集 C_1 是 C 的第一种乐观多覆盖下近似约简，也就表明对任意的目标集合 X，$X \subseteq U$，满足 $\mathrm{CL}_{C_1}^O(X) = \mathrm{CL}_C^O(X)$ 且 C_1 是满足该条件的多覆盖 C 的最小子集。在论域 U 上考虑任意目标集合这是一个 NP 问题，其实在实际生活中考虑所有的目标集合也不必要，现实情况往往是给定目标集合，希望能找出该目标集合下的近似约简。

　　为了找到多覆盖近似空间中的近似约简，也就是要找到多覆盖中比较重要的覆盖，并将不是很重要的约简约去，从而达到知识发现的目的。下面以第一种乐观多覆盖下近似集为例，给出覆盖重要度的概念。

　　定义 8.38　在多覆盖近似空间 (U,C) 中，多覆盖 $C = \{C_1, C_2, \cdots, C_m\}$，对给定的目标集合 $X \subseteq U$，$\forall C_i \subseteq C$，定义覆盖 C_i 在第一种乐观多覆盖下近似集中的重要度 $\gamma_{\mathrm{CL}_C^o}(C_i)$ 为

$$\gamma_{\mathrm{CL}_C^o}(C_i) = |\mathrm{CL}_{C_i}(X)| / |\mathrm{CL}_C^O(X)| \tag{8.48}$$

　　覆盖 C_i 在第一种乐观多覆盖下近似集中的重要度 $\gamma_{\mathrm{CL}_C^o}(C_i)$，表示覆盖 C_i 在第一种乐观多覆盖多粒度模型中求解下近似集所占的比重。

　　以第一种乐观多覆盖下近似约简为例，给出在给定的目标集合下的多覆盖近似约简的算法，其他的乐（悲）观多覆盖上（下）近似约简可以类似得到。

　　算法 8.3　第一种乐观多覆盖下近似约简算法

　　输入：多覆盖近似空间 (U,C)，其中 $U = \{x_1, x_2, \cdots, x_n\}$，$C = \{C_1, C_2, \cdots, C_m\}$，目标集合 X

　　输出：目标集合 X 的第一种乐观多覆盖下近似约简

1：　for $i = 1$ to m do 计算 C_i 的重要度 $\gamma_{\mathrm{CL}_C^o}(C_i)$

2：　根据重要度 $\gamma_{\mathrm{CL}_C^o}(C_i)$ 对 m 个 C_i 按降序进行排序，并将重要度最大的命名为 C_1'，重要度次大的命名为 C_2'，以此类推

3：　　$C_1 = \{C_1'\}$

4：　for $i = 2$ to m do

5：　　　if $\mathrm{CL}_{C_1'}(X) \bigcup \mathrm{CL}_{C_i'}(X) \subset \mathrm{CL}_C^O(X)$ then

6：　　　　$\{\mathrm{CL}_{C_1'}(X) = \mathrm{CL}_{C_1'}(X) \bigcup \mathrm{CL}_{C_i'}(X)$

7：　　　　$C' = \{C_1'\} \bigcup \{C_i'\}; \}$

8：　return C_1'

　　算法 8.3 中以第一种乐观多覆盖下近似约简为例，给出了多覆盖近似空间中进行覆盖近似约简的算法。如果需要计算第六种乐观多覆盖下近似约简，则需要将算法中的第一种下近似集换成第六种下近似集，其他的近似约简也可以根据该算法得出。

　　下面通过两个实例对算法进行验证。

　　例 8.6（接例 8.4）　例 8.4 所给出的多覆盖近似空间 (U_1, C_1) 中，论域 $U_1 = \{a, b, c, d, e\}$，$C_1 = \{C_1, C_2, C_3\}$，$C_1 = \{K_{11}, K_{12}\}$，其中 $K_{11} = \{a, b, c\}$，$K_{12} = \{b, d, e\}$；$C_2 = \{K_{21}, K_{22}, K_{23}\}$，其中 $K_{21} = \{a\}$，$K_{22} = \{c, e\}$，$K_{23} = \{a, b, c, d\}$；$C_3 = \{K_{31}\}$，其中 $K_{31} = \{a, b, c, d, e\}$。

(1)根据算法求出多覆盖近似空间 (U_1, C_1) 中的第一种乐观多覆盖下近似集约简。

当给定目标集合 $X = \{a, b, d\}$ 时，三个单覆盖近似空间中 X 的第一种单粒度覆盖下近似集分别为 $\mathrm{CL}_{C_1}(X) = \varnothing$，$\mathrm{CL}_{C_2}(X) = \{a\}$，$\mathrm{CL}_{C_3}(X) = \varnothing$。

因此，多覆盖近似空间中第一种乐观多覆盖下近似集 $\mathrm{CL}^O_{C_1}(X) = \{a\}$。

根据算法 8.3 来计算第一种乐观多覆盖下近似约简。

首先计算 C_i 在第一种乐观多覆盖多粒度下近似集中的重要度 $\gamma_{\mathrm{CL}^O_{C_1}}(C_i)$：

$$\gamma_{\mathrm{CL}^O_{C_1}}(C_1) = |\mathrm{CL}_{C_1}(X)| / |\mathrm{CL}^O_{C_1}(X)| = 0$$

$$\gamma_{\mathrm{CL}^O_{C_1}}(C_2) = |\mathrm{CL}_{C_2}(X)| / |\mathrm{CL}^O_{C_1}(X)| = 1$$

$$\gamma_{\mathrm{CL}^O_{C_1}}(C_3) = |\mathrm{CL}_{C_3}(X)| / |\mathrm{CL}^O_{C_1}(X)| = 0$$

接着对三个重要度按照降序排列，具有最大重要度的 C_2 记为 C_1'，具有次大重要度的 C_1 和 C_3 分别记为 C_2' 和 C_3'。

由于 $\mathrm{CL}_{C_1'}(X) = \{a\} = \mathrm{CL}^O_{C_1}(X)$，所以 $C_1' = \{C_2\}$。

最后，$C_1 = \{C_1, C_2, C_3\}$ 的第一种乐观多覆盖下近似约简为 $\{C_2\}$。

(2)根据算法求出多覆盖近似空间 (U_1, C_1) 中的第六种乐观多覆盖下近似集约简。

当给定目标集合 $X = \{a, b, d\}$ 时，三个单覆盖近似空间中 X 的第六种单粒度覆盖下近似集分别为 $\mathrm{XL}_{C_1}(X) = \{b\}$，$\mathrm{XL}_{C_2}(X) = \{a\}$，$\mathrm{XL}_{C_3}(X) = \varnothing$。

因此，多覆盖近似空间中第六种乐观多覆盖下近似集 $\mathrm{XL}^O_{C_1}(X) = \{a, b\}$。

下面根据算法 8.3 来计算第六种乐观多覆盖下近似约简。

首先计算 C_i 在第六种乐观多覆盖下近似集中的重要度 $\gamma_{\mathrm{XL}^O_{C_1}}(C_i)$：

$$\gamma_{\mathrm{XL}^O_{C_1}}(C_1) = |\mathrm{XL}_{C_1}(X)| / |\mathrm{XL}^O_{C_1}(X)| = 1$$

$$\gamma_{\mathrm{XL}^O_{C_1}}(C_2) = |\mathrm{XL}_{C_2}(X)| / |\mathrm{XL}^O_{C_1}(X)| = 1$$

$$\gamma_{\mathrm{XL}^O_{C_1}}(C_3) = |\mathrm{XL}_{C_3}(X)| / |\mathrm{XL}^O_{C_1}(X)| = 0$$

接着对三个重要度按照降序排列，具有最大重要度的 C_1 和 C_2 分别记为 C_1' 和 C_2'，具有最小重要度的 C_3 记为 C_3'。

由于 $\mathrm{XL}_{C_1'}(X) \bigcup \mathrm{XL}_{C_2'}(X) = \{a, b\} = \mathrm{XL}^O_C(X)$，所以 $C_1' = \{C_1'\} \bigcup \{C_2'\} = \{C_1, C_2\}$。

最后得到 $C_1 = \{C_1, C_2, C_3\}$ 的第六种乐观多覆盖下近似约简为 $C_1 = \{C_1, C_2\}$。

从例 8.6 可以发现，不管是第一种乐观多覆盖下近似集约简还是第六种乐观多覆盖下近似集约简，都能方便地将最粗的覆盖 C_3 约简掉，这和实际需要是吻合的。

例 8.7（接例 8.5）　在例 8.5 所给出的多覆盖近似空间 (U_2, C_2) 中，论域 $U_2 = \{h, i, j, k, l\}$，$C_2 = \{C_4, C_5, C_6\}$，$C_4 = \{K_{41}, K_{42}\}$，其中 $K_{41} = \{h, i, j\}$，$K_{42} = \{i, k, l\}$；$C_5 = \{K_{51}, K_{52}, K_{53}\}$，其中 $K_{51} = \{h\}$，$K_{52} = \{j, l\}$，$K_{53} = \{h, i, j, k\}$；$C_6 = \{K_{61}, K_{62}, K_{63}, K_{64}\}$，其中 $K_{61} = \{h, i\}$，$K_{62} = \{i, j\}$，$K_{63} = \{j, k\}$，$K_{64} = \{k, l\}$。

(1) 根据算法求出多覆盖近似空间 (U_2, C_2) 中的第一种乐观多覆盖下近似集约简。

在给定目标集合 $X = \{h, i, k\}$ 时，三个单覆盖近似空间中 X 的第一种单粒度覆盖下近似集分别为 $\mathrm{CL}_{C_4}(X) = \varnothing$，$\mathrm{CL}_{C_5}(X) = \{h\}$，$\mathrm{CL}_{C_6}(X) = \{h, i\}$。

因此，多覆盖近似空间中第一种乐观多覆盖下近似集 $\mathrm{CL}_{C_2}^O(X) = \{h, i\}$。

根据算法 8.3 来计算第一种乐观多覆盖下近似约简。

首先计算 C_i 在第一种乐观多覆盖下近似集中的重要度 $\gamma_{\mathrm{CL}_{C_2}^O}(C_i)$：

$$\gamma_{\mathrm{CL}_{C_2}^O}(C_4) = |\mathrm{CL}_{C_4}(X)| / |\mathrm{CL}_{C_2}^O(X)| = 0$$

$$\gamma_{\mathrm{CL}_{C_2}^O}(C_5) = |\mathrm{CL}_{C_5}(X)| / |\mathrm{CL}_{C_2}^O(X)| = 0.5$$

$$\gamma_{\mathrm{CL}_{C_2}^O}(C_6) = |\mathrm{CL}_{C_6}(X)| / |\mathrm{CL}_{C_2}^O(X)| = 1$$

接着对 3 个重要度按照降序排列，具有最大重要度的 C_6 记为 C_1'，具有次大重要度的 C_5 记为 C_2'，具有最小重要度的 C_4 记为 C_3'。

由于 $\mathrm{CL}_{C_1'}(X) = \{h, i\} = \mathrm{CL}_{C_2}^O(X)$，所以 $C_2' = \{C_6\}$。

最后，$C_2 = \{C_4, C_5, C_6\}$ 的第一种乐观多覆盖下近似约简为 $\{C_6\}$。

(2) 根据算法求出多覆盖近似空间 (U_2, C_2) 中的第六种乐观多覆盖下近似集约简。

在给定目标集合 $X = \{h, i, k\}$ 时，三个单覆盖近似空间中 X 的第六种单粒度覆盖下近似集分别为 $\mathrm{XL}_{C_4}(X) = \{i\}$，$\mathrm{XL}_{C_5}(X) = \{h\}$，$\mathrm{XL}_{C_6}(X) = \{h, i, k\}$。

因此，多覆盖近似空间中第六种乐观多覆盖下近似集 $\mathrm{XL}_{C_2}^O(X) = \{h, i, k\}$。

下面根据算法 8.3 来计算第六种乐观多覆盖下近似约简。

首先计算 C_i 在第六种乐观多覆盖下近似集中的重要度 $\gamma_{\mathrm{XL}_{C_2}^O}(C_i)$：

$$\gamma_{\mathrm{XL}_{C_2}^O}(C_4) = |\mathrm{XL}_{C_4}(X)| / |\mathrm{XL}_{C_2}^O(X)| = \frac{1}{3}$$

$$\gamma_{\mathrm{XL}_{C_2}^O}(C_5) = |\mathrm{XL}_{C_5}(X)| / |\mathrm{XL}_{C_2}^O(X)| = \frac{2}{3}$$

$$\gamma_{\mathrm{XL}_{C_2^O}}(C_6) = |\mathrm{XL}_{C_6}(X)| / |\mathrm{XL}_{C_2}^O(X)| = 1$$

接着对 3 个重要度按照降序排列，具有最大重要度的 C_6 记为 C_1'，具有次大重要度的 C_5 记为 C_2'，具有最小重要度的 C_4 记为 C_3'。

由于 $\mathrm{XL}_{C_1'}(X) = \{h, i, k\} = \mathrm{XL}_{C_2}^O(X)$，所以 $C_2' = \{C_6\}$。

最后，$C_2 = \{C_4, C_5, C_6\}$ 的第一种乐观多覆盖下近似约简为 $\{C_6\}$。

通过例 8.6 和例 8.7，验证了多覆盖近似约简的可行性和有效性。

8.4　扩展的邻域系统粒计算模型中的知识发现方法

对于一个所关注的对象，可能会从两个方面去考虑该对象的邻域：第一，在某种特定的关系下，该对象会和哪些对象存在该关系；第二，在某种特定的关系下，哪些对象又会和该对象存在这个关系。例如，在客户关系中，对于某个特定的人，我们既要考虑他有哪些客户，同时又会考虑他本人是哪些人的客户。这样，从两个方面进行考虑的情况下，每个人的客户关系就会十分清晰，这种方法在社会网络分析中是非常重要的。

原有的邻域系统中对于任意一个对象，只是考虑了该对象会和哪些对象存在某种关系，是单方向上的。为了方便地从两个角度对对象进行讨论，下面对邻域的概念进行扩展，由原本的邻域扩展为左邻域和右邻域这一对概念。

定义 8.39　假设 R 是论域 U 上的一个二元关系，二元组 (U, R) 是一个近似空间。若对任意的 $x \in U$，令

$$l_R(x) = \{y \mid y \in U, (y, x) \in R\} \tag{8.49}$$

$$r_R(x) = \{y \mid y \in U, (x, y) \in R\} \tag{8.50}$$

那么称 $l_R(x)$ 为对象 x 的 R 左邻域，$r_R(x)$ 为对象 x 的 R 右邻域。

在客户关系中，对象 x 的 R 左邻域代表了对象 x 是其客户的那些对象的全体，对象 x 的 R 右邻域代表了对象 x 的所有客户的全体。可见，从两个角度同时考虑对象的邻域，使得对该对象的研究更加清晰，从而能更好地理解整个邻域系统。

在对邻域的概念进行扩展后，下面给出扩展的邻域系统的定义。

定义 8.40　在二元关系粒计算模型 (U, β) 中，$\beta = \{R_1, R_2, \cdots\}$，$\forall x \in U$，存在一族子集：

$$l_1(x) = \{y \in U \mid (y, x) \in R_1\}, \quad r_1(x) = \{y \in U \mid (x, y) \in R_1\}$$

$$l_2(x) = \{y \in U \mid (y, x) \in R_2\}, \quad r_2(x) = \{y \in U \mid (x, y) \in R_2\}$$

$$\vdots$$

（1）$l_1(x),l_2(x),\cdots$ 称为 x 基于关系 $R_1,R_2,\cdots$ 的左邻域，$r_1(x),r_2(x),\cdots$ 称为 x 基于关系 $R_1,R_2,\cdots$ 的右邻域。$N_i(x)$ 称为 x 基于关系 R_i 的邻域，且 $N_i(x)=l_i(x)\bigcup r_i(x)$。

（2）所有 x 的左邻域组成的集合称为 x 的左邻域系统，记作 $\mathrm{NS}^l_\beta(x)$，且 $\mathrm{NS}^l_\beta(x)=\{l_1(x),l_2(x),\cdots\}$，同样，所有 x 的右邻域组成的集合称为 x 的右邻域系统，记作 $\mathrm{NS}^r_\beta(x)$，且 $\mathrm{NS}^r_\beta(x)=\{r_1(x),r_2(x),\cdots\}$。

（3）集合 $\{\mathrm{NS}^l_\beta(x)\,|\,x\in U\}$ 称为论域 U 的左邻域系统，记作 $\mathrm{NS}^l_\beta(U)$，集合 $\{\mathrm{NS}^r_\beta(x)\,|\,x\in U\}$ 称为论域 U 的右邻域系统，记作 $\mathrm{NS}^r_\beta(U)$。

（4）x 的邻域系统记作 $\mathrm{NS}_\beta(x)$ 且 $\mathrm{NS}_\beta(x)=\mathrm{NS}^l_\beta(x)\bigcup\mathrm{NS}^r_\beta(x)$，整个论域 U 的邻域系统记作 $\mathrm{NS}_\beta(U)$ 且 $\mathrm{NS}_\beta(U)=\mathrm{NS}^l_\beta(U)\bigcup\mathrm{NS}^r_\beta(U)$。

可见，原邻域系统正是扩展后的右邻域系统。

在对邻域系统进行扩展之后，下面采用重要度对扩展的邻域系统进行度量。值得注意的是，在实际生活中，考虑的论域中元素个数肯定是有限个数，对象间存在的二元关系也一定是有限个数。因此，对于扩展的邻域系统进行度量时，U 和 β 均设为有限集。

下面给出邻域系统中重要度的概念。

定义 8.41 在二元关系粒计算模型 (U,β) 中，$U=\{x_1,x_2,\cdots,x_n\}$，$\beta=\{R_1,R_2,\cdots,R_m\}$，$\mathrm{NS}_\beta(U)$ 是论域 U 的邻域系统。$\forall x_i\in U$，称 λ^i_β 为对象 x_i 的重要度，λ_β 为整个邻域系统的重要度，其中

$$\lambda^i_\beta=\sum_{j=1}^m|(N_j(x_i)|\tag{8.51}$$

$$\lambda_\beta=\sum_{i=1}^n\lambda^i_\beta\tag{8.52}$$

若一个对象的邻域中元素个数多，则表示该对象和多个元素之间存在某种二元关系，说明该对象在论域中处于比较核心的位置，是重要的，所以其重要度高。例如，在客户关系中，若一个人拥有多个客户或者这个人是多个人的客户，无疑他是比较关键的人物，他就具有较高的重要度，这和实际情况相符。

下面分别给出基于左邻域系统和右邻域系统的粒计算模型。

定义 8.42 在二元关系粒计算模型 (U,β) 中，$U=\{x_1,x_2,\cdots,x_n\}$，$\beta=\{R_1,R_2,\cdots,R_m\}$，对于 $\forall X\subseteq U$，X 的左邻域下近似集 $\underline{\mathrm{lapr}}(X)$ 和左邻域上近似集 $\overline{\mathrm{lapr}}(X)$ 定义为

$$\underline{\mathrm{lapr}}(X)=\{p\in U\,|\,\exists l_i(p)\in\mathrm{NS}^l_\beta(p)\mathrm{s.t.}l_i(p)\neq\varnothing\wedge l_i(p)\subseteq X\}\tag{8.53}$$

$$\overline{\text{lapr}}(X) = \{p \in U \mid \forall l_i(p) \in \text{NS}_\beta^l(p) s.t. l_i(p) \bigcap X \neq \varnothing\} \tag{8.54}$$

定义 8.43 在二元关系粒计算模型 (U, β) 中，$U = \{x_1, x_2, \cdots, x_n\}$，$\beta = \{R_1, R_2, \cdots, R_m\}$，对于 $\forall X \subseteq U$，X 的右邻域下近似集 $\underline{\text{rapr}}(X)$ 和右邻域上近似集 $\overline{\text{rapr}}(X)$ 定义为

$$\underline{\text{rapr}}(X) = \{p \in U \mid \exists r_i(p) \in \text{NS}_\beta^r(p) \, s.t. \, r_i(p) \neq \varnothing \wedge r_i(p) \subseteq X\} \tag{8.55}$$

$$\overline{\text{rapr}}(X) = \{p \in U \mid \forall r_i(p) \in \text{NS}_\beta^r(p) \, s.t. \, r_i(p) \bigcap X \neq \varnothing\} \tag{8.56}$$

在前面已经给出了扩展的邻域系统粒计算模型的基础上，进一步探讨该模型中的知识发现方法，给出了邻域系统的约简方法。因为邻域系统的约简是绝对约简，是一个 NP 问题，所以又引入了邻域系统的相对约简的方法，提出了邻域系统多粒度模型中的近似约简的概念，并且给出了邻域系统多粒度模型中的近似约简的算法。

8.4.1 邻域系统的约简

通过二元粒计算模型 (U, β) 可以得到论域 U 基于关系簇 β 的邻域系统 $\text{NS}_\beta(U)$。如果能够找到 $\beta' \subset \beta$ 使得 $\forall x_i \in U$ 均存在 $\text{NS}_{\beta'}(x_i) = \text{NS}_\beta(x_i)$，从而得到等式 $\text{NS}_{\beta'}(U) = \text{NS}_\beta(U)$ 成立，那么认为二元关系簇 β 含有冗余二元关系。本节知识发现的重点就是寻找到冗余二元关系，称其为邻域系统的约简。

在实际生活中，一个对象的邻域数是有限的，因此下面对邻域系统中知识发现的研究也是基于邻域系统是有限的这样一个假设。

定义 8.44 给定二元关系粒计算模型 (U, β)，$U = \{x_1, x_2, \cdots, x_n\}$，$\beta = \{R_1, R_2, \cdots, R_m\}$，$\beta' \subset \beta$。若 $\forall x_i \in U$ 均存在 $\text{NS}_{\beta'}(x_i) = \text{NS}_\beta(x_i)$，并且 $\forall \beta'' \subset \beta'$，$\exists x_j \in U$，$\text{NS}_{\beta''}(x_j) \neq \text{NS}_\beta(x_j)$，那么称 (U, β') 为 (U, β) 的约简。

下面通过例 8.8 对邻域系统的约简的概念进行介绍。

例 8.8 二元关系粒计算模型 (U, β)，$U = \{a, b, c, d\}$，$\beta = \{R_1, R_2, R_3\}$。其中，

$$R_1 = \{\langle a,b \rangle, \langle b,c \rangle, \langle c,d \rangle, \langle d,a \rangle\}$$

$$R_2 = \{\langle a,b \rangle, \langle b,d \rangle, \langle c,a \rangle\}$$

$$R_3 = \{\langle a,b \rangle, \langle b,d \rangle, \langle a,d \rangle, \langle c,a \rangle\}$$

那么，$\text{NS}_\beta(a) = \{\{b\}, \{b,d\}\}$，$\text{NS}_\beta(b) = \{\{c\}, \{d\}\}$，$\text{NS}_\beta(c) = \{\{a\}, \{d\}\}$，$\text{NS}_\beta(d) = \{\varnothing, \{a\}\}$。

令 $\beta' = \{R_1, R_3\}$，发现 $\text{NS}_{\beta'}(a) = \{\{b\}, \{b,d\}\}$，$\text{NS}_{\beta'}(b) = \{\{c\}, \{d\}\}$，$\text{NS}_{\beta'}(c) = \{\{a\}, \{d\}\}$，$\text{NS}_{\beta'}(d) = \{\varnothing, \{a\}\}$，即 $\forall x_i \in U$ 均存在 $\text{NS}_{\beta'}(x_i) = \text{NS}_\beta(x_i)$，并且 $\forall \beta'' \subset \beta'$，$\exists x_j \in U$，$\text{NS}_{\beta''}(x_j) \neq \text{NS}_\beta(x_j)$，所以 (U, β') 为 (U, β) 的约简。

下面研究邻域系统的约简算法的设计。邻域重要度是衡量邻域系统中各邻域权重的一项指标，首先给出求解邻域系统重要度的算法。

算法 8.4　邻域系统重要度算法

输入：二元关系粒计算模型 (U, β)，$U = \{x_1, x_2, \cdots, x_n\}$，$\beta = \{R_1, R_2, \cdots, R_m\}$

输出：邻域系统 $\mathrm{NS}_\beta(U)$ 和邻域系统的重要度 $\lambda_\beta(U)$

1.　$\mathrm{NS}_\beta(U) = \varnothing$

2.　$\lambda_\beta(U) = 0$

3.　　for $i = 1$ to n do{

4.　　　　$\mathrm{NS}_\beta(x_i) = \varnothing$

5.　　　　$\lambda_\beta(x_i) = 0$

6.　　　　for $j = 1$ to m do{

7.　　　　　　$l_j(x_i) = \{y \in U \,|\, (y, x_i) \in R^j\}$

8.　　　　　　$r_j(x_i) = \{y \in U \,|\, (x_i, y) \in R^j\}$

9.　　　　　　$N_j(x_i) = l_j(x_i) \bigcup r_j(x_i)$

10.　　　　　$\lambda^j(x_i) = |N_j(x_i)|$

11.　　　　　$\mathrm{NS}_\beta(x_i) = \mathrm{NS}_\beta(x_i) \bigcup N_j(x_i)$

12.　　　　　$\lambda_\beta(x_i) = \lambda_\beta(x_i) + \lambda^j(x_i)$

13.　　　　}

14.　　　$\mathrm{NS}_\beta(U) = \mathrm{NS}_\beta(U) \bigcup \mathrm{NS}_\beta(x_i)$

15.　　　$\lambda_\beta(U) = \lambda_\beta(U) + \lambda_\beta(x_i)$

16. }

算法 8.4 给出了邻域系统重要度的求解算法，通过该算法可以得到邻域系统 $\mathrm{NS}_\beta(U)$ 和邻域系统的重要度 $\lambda_\beta(U)$。该算法中主要的步骤是一个两层的嵌套 for 循环，所以该算法的时间复杂度是 $O(mn)$。下面给出根据邻域系统的重要度进行约简的邻域系统的约简算法。

算法 8.5　邻域系统的约简算法

输入：二元关系粒计算模型 (U, β)，$U = \{x_1, x_2, \cdots, x_n\}$，$\beta = \{R_1, R_2, \cdots, R_m\}$

输出：(U, β) 的约简 RED

1.　通过算法 8.4 计算 $\mathrm{NS}_\beta(U)$ and $\lambda_\beta(U)$

2.　for $j = 1$ to m do{

3.　　　$\mathrm{sig}_{\beta - \{R^j\}}(U) = \lambda_{\beta - \{R^j\}}(U) - \lambda_\beta(U)$

4.　}

5. 对每一个关系 $R^j \in \beta$ 的 $\mathrm{sig}_{\beta-\{R^j\}}(U)$ 进行排序，将具有最大重要度的关系记为 R_1，将具有第二大重要度的关系记为 R_2，以此类推

6.　　$\beta' = \{R_1\}$

7.　　for $j = 1$ to m do{

8.　　　　if $\mathrm{NS}_{\beta'}(U) = \mathrm{NS}_\beta(U)$ then{

9.　　　　　　RED $= (U, \beta')$

10.　　　　　goto end

11.　　　　}

12.　　　　else $\beta' = \beta' \bigcup \{R_{j+1}\}$

13.　　}

算法 8.5 给出了邻域系统的约简算法，这里进行约简的依据是邻域系统的重要度，通过该算法可以得到二元关系粒计算模型 (U, β) 的约简 RED。该算法中主要的步骤是一个 for 循环，所以该算法的时间复杂度是 $O(m)$。

8.4.2　扩展的邻域系统粒计算模型中的近似约简

邻域系统的约简实质上是邻域系统的绝对约简，当邻域系统规模变得很大时，算法的复杂度也会呈指数级上升，是一个 NP 问题。如何有效地获得邻域系统的约简是必须要考虑的问题。

为了有效地获得邻域系统的约简，下面将近似约简引入到扩展的邻域系统粒计算模型中，提出了扩展的邻域系统粒计算模型中的近似约简的概念，通过所提出的扩展的邻域系统粒计算模型找出邻域系统相对约简的方法。

下面给出扩展的邻域系统粒计算模型中近似约简的概念。

定义 8.45　二元关系粒计算模型 (U, β)，$U = \{x_1, x_2, \cdots, x_n\}$，$\beta = \{R_1, R_2, \cdots, R_m\}$，$\beta' \subset \beta$。若 $\forall X \subseteq U$ 均存在 $\underline{\mathrm{apr}}_{\beta'}(X) = \underline{\mathrm{apr}}_\beta(X)$，并且 $\forall \beta'' \subset \beta'$，$\underline{\mathrm{apr}}_{\beta''}(X) \neq \underline{\mathrm{apr}}_\beta(X)$，那么称 (U, β') 为 (U, β) 的邻域下近似约简。

定理 8.10　二元关系粒计算模型 (U, β)，$U = \{x_1, x_2, \cdots, x_n\}$，$\beta = \{R_1, R_2, \cdots, R_m\}$，$\beta' \subset \beta$。若 (U, β') 为 (U, β) 的约简，则 (U, β') 为 (U, β) 的邻域下近似约简。

证明：若 (U, β') 为 (U, β) 的约简，则 $\forall x_i \in U$ 均存在 $\mathrm{NS}_{\beta'}(x_i) = \mathrm{NS}_\beta(x_i)$。又因为邻域下近似的定义为 $\underline{\mathrm{apr}}(X) = \{p \in U \mid \exists N_i(p) \in \mathrm{NS}_\beta(p) \text{ s.t. } N_i(p) \neq \varnothing \wedge N_i(p) \subseteq X\}$，显然得证。

下面根据左邻域和右邻域分别给出左邻域下近似约简和右邻域下近似约简这两种相对约简。

定义 8.46　二元关系粒计算模型 (U, β)，$U = \{x_1, x_2, \cdots, x_n\}$，$\beta = \{R_1, R_2, \cdots, R_m\}$，

$\beta' \subset \beta$。若 $\forall X \subseteq U$，均存在 $\underline{\mathrm{lapr}}_{\beta'}(X) = \underline{\mathrm{lapr}}_{\beta}(X)$，并且 $\forall \beta'' \subset \beta'$，$\underline{\mathrm{lapr}}_{\beta''}(X) \neq \underline{\mathrm{lapr}}_{\beta}(X)$，那么称 (U, β') 为 (U, β) 的左邻域下近似约简。

定义 8.47　二元关系粒计算模型 (U, β)，$U = \{x_1, x_2, \cdots, x_n\}$，$\beta = \{R_1, R_2, \cdots, R_m\}$，$\beta' \subset \beta$。若 $\forall X \subseteq U$，均存在 $\underline{\mathrm{rapr}}_{\beta'}(X) = \underline{\mathrm{rapr}}_{\beta}(X)$，并且 $\forall \beta'' \subset \beta'$，$\underline{\mathrm{rapr}}_{\beta''}(X) \neq \underline{\mathrm{rapr}}_{\beta}(X)$，那么称 (U, β') 为 (U, β) 的右邻域下近似约简。

定理 8.11　二元关系粒计算模型 (U, β)，$U = \{x_1, x_2, \cdots, x_n\}$，$\beta = \{R_1, R_2, \cdots, R_m\}$，$\beta' \subset \beta$。若 (U, β') 为 (U, β) 的邻域下近似约简，则 (U, β') 同时是 (U, β) 的左邻域下近似约简和右邻域下近似约简。

证明：因为对象 x 基于关系 R^i 的邻域 $N_i(x) = l_i(x) \bigcup r_i(x)$，所以得证。

定义 8.48　二元关系粒计算模型 (U, β)，$U = \{x_1, x_2, \cdots, x_n\}$，$\beta = \{R_1, R_2, \cdots, R_m\}$，$\beta' \subset \beta$。若 $\forall X \subseteq U$ 均存在 $\overline{\mathrm{apr}}_{\beta'}(X) = \overline{\mathrm{apr}}_{\beta}(X)$，并且 $\forall \beta'' \subset \beta'$，$\overline{\mathrm{apr}}_{\beta''}(X) \neq \overline{\mathrm{apr}}_{\beta}(X)$，那么称 (U, β') 为 (U, β) 的邻域上近似约简。

定理 8.12　二元关系粒计算模型 (U, β)，$U = \{x_1, x_2, \cdots, x_n\}$，$\beta = \{R_1, R_2, \cdots, R_m\}$，$\beta' \subset \beta$。若 (U, β') 为 (U, β) 的约简，则 (U, β') 必为 (U, β) 的邻域上近似约简。

证明：若 (U, β') 为 (U, β) 的约简，则 $\forall x_i \in U$ 均存在 $\mathrm{NS}_{\beta'}(x_i) = \mathrm{NS}_{\beta}(x_i)$。又因为邻域上近似集的定义为 $\overline{\mathrm{apr}}(X) = \{p \in U \mid \forall N_i(p) \in \mathrm{NS}_{\beta}(p)\ \mathrm{s.t.}\ N_i(p) \bigcap X \neq \varnothing\}$，显然得证。

定义 8.49　二元关系粒计算模型 (U, β)，$U = \{x_1, x_2, \cdots, x_n\}$，$\beta = \{R_1, R_2, \cdots, R_m\}$，$\beta' \subset \beta$。若 $\forall X \subseteq U$ 均存在 $\overline{\mathrm{lapr}}_{\beta'}(X) = \overline{\mathrm{lapr}}_{\beta}(X)$，并且 $\forall \beta'' \subset \beta'$，$\overline{\mathrm{lapr}}_{\beta''}(X) \neq \overline{\mathrm{lapr}}_{\beta}(X)$，那么称 (U, β') 为 (U, β) 的左邻域上近似约简。

定义 8.50　二元关系粒计算模型 (U, β)，$U = \{x_1, x_2, \cdots, x_n\}$，$\beta = \{R_1, R_2, \cdots, R_m\}$，$\beta' \subset \beta$。若 $\forall X \subseteq U$ 均存在 $\overline{\mathrm{rapr}}_{\beta'}(X) = \overline{\mathrm{rapr}}_{\beta}(X)$，并且 $\forall \beta'' \subset \beta'$，$\overline{\mathrm{rapr}}_{\beta''}(X) \neq \overline{\mathrm{rapr}}_{\beta}(X)$，那么称 (U, β') 为 (U, β) 的右邻域上近似约简。

定理 8.13　二元关系粒计算模型 (U, β)，$U = \{x_1, x_2, \cdots, x_n\}$，$\beta = \{R_1, R_2, \cdots, R_m\}$，$\beta' \subset \beta$。若 (U, β') 为 (U, β) 的邻域上近似约简，则 (U, β') 同时为 (U, β) 的左邻域上近似约简和右邻域上近似约简。

证明：因为对象 x 基于关系 R^i 的邻域 $N_i(x) = l_i(x) \bigcup r_i(x)$，所以得证。

在本小节的内容中，介绍了在扩展的邻域系统粒计算模型中的近似约简方法，提出了邻域上近似约简、左邻域上近似约简和右邻域上近似约简三种上近似约简的概念，同时又提出了邻域下近似约简、左邻域下近似约简和右邻域下近似约简三种下近似约简的概念，并证明了它们之间存在的关系。

8.5　本章小结

从数据中获取有用的知识是最终的目标。本章从粒计算的角度，对各类覆盖粒计算模型中的知识发现方法进行如下探讨。

(1)在覆盖近似空间中覆盖约简问题的研究中，通过引入覆盖近似空间的矩阵表示，将覆盖近似空间转化为一个布尔矩阵，将覆盖约简的问题转化为矩阵中行元素逻辑加、析取等运算，能比较方便地找出覆盖中所有可约元，并且能将算法具体实现。

(2)以相似关系下的多粒度覆盖粗糙集模型为例，研究了覆盖多粒度模型中的知识发现问题，将近似分布约简与多粒度理论相结合，提出了覆盖多粒度上近似分布、覆盖多粒度下近似分布、覆盖多粒度分辨函数、覆盖多粒度分辨矩阵等相关概念，找出了适合覆盖多粒度模型的有效知识发现方法，并结合实例，将多粒度与单粒度情况下的决策获取进行对比分析，验证了覆盖多粒度模型中知识发现的高效性。

(3)探讨了多覆盖多粒度模型中的知识发现方法，给出了多种乐观多覆盖多粒度模型中的近似约简和悲观多覆盖多粒度模型中的近似约简的定义，并给出了多覆盖多粒度模型中的近似约简算法，并通过两个实例验证了算法的可行性和有效性。

(4)对邻域的概念进行了扩展，提出了左邻域和右邻域的概念，并在此基础上给出了扩展的邻域系统粒计算模型，分析了该模型的相关性质。最后在扩展的邻域系统粒计算模型中研究知识发现的方法，分别提出了邻域系统的约简方法和基于扩展的邻域系统粒计算模型中的近似约简方法，并提出了邻域系统约简的算法。

参 考 文 献

[1]　祝峰, 王飞跃. 关于覆盖广义粗集的一些基本结果[J]. 模式识别与人工智能, 2002, 15(1): 6-13.

[2]　钱宇华. 复杂数据的粒化机理与数据建模[D]. 太原: 山西大学, 2011.

[3]　Qian Y H, Liang J Y, Yao Y Y, et al. MGRS: A multi-granulation rough set[J]. Information Sciences, 2010, 180(6): 949-970.

[4]　Pawlak Z. Rough sets [J]. International Journal of Computer and Information Sciences, 1982, 11(5): 341-356.

[5]　Liu C H, Miao D Q. Covering rough set model based on multi-granulations[J]. Lecture Notes in Computer Science, 2011, 6743: 87-90.

[6]　Liu C H, Miao D Q, Qian J. On multi-granulation covering rough sets[J]. International Journal of Approximate Reasoning, 2014, 55: 1404-1418.

[7]　Qian Y H, Liang J Y, Dang C Y. Incomplete multigranulation rough set [J]. IEEE Transactions on Systems, Man and Cybernetics, Part A, 2010, 40(2):420-431.

[8]　Lin G P, Qian Y H, Liang J Y. NMGRS: Neighborhood-based multigranulation rough sets [J]. International Journal of Approximate Reasoning, 2012, 53(7): 1080-1093.

[9]　Xu W H, Zhang X Y, Zhang W X. Multiple granulation rough set approach to ordered information systems [J]. International Journal of General Systems, 2012, 41(5): 475-501.

[10]　Xu W H,Wang Q R, Zhang X Y. Multi-granulation fuzzy rough sets in a fuzzy tolerance approximation space [J]. International Journal of Fuzzy Systems, 2011, 13(4): 246-259.

[11]　She Y H, He X L. On the structure of the multigranulation rough set model [J]. Knowledge-Based Systems, 2012, 36: 81-92.

[12]　Tao Z M, Xu J P.A class of rough multiple objective programming and its application to solid transportation problem [J]. Information Sciences, 2012, 188:215-235.

[13]　Li H, Sun J. Case-based reasoning ensemble and business application: A computationalapproach from multiple case representations driven by randomness [J]. Expert Systems with Applications, 2012, 39(3): 3298-3310.

[14]　张文修, 米据生, 吴伟志. 不协调目标信息系统的知识约简[J]. 计算机学报, 2003, 26(1):12-18.

[15]　杨习贝, 於东军, 吴陈, 等. 不完备信息系统中基于相似关系的知识约简[J].计算机科学, 2008, 35(2):163-165,177.